21 世纪高职高专土建类专业规划教材

建筑工程测量

主 编◉李 楠

中国建材工业出版社

图书在版编目（CIP）数据

建筑工程测量/李楠主编 . —北京：中国建材工业
出版社，2015.8
21世纪高职高专土建类专业规划教材
ISBN 978-7-5160-1267-3

Ⅰ.①建… Ⅱ.①李… Ⅲ.①建筑测量-高等职业
教育-教材 Ⅳ.①TU198

中国版本图书馆 CIP 数据核字（2015）第 185110 号

内　容　提　要

本书共分 14 章，主要内容包括测量学基础、水准测量、角度测量、距离测量、
测量误差的基本知识、控制测量、全站仪及 GPS 应用、地形的测量、测设的基本
工作、建筑施工测量、线路测量、地籍测量和房产测量、建筑变形测量、建筑测量
管理。

本书可供本科及大、中专学校的土木工程专业作为工程测量课程的教材用书，
也可作为从事土木工程测绘工作的工程技术人员的参考用书。

建筑工程测量

李　楠　主编

出版发行：中国建材工业出版社
地　　址：北京市海淀区三里河路 1 号
邮　　编：100044
经　　销：全国各地新华书店
印　　刷：北京鑫正大印刷有限公司
开　　本：787mm×1092mm　1/16
印　　张：19.75
字　　数：482 千字
版　　次：2015 年 8 月第 1 版
印　　次：2015 年 8 月第 1 次
定　　价：49.80 元

本社网址：www.jccbs.com.cn　　微信公众号：zgjcgycbs
本书如出现印装质量问题，由我社网络直销部负责调换。联系电话：(010) 88386906

前　言

  建筑工程测量贯穿于工程建设各个阶段，是工程建设全过程的一项极为重要的技术性工作。同时，作为高职高专土建类专业的基础课程和 21 世纪高职高专土建类专业规划教材之一，编者在总结多年教学与实践经验的基础上，根据中华人民共和国住房和城乡建设部印发的对本门课程的教学基本要求编写了此书。

  本书以工程测量技术为核心，详细介绍了工程测量的基本方法和数据处理，其中重点阐述了控制测量与碎步测量的步骤与难点，最后将重点落回到工程建设全过程的测量上。在本书编写过程中，我们保持了原有的知识体系，删除了一些陈旧的内容，同时增加了现代测量发展方向的新内容、新技术、新方法、新仪器，例如对 GPS 技术的详细叙述以及全站仪的功能全解。本书力求向读者介绍符合现代化工程建设要求的测量技术，充分体现工程测量技术最新的发展趋势，做到与时俱进、精益求精。

  由于编者水平有限，加之经验不足，书中难免会有疏漏及不妥之处，恳请读者批评指正，以便我们在今后的编写过程中不断完善。

编　者

2015 年 8 月

中国建材工业出版社
China Building Materials Press

我们提供

图书出版、图书广告宣传、企业/个人定向出版、设计业务、企业内刊等外包、代选代购图书、团体用书、会议、培训，其他深度合作等优质高效服务。

编辑部	宣传推广	出版咨询	图书销售	设计业务
010-88364778	010-68361706	010-68343948	010-88386906	010-68361706

邮箱：jccbs-zbs@163.com　　　　网址：www.jccbs.com.cn

发展出版传媒　　服务经济建设

传播科技进步　　满足社会需求

目　　录

1

第一章　测量学基础

内容提要

掌握：测量学的概念、研究对象和基本任务；水平面代替水准面对测量的影响；测量常用的单位及换算；测量常用术语。

了解：地面点位的确定。

第一节　测量学的概念和内容

一、测量学的定义

测量学是研究地球的形状、大小和重力场，以及确定地面（包括空中、地下和海底）点之间的相对位置的科学。测量工作主要有两个方面：

（1）使用各种测量仪器和工具，将各种现有地面物体的位置和形状，以及地面的起伏形态等，缩绘成地形图并用数据表示出来，为测量工作提供依据，称为测定或测绘。

（2）将规划设计和管理等工作形成的图纸上的建（构）筑物或其他图形的位置在地面标定出来，作为施工的依据，称为测设或放样。

二、测量学的分类

测量学包括大地测量学、普通测量学、摄影测量学和工程测量学四个学科。其中，大地测量学研究测定地球的形状和大小，建立国家大地控制网等方面的测量理论、技术和方法，为测量学的其他分支学科提供最基础的测量数据和资料；普通测量学研究较小区域内的测量工作，主要是指用地面作业方法，将地球表面局部地区的地物和地貌等测绘成地形图，由于测区范围较小，可不顾及地球曲率的影响，把地球表面当作平面；摄影测量学研究用摄影或遥感技术测绘地形图，其中的航空摄影测量是测绘国家基本地形图的主要方法；工程测量学研究各项工程建设在规划设计、施工放样和运营管理阶段所进行的各种测量工作，工程测量在不同的工程建设项目中的技术和方法有很大区别。

第二节　测量学的作用和基本任务

一、测量学的作用

工程测量在工程建设的过程中起到了至关重要的作用。

在国防方面，如国界的划分、战略的部署、战役的指挥，都要运用地形图进行测量

1

工作。

在经济建设方面，计划生产是社会主义国民经济建设的特点，必须对我国的资源进行一系列的调查和勘测工作，根据获得的资料编制各种规划，在进行这种调查和勘测时，都要运用地形图进行测量工作。

在工、农业基本建设中，从勘测设计开始，直至施工、竣工为止，都要进行大量的测绘工作。

在科学实验方面，如地壳的升降、海岸线的变迁、地震预报以及地极周期性运动的研究等，都要运用测绘资料。

在工程建设方面，如工业与民用建筑、给水排水、地下建筑等工程中，工程测量技术都有着广泛的应用。

二、测量学的基本任务

1. 测图

测图，是指使用测量仪器和工具，依照一定的测量程序和方法，通过测量和计算，得到测量数据，或者把局部地球表面的形状和大小按一定的比例尺和特定的符号缩绘到图纸上，在规划设计以及工程施工结束后测绘竣工图，以供日后管理、维修、扩建之用。

2. 用图

用图，是指识别地形图和断面图等的知识、方法和技能。用图是先根据图面的图式符号识别地面上地物和地貌，然后在图上进行测量。从图上获得工程建设所必需的各种技术资料，从而解决工程设计和施工中的相关问题。

3. 放样

放样，是指测图的逆过程。放样是将图纸上的设计好的建（构）筑物按照设计要求通过测量的定位、放线、安装，将其位置和高程标定到施工作业面上，作为工程施工的依据。

4. 变形观测

对某些有特殊要求的建（构）筑物，在施工过程中和使用期间，还应测定相关部位在建筑物荷重和外力的作用下，随着时间而产生变形的规律，监视其安全性和稳定性，观测成果是验证设计理论和检验施工质量的重要资料。

三、工程测量常用单位及换算

工程测量常用的角度、长度、面积的度量单位及换算关系，见表1-1～表1-3。

表1-1 角度单位制及换算关系

60进制	弧度制
1圆周＝360° 1°＝60′ 1′＝60″	1圆周＝2π弧度 1弧度＝$\dfrac{180°}{\pi}$＝57.2958°＝$\rho°$ ＝3438′＝ρ' ＝206 280″＝ρ''

表 1-2 长度单位制及换算关系

公 制	英 制
1 km＝1000 m 1 m＝10 dm ＝100 cm ＝1000 mm	英里（mile，简写 mi），英尺（foot，简写 ft），英寸（inch，简写 in） 1 km＝0.6214 mi＝3280.8 ft 1 m＝3.2808 ft＝39.37 in

表 1-3 面积单位制及换算关系

公 制	市 制	英 制
$1 km^2＝1×10^6 m^2$ $1 m^2＝100 dm^2$ $＝1×10^4 cm^2$ $＝1×10^6 mm^2$	$1 km^2＝1500$ mu $1 m^2＝0.0015$ mu $1 亩＝666.666\ 666\ 7\ m^2$ $＝0.066\ 666\ 67$ ha $＝0.1647$ ac	$1 km^2＝247.11$ ac $＝100$ ha $1 m^2＝10.764\ ft^2$ $1 cm^2＝0.1550\ in^2$

第三节 测量基本术语

一、常用术语

工程测量的常用术语，见表 1-4。

表 1-4 工程测量的常用术语

项 目	内 容
测绘学	研究地理信息的获取、处理、描述和应用的学科。内容包括研究、测定、描述地球的形状、大小、重力场、地表形态以及它们的各种变化，确定自然和人造物体、人工设施的空间位置及属性，绘制各种地图并建立相关的信息系统
工程测量	工程建设的勘察设计、施工和运营管理各阶段，运用测绘学的理论和技术进行的各种测量工作
精密工程测量	采用设备和仪器（绝对精度达到毫米量级，相对精度达到 10^{-5} 量级）进行精确定位和变形观测等的测量工作
摄影测量	利用摄影影像信息测定目标物的形状、大小、性质、空间位置和相互关系的测量工作
工程摄影测量	工程建设的勘察设计、施工和运营管理各阶段中进行的各种摄影测量工作
子午线	通过地面某点并包含地球南北极点的平面与地球表面的交线，也称子午圈
中央子午线	地图投影中各投影带中央的子午线
任意中央子午线	选择任意一条子午线为某区域的中央子午线
子午线收敛角	地面上经度不同的两点所作子午线间的夹角

（续表）

项　目	内　容
高斯-克吕格投影	地图投影带的中央子午线投影为直线且长度不变，赤道投影为直线，且两线为正交的等角横切椭圆柱投影
高斯平面直角坐标系	根据高斯-克吕格投影所建立的平面直角坐标系
独立坐标系	任意选用原点和坐标轴的平面直角坐标系
建筑坐标系	坐标轴与建筑物主轴线成某种几何关系的平面直角坐标系
坐标变换	将某点的坐标从一种坐标系换算到另一种坐标系的过程
高程	地面点至高程基准面的铅垂距离
高程基准	由特定验潮站平均海水面确定的起算面所决定的水准原点高程
1985 国家高程基准	根据青岛验潮站 1952～1979 年验潮资料计算确定的平均海水面所决定的水准原点高程，于 1987 年由国家测绘局颁布作为我国统一的测量高程基准
假定高程	按假设的高程基准所确定的高程
一次布网	将全部控制点一次布设成同一个等级、统一平差的测量控制网
控制点	以一定精度测定其几何、天文和重力数据，为进一步计量及为其他科学技术工作提供依据的具有控制精度的固定点；包括平面控制点和高程控制点
测量控制网	由相互联系的控制点以一定几何图形所构成的网，简称控制网
基线	在三角测量和摄影测量中，为获取测绘信息所依据的基本长度
标准（偏）差	随机误差平方的数学期望的平方根，也称中误差或均方根差
偶然误差	在一定观测条件下的一系列观测值中，其误差大小、正负号不定，但符合一定统计规律的测量误差，也称随机误差
系统误差	在一定观测条件下的一系列观测值中，其误差大小、正负号均保持不变，或按一定规律变化的测量误差
粗差	在一定观测条件下的一系列观测值中，在超过标准差规定限差的测量误差
多余观测	在超过确定未知量所需最少数量的基础上增加的观测量

二、地形测量术语

1. 一般术语

地形测量的一般术语，见表 1-5。

表 1-5 地形测量的一般术语

项 目	内 容
地形测量	按一定程序和方法，将地物、地貌及其他地理要素记录在载体上的测量工作，包括图根控制测量和地形测量
地形图	按一定程序和方法，用符号、注记及等高线表示地物、地貌及其他地理要素平面位置和高程的正射投影图
带状地形图	用于线形工程的选线、勘察设计或管理的地形图
基本比例尺地形图	用规定的测图比例尺系统测绘或编绘的地形图
地形图比例尺	地形图上某一线段的长度与实地相应线段水平长度之比
地形图数据库	利用计算机存储各种地形图要素的数据及数据管理软件的文件集合
地形图修测	对原有地形图上有变动的地物、地貌进行修改和补充的测量工作
地形图要素	构成地形图的地理要素、数学要素和整饰要素的总称
地形图分幅	将测区的地形图划分成规定尺寸的图幅
地形原图	经实测、整饰后的初始地形图
地形底图	地形原图经映绘后供复制用的图件

2. 图根控制测量

图根控制测量术语，见表 1-6。

表 1-6 图根控制测量术语

项 目	内 容
图根控制点	直接用于测绘地形图的控制点，简称图根点
图根控制测量	在等级控制点的基础上测定图根控制点的工作
图根三角测量	利用三角测量的方法测定图根控制点平面位置的测量工作
图根导线测量	利用导线测量的方法测定图根控制点平面位置的测量工作
三维导线测量	同时解算各点平面位置和高程的导线测量方法
图根高程测量	测定图根控制点高程的测量工作
图根水准测量	用水准测量的方法测定图根点高程的测量工作
经纬仪三角高程测量	用经纬仪测定两点间的垂直角，并根据已知距离确定图根点高程的测量工作
独立交会高程点	根据多个已知高程点用三角高程测量的方法确定待定点的高程
电磁波测距仪极坐标法	以电子速测仪测角和测边，按极坐标法确定图根点坐标的方法
交会法	根据两个以上已知点，用方向或距离交会，确定待定点坐标和高程的方法
前方交会	根据两个以上已知点的坐标及观测角值确定待定点坐标的方法

项　目	内　容
后方交会	在待定点上向三个以上已知点进行水平角观测，然后根据三个已知点的坐标及两个水平角观测值确定待定点坐标的方法
侧方交会	根据两个已知点的坐标和一个已知点及待定点上观测的水平角确定待定点坐标的方法
交会点	根据已知控制点用交会法测定的点
图根解析补点	根据图根点坐标及观测的角度、边长和垂直角确定坐标和高程的点
图解图根点	在测站上直接用测量仪器，按几何原理读数，图板上画线定点的方法确定的点

3. 地形测图

地形测图术语，见表1-7。

表1-7　地形测图术语

项　目	内　容
地形测图	使用测绘仪器测绘地形图的工作
大比例尺地形测图	比例尺为 1∶200、1∶500、1∶1000、1∶2000、1∶5000 的地形图
平板仪测图	采用平板仪确定方向、视距、量距或测距确定点位而测绘地形图的工作
经纬仪测图	采用经纬仪测角和视距或测距仪测距，在图板上展点以测绘地形图的工作
测记法成图	用仪器测定测站点至地形点的距离、方向和高差，再根据其记录和草图进行成图的工作
电子速测仪测图	采用有记录装置的全站式测距仪获取数据，输入至绘图仪测绘地形图的工作
机助制图	采用电子计算机制图技术，经过数据采集、数据处理、图形编辑和图形输出，制作地形图的工作
坐标格网	按一定的纵横坐标间距，在地形图上绘制的格网
图廓	地形图分幅的范围线
图廓整饰	根据规定对图廓周边进行整饰的工作
等高线	地形图上高程相等的相邻点连成的闭合曲线
等高距	地形图上两相邻首曲线间的高差
首曲线	根据地形图比例尺、地形坡度和等高线密度等因素，确定等高距描绘的曲线
计曲线	按规定的首曲线条数加粗描绘的等高线
示坡线	地形图中在等高线上表示坡度方向的短线
地性线	地形测图时表示地形坡面变化的特征线，如山脊线、山谷线等

（续表）

项　目	内　容
地物	地面上固定物体的总称，包括建筑物、构筑物、道路、江河等
地貌	地面上各种起伏形态的总称
地形	地面上地物、地貌的总称
地形点	地形测图中被测定高程和位置的点

三、控制测量术语

1. 一般术语

控制测量的一般术语，见表1-8。

表1-8　控制测量的一般术语

项　目	内　容
控制测量	为建立测量控制网而进行的测量工作，包括平面控制测量、高程控制测量和三维控制测量
高斯投影面	按照高斯投影公式确定的地球椭球面的投影展开面
大地水准面	一个与假想的无波浪、潮汐、海流和大气压变化引起扰动的处于流体静平衡状态的海洋面相重合并延伸到大陆的重力等位面
抵偿高程面	为使地面上边长的高斯投影长度改正与归算到基准面上的改正互相抵偿而确定的高程面
参考椭球面	处理大地测量成果而采用的与地球大小、形状接近并进行定位的椭球体表面
法截弧曲率半径	地球椭球体表面上某点的法截弧在该点的曲率半径
高斯投影长度变形	圆柱面与椭球面相切于中央子午线上，其长度不变形，其他任意处的投影长度均变化
高斯投影分布	按一定经差将地球椭球体表面划分成若干投影的区域，简称投影带
任意带	采用任意中央子午线、任意带宽的投影带
卯酉圈曲率半径	地球椭球体表面上某点法截弧的曲率半径中最大的曲率半径
子午圈曲率半径	地球椭球体表面上某点法截弧的曲率半径中最小的曲率半径
平均曲率半径	地球椭球体表面上某点无穷多个法截弧的曲率半径的算术平均值
导航星全球定位系统	利用多颗卫星和接收机，在全球范围内确定空间或地面点三维坐标的一种全球卫星导航空位系统
平面控制网	在某一个参考面上，由相互联系的平面控制点所构成的测量控制网
平布控制测量	确定控制点平面坐标的测量工作
平布控制点	具有平面坐标的控制点

（续表）

项　　目	内　　容
控制网优化设计	采用现代科学技术手段，以一个或多个目标函数进行择优的选网方法
三角测量	在地面上选定一系列点，构成连续三角形，测定三角形各顶点水平角，并根据起始边长、方位角和起始点坐标，经数据处理确定各顶点平面位置的测量方法
三角控制网	采用三角测量的方法建立的测量控制网
三角锁	由一系列相连的三角形构成链形的测量控制网
线形三角锁	两端各附合在一个高等级控制点上的三角锁，简称线形锁
线形三角网	附合在三个以上高等级控制点的线形三角形连接而构成的测量控制网，简称线形网
三角点	在三角测量时，在地面上选定一系列构成相互连接的三角形顶点
三边测量	测量三角形的边长，以确定网点各点平面位置的测量方法
边角测量	综合应用三角测量和三边测量确定各顶点平面位置的测量方法
导线测量	在地面上按一定要求选定一系列的点依相邻次序连成折线，并测量各线段的长和转折角，再根据起始数据确定各点平面位置的测量方法
导线控制网	通过导线测量的方法建立的测量控制网
附合导线	起止于两个已知点间的单一导线
闭合导线	起止于同一个已知点的封闭导线
导线点	用导线测量的方法测定的控制点
加密控制网	在高等级测出量控制网中，为增加控制点的密度而布设的次级测量控制网
插网	在高等级测量控制网中，插入两个以上的点而构成加密控制网
插点	在高等级测量控制网中，插入一个或两个待定的控制点
边角联合交会	加密控制点时，测定一部分或全部角与边的交会方法
结点	两条或两条以上导线、水准路线相交的点
结点网	由多个结点构成的测量控制网
平均边长	测量控制网中各边长度的平均值
起始数据	测量控制网中作为起始坐标、边、方位和高程的数据
最弱边	在三角控制网中利用起始边和观测的角度值，经数据处理后，其中精度最低的一条边
最弱点	在测量控制网中利用起算点的数据及观测值，经数据处理后，其中相对于起算点精度最低的一个点

2. 选点、造标与埋石

选点、造标与埋石术语，见表 1-9。

表 1-9　选点、造标与埋石术语

项　　目	内　　容
踏勘	工程开始前，到现场察看地形和其他工程条件的工作
控制网选点	根据控制网设计方案和选点的技术要求，在实地选定控制点位置的工作
造标	建筑作为观测照准的目标及升高仪器位置的测量标志构筑物的总称
埋石	将控制点的永久性标志固定在实地的工作
观测墩	顶面有中心标志及同心装置，并能安装测量仪器及观测照准目标的设施
强制对中	用装在共同基座上的装置，使仪器和觇牌的竖轴严格同心的方法
归心元素	仪器、照准目标和标石的中心在水平面上投影间的距离及其与零方向的夹角，测站点归心元素包括测站点偏心距与偏心角；照准点归心元素包括照准点偏心距与偏心角
归心改正	将测站的仪器中心至照准目标中心之间的方向值或距离，归化为两点标石中心之间的方向值或距离而进行的改正
测站归心	因仪器中心与测站标石中心不处在一同铅垂线上而进行的改正
照准点归心	因照准点目标中心与标石中心不处在同一铅垂线上而进行的改正
标石	由混凝土、金属或石料制成，埋于地下或露出地面以标注控制点位置的永久性标志
觇标	作为照准目标用的测量标志构筑物
觇牌	作为测量照准目标用的标志牌
测量标志	标定地面控制点或观测目标位置，有明确的中心或顶面位置的标石、觇标及其他标记的通称
点之记	记载等级控制点位置和结构情况的资料，包括点名、等级、点位略图及周围固定地物的相关尺寸等
墙上水准点	设置在坚固建筑墙上的水准点标志

3. 角度测量

角度测量术语，见表 1-10。

表 1-10　角度测量术语

项　　目	内　　容
水平角	测站点至两个观测目标方向线垂直投影在水平面上的夹角
垂直角	观测目标的方向线与水平面间在同一竖直面内的夹角
天顶距	测站点铅垂线的天顶方向到观测方向线间的夹角
测站	观测时设置仪器或接收天线的位置

项　目	内　容
照准点	观测时仪器照准的目标点
测微器行差	用测微器读取度盘上两相邻分划线间角距的数据与理论值之差
隙动差	机械啮合装置中，旋进与旋出至同一位置的读数之差
度盘	装在测角仪器上，用于量测角度的圆盘
正镜	照准目标时，经纬仪的竖直度盘位于望远镜左侧，也称盘左
倒镜	照准目标时，经纬仪的竖直度盘位于望远镜右侧，也称盘右
测回	根据仪器或观测条件等因素的不同，统一规定的由数次观测组成的观测单元
分组观测	把测站上所有方向分成若干组分别观测的方法
全圆方向法	把两个以上的方向合为一组，从初始方向开始依次进行水平方向观测，最后再次照准初始方向的观测方法
方向观测法	以两个以上的方向为一组，从初始方向开始，依次进行水平方向观测，正镜半测回和倒镜半测回，照准各方向目标并读数的方法
归零差	全圆方向法中，半测回开始与结束两次对起始方向观测值之差
两倍照准差	全圆方向法中，同一测回、同一方向正镜读数与倒镜读数之差
坐标方位角	坐标系的正纵轴与测线间顺时针方向的水平夹角
方位角	通过测站的子午线与测线间顺时针方向的水平夹角
三角形闭合差	三角形三内角观测值之和与180°加球面角超之差
测角中误差	根据测角闭合差或观测值改正数，计算出角度观测值的中误差
照准误差	照准目标时所产生的误差

4. 距离测量

距离测量术语，见表 1-11。

表 1-11　距离测量术语

项　目	内　容
距离测量	测量两点间长度的工作
电磁波测距	以电磁波在两点间往返的传播时间确定两点间或距离的测量方法
光电测距	以光波为载波，采用测频法、脉冲法或相位法确定两点间距离的方法
激光测距	以激光为载波，采用脉冲法或相位法确定两点间距离的方法
红外测距	以砷化镓（GaAs）发光管的红外光为载波，以相位法或脉冲相位法确定两点间距离的方法
微波测距	以微波为载波，经调制由主台发射、副台接收并转发回来，测定调制波的相位差，确定两点间距离的方法

（续表）

项　　目	内　　容
相位法测距	根据调制波往返于被测距离上的相位差，间接确定距离的方法
电磁波测距仪	采用电磁波为载波测量距离的仪器，包括红外测距仪、光电测距仪、激光测距仪和微波测距仪等
电子速测仪	集红外测距仪、电子经纬仪、数据终端机和数据记录兼数据处理器于一体的测量仪器
反光镜	将发射的光束反射至接收系统的反射物，包括平面反光镜、球面反光镜、透镜反光镜、棱镜反光镜等
棱镜反光镜	用光学玻璃制成的等腰三角锥体，三个反射面积互相垂直，另一面为光线的入射面和出射面，其入射光线和反射光线平行，且具有自准直性
加常数	采用电磁波测距仪测得的距离与实际距离之间的常差
电磁波测距标称精度	电磁波测距仪给定的精度指标，包括固定误差和比例误差
固定误差	与观测量大小无关，有固定数值的误差
比例误差	与观测量大小成比例的误差
电磁波测距最佳观测时间段	在电磁波测距时，通视良好、信号稳定和测距精度较高的时间间隔
电磁波测距最大测程	在规定的大气能见度和棱镜组合个数的条件下，满足仪器标称精度时电磁波测距仪所能测量的最大距离
气象改正	在大气折射率与测距仪给定的参考气象条件下，折射率不等而进行的距离改正
频偏改正	在实际作业时，测距仪的调制频率与标称频率发生偏移而进行的距离改正
因瓦基线尺	采用镍铁合金制造的线状尺或带状尺，其温度膨胀系数小于 $0.5 \times 10^{-6}/℃$
钢尺量距	采用宽度 $10 \sim 20$ mm、厚度 $0.1 \sim 0.4$ mm 薄钢带制成的带状尺测量距离的方法
视差法测距	用经纬仪测量与短基线所对应的水平角计算水平距离的方法
横基尺视差法	根据与测线垂直并水平放置基线横尺所对应的视差角计算水平距离的方法
竖基尺视差法	根据竖直放置的基线竖尺所对应的垂直角计算水平距离的方法
尺长改正	根据尺在标准温度、标准拉力引张下的实际长度与标称长度的差值进行的长度改正
倾斜改正	将倾斜距离换算成水平距离的工作
温度改正	钢尺量距时的温度和标准温度不同引起的尺长变化进行的距离改正
往测与返测	两点间测量时，由起点到终点、由终点到起点的测量过程

5. 高程测量

高程测量术语，见表 1-12。

表 1-12 高程测量术语

项 目	内 容
高程测量	确定地面点高程的测量工作
水准测量	用水准仪和水准尺测定两固定点间高差的工作
精密水准测量	采用高精度的仪器、工具和测量方法所进行的每千米高差合中误差小于 2 mm 的水准测量
水准点	用水准测量方法，测定的高程达到一定精度的高程控制点
水准网	由一系列水准点组成多条水准路线而构成的带结点的高程控制网
水准测段	分段观测时，相邻两水准点或高程控制点间的水准测量路线
高差	同一高程系统中两点间的高程之差
附合水准路线	起止于两个已知水准点间的水准路线
闭合水准路线	起止于同一已知水准点的封闭水准路线
支水准路线	从一已知水准点出发，终点不附合也不闭合于另一已知水准点的水准路线
跨河水准测量	视线长度超过规定，跨越河流、湖泊、沼泽等的水准测量
三角高程测量	根据已知点高程及两点间的垂直和距离确定所求点高程的方法
电磁波测距三角高程测量	采用电磁波测距仪直接测定两点间距离的三角高程测量
三角高程导线测量	从已知高程点出发，沿各导线边进行三角高程测量，最后附合或闭合到已知高程点上，确定高程的方法
高程中误差	根据高程测量闭合差或不符值计算的中误差
高差全中误差	根据环线闭合差和相应环的水准路线周长而计算的中误差，也称水准测量每千米距离的高差中数的全中误差，表达式为： $$M_w = \pm\sqrt{\frac{1}{N} \cdot \left(\frac{WW}{L}\right)}$$ 式中 M_w——高差全中误差（mm）； 　　　W——闭合差（mm）； 　　　N——水准环数； 　　　L——相应环的水准路线周长（km）
高差偶然中误差	根据各测段往返高差不符值和测段长度而计算的中误差，表达式为： $$M_\Delta = \pm\sqrt{\frac{1}{4n} \cdot \left(\frac{\Delta\Delta}{L}\right)}$$ 式中 M_Δ——高差偶然中误差（mm）； 　　　W——测段往返高差不符值（mm）； 　　　N——测段数； 　　　L——测段长度（km）

四、施工测量术语

1．一般术语

施工测量的一般术语，见表 1-13。

表 1-13 施工测量的一般术语

项　目	内　容
施工测量	在工程施工阶段中进行的测量工作
界桩	表示土地分界线的固定标志
建筑红线测量	根据规划确定的建筑区域或建筑物的用地限制线，在实地测设并钉桩的测量工作
推算坐标	根据已知坐标及给定的所求点条件，确定所求点平面坐标值，也称条件坐标
面积水准测量	在建筑场地布设方格网，测出各网点地面高程的水准测量
土地规划测量	为规划城镇、农村的各项建设用地进行的测量工作

2．施工控制网

施工控制网术语，见表 1-14。

表 1-14 施工控制网术语

项　目	内　容
施工控制网	为工程施工而布设的测量控制网
建设方格网	各边组成矩形或正方形且与拟建的建筑物、构筑物轴线平行的施工控制网
建筑方格网主轴线	与主要建筑物轴线平行，作为建筑方格网定向及测设依据的轴线
建筑方格网轴线法	以建筑方格网主轴线为依据确定其他方格网点的测量方法
建筑方格网长轴线	建筑方格网主轴线中较长的一条轴线
建筑方格网短轴线	建筑方格网主轴线中较短的一条轴线
建筑方格网布网法	采用三角测量、三边测量或导线测量测设建筑方格网轴线的测量方法
方格网点	组成建筑方格网的各方格顶点
内分点法	在两个已知坐标的连线上，通过测量距离或角度，确定直线上任一待定点坐标的方法

3．建筑物施工放样

建筑物施工放样术语，见表 1-15。

表 1-15 建筑物施工放样术语

项　目	内　容
施工放样	工程施工时，将设计的建（构）筑物的平面位置、高程测设到实地的测量工作

项　目	内　容
建筑物平面控制网	为大型或重要建（构）筑物的细部放样而布设的平面控制网
找平	用水准测量的方法确定某一设计标高的测量工作
标高线	工程施工时，将已知高程引测到基础、柱基杯口或墙体上所作的标记线
标高传递	工程施工时，根据下一层的标高值用测量仪器或钢尺测出另一层标高并做出标记的测量工作
方向线交会法	根据建筑方格网对边上两对对应已知点，用经纬仪或细线交会测设所求点的定点方法
建筑轴线测设	将设计图上表示墙和柱列位置的轴线测设到实地的工作
轴线投测	将建（构）筑物线由基础引测到上层边缘或柱子上的测量工作
中心桩	建筑物放样时，表示墙、柱中心线交点位置的桩
轴线控制桩	建筑物定位后，在基槽外墙或柱列轴线延长线上，表示墙或柱列轴线位置的桩
龙门板	在建筑轴线交点的基槽外，表示建筑轴线位置的水平木板
皮数杆	标有砖的行数、门窗口、过梁、预留孔、木砖等的位置和尺寸的木尺
灌注桩定位	将灌注混凝土桩的位置测出设到实地的测量工作
直角坐标法放点	在平面控制网边上测距，以直角棱镜或经纬仪作垂直定向，将设计坐标测设到实地的工作，也称支距法
角度交会法放点	根据已知角度值在两个已知点上采用两台经纬仪，将设计点位测设到实地的工作
验线	对已测设于实地的建筑轴线的正确性及精度进行检测的工作
端点桩	建筑物柱子基础施工时，由基础中心线延长到建筑物平面控制网边上相交处所钉的桩
建筑基础平面图	表示建筑的基础布置、轴线位置、基础尺寸等的设计图
建筑结构平面图	表示建筑物某一层墙、柱、梁、板的平面布置，轴线位置，各部分尺寸，联结方法等的设计图
安装测量	为工程施工中的构件或设备的安装所进行的测量工作
立模测量	工程施工时，将模板分块的界限及模板位置放样到实地的测量工作
填筑轮廓点测量	当建筑物建造在基岩上时，根据设计图在实地定出交线位置的测量工作
垂直度测量	确定结构物中心线偏离铅垂线的距离及其方向的测量工作
竖向测量	确定柱子、构架、闸墩等在竖直方向上的各种相互关系的测量工作

第四节　水平面代替水准面

一、平面代替曲面对距离的影响

如图 1-1 所示，地面上 C、D 两点，沿铅垂线投影到大地水准面上得 a、b 两点，用过 a 点与大地水准面相切的水平面来代替大地水准面，D 点在水平面上的投影为 b'。

设 ab 的长度（弧长）为 L，ab 的长度（水平距离）为 L'，两者之差即为平面代替曲面所产生的距离误差，用 ΔL 表示：

$$\Delta L = L' - L = R\tan\theta - R\theta = R（\tan\theta - \theta）$$

(1-1)

式中　θ——弧长 L 所对应的圆心角。

将 $\tan\theta$ 用级数展开并略去高次项得：

$$\tan\theta = \theta + \frac{1}{3}\theta^3 + \cdots = \theta + \frac{1}{3}\theta^3$$

(1-2)

又因：

$$\theta = \frac{L}{R}$$

(1-3)

有距离误差：

$$\Delta L = \frac{L^3}{3R^2}$$

(1-4)

则相对误差：

$$\frac{\Delta L}{L} = \frac{L^2}{3R^2}$$

(1-5)

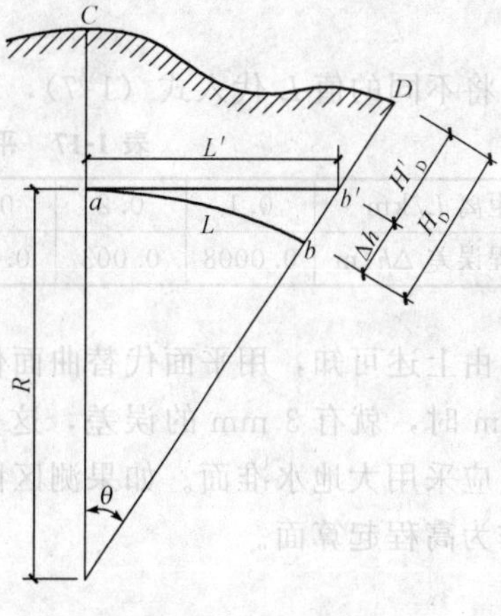

图 1-1　水平面代替水准面的影响

以不同的 L 值代入式（1-5），求出距离误差和相对误差的结果，见表 1-16。

表 1-16　平面代替曲面所产生的距离误差和相对误差

距离 L/km	距离误差 $\Delta L/\mathrm{m}$	距离相对误差 $\Delta L/L$
10	0.008	1∶1 200 000
25	0.128	1∶190 000
50	1.027	1∶49 000
100	8.212	1∶12 000

由表 1-16 可知，当距离 L 为 10 km 时，所产生的距离相对误差为 1∶1 200 000，小于当前最精密的距离测量误差 1∶1 000 000。因此，对于距离测量来说，可将以 10 km 为半径的范围作为水平面代替水准面的限度，而不必考虑地球曲率对距离的影响。

二、平面代替曲面对高程的影响

如图 1-1 所示，地面点 D 的绝对高程为该点沿铅垂线到大地水准面的距离 H_D，当用 a 点与大地水准面相切的水平面代替大地水准面时，D 点的高程为 H'_D，两者的差

别为 bb'，即用水平面代替大地水准面所产生的高程误差，用 Δh 表示，由图 1-1 可得：

$$(R+\Delta h)^2=R^2+L'^2$$

解得：

$$\Delta h=\frac{L'^2}{2R+\Delta h} \qquad (1-6)$$

因水平距离 L' 与弧长 L 很接近，取 $L'=L$；又因 Δh 小于 R，取 $2R+\Delta h=2R$，代入式（1-6）得：

$$\Delta h=\frac{L^2}{2R} \qquad (1-7)$$

将不同的值 L 代入式（1-7），求出平面代替曲面所产生的高程误差，见表 1-17。

表 1-17　平面代替曲面所产生的高程误差

距离 L/km	0.1	0.2	0.3	0.4	0.5	0.6	0.7	0.8	0.9
高程误差 Δh/m	0.0008	0.003	0.007	0.013	0.02	0.08	0.31	1.96	7.85

由上述可知，用平面代替曲面作为高程的起算面，对高程的影响是很大的，距离为 200 m 时，就有 3 mm 的误差，这是不允许的。因此，高程的起算面不能用切平面代替，应采用大地水准面。如果测区内没有国家高程点，也应采用通过测区内某点的水准面作为高程起算面。

第五节　测量工作概述

一、测量工作基础

地球表面的形态和物体是复杂多样的，在测量工作中将其分为地物和地貌两大类。地面上自然或人工形成的物体称为地物，如河流、湖泊、道路、房屋等。地面高低起伏、倾斜缓急的形态称为地貌，如山丘、谷地、陡壁、平原等。

二、测量工作的程序和原则

测绘地形图时，应先进行控制测量，再进行碎部测量。当测区范围较大时，应先进行整个测区的控制测量，再进行局部区域的控制测量；控制测量精度要由高级到低级逐级布设。测量工作应遵循"先控制后碎部"、"从整体到局部"、"由高级到低级"的原则。这样，可减少误差积累，保证测图的精度，又可分组测绘，加快测图进度。同时，测量工作还必须遵循"步步有检核"的原则，即"此步工作未做检核不进行下一步工作"。遵循这些原则，可避免发生错误，保证测量结果的正确性。

测量工作的程序一般分两步进行：第一步建立控制点，称为控制测量；第二步是测定特征点的位置，称为碎部测量。测量工作有内业与外业之分。利用测量仪器在野外测出控制点之间或控制点与特征点之间的距离、水平角和高差，称为测量外业。将外业成果在室内进行整理、计算和绘图，称为测量内业。如图 1-2 所示，可以根据地物点 A 测定 B 点，再根据 B 点测定 C 点……依次把整个测区内地物和地貌特征点的位置测定出来。另一种方法是先在测区内选择若干有控制意义的点 1、2 作为控制点，较精确地测定其相对位置，再在控制点上测定其周围的特征点。

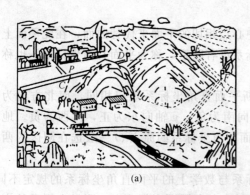 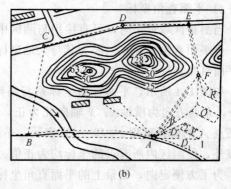

(a)　　　　　　　　　　　　　(b)

图 1-2　测量工作的程序

（a）测量外业；（b）测量内业

测量工作的程序和原则，既适用于测定，也适用于测设。若将设计的建筑物测设标定于实地，也必须先在施工现场进行控制测量，然后在控制点上安置仪器测设其的特征点。测设建筑物特征点的工作也叫碎部测量，也必须遵循"先控制后碎部"、"从整体到局部"、"由高级到低级"和"步步有检核"的原则，以防出错。

三、地面点位的确定

1．确定地面点位的原理

由几何学原理可知，点组成线，线组成面，面组成体。因此，构成物体形状最基本元素是点。在工程测量中，地面上的固定性物体称为地物；地面起伏变化的形态称为地貌。地物和地貌总称为地形。以地形测绘为例，地面上各种地物种类繁多，地势起伏差别很大，但其形状、大小及位置完全可看成是由一系列连续的点所组成的。

放样是在实地标定出设计建（构）筑物的平面位置和高程的测量工作。与测图过程相反，其实质是确定点的位置。所以，点位关系是工程测量中要研究的基本关系。

确定地面点位的基本工作就是高程测量、水平角测量、水平距离测量，即将地面点沿铅垂线方向投影到一个代表地球表面形状的基准面上，地面点投影到基准面上后，用坐标和高程来表示点位。测绘过程及测量计算的基准面，可认为是平均海洋面延伸，穿过陆地和岛屿所形成的闭合曲面，这个闭合曲面称为大地水准面。大范围内进行测量工作时，是以大地水准面作为地面点投影的基准面，如果在小范围内测量，可以把地球局部表面当作平面，将水平面作为地面点投影的基准面。

2．地面点平面位置的确定

1）大地坐标

地面点在参考椭球面上投影位置的坐标，可以用大地坐标系统的经度和纬度表示，如图 1-3 所示，O 为地球参考椭球面的中心，N、S 为北极和南极，NS 为旋转轴，通过旋转轴的平面称为子午面，与参考椭球面的交线称为子午线，其中通过原英国格林尼治天文台的子午线称为首子午线。通过 O 点并且垂直于 NS 轴的平面称为赤道面，与参考椭球面的交线称为赤道。地面点 P 的经度，是指过该点的子午面与首子午线之间的夹角，用 λ 表示，经度从首子午线起算，往东自 $0°\sim180°$ 称为东经，往西自 $0°\sim180°$ 称为西经。地面点 P 的纬度，是指过该点的法线与之赤道面间的夹角，用 φ 表示，纬度从赤道面起算，往北自 $0°\sim90°$ 称为北纬，往南自 $0°\sim90°$ 称为南纬。

2）平面直角坐标

当测量区域较小时，可直接用与测区中心点相切的平面来代替曲面，在此平面上建立一个平面直角坐标系。因为其与大地坐标系没有联系，称为平面直角坐标系，也称假定平面直角坐标系。

如图 1-4 所示，平面直角坐标系与高斯平面直角坐标系规定相同，南北方向为纵轴 x，东西方向为横轴 y；x 轴向北为正，向南为负，y 轴向东为正，向西为负。地面上某点 A 的位置可用 x_A 和 y_A 来表示。平面直角坐标系的原点 O 一般选在测区的西南角以外，使测区内所有点的坐标均为正值。

为了方便定向，测量上的平面直角坐标系与数学上的平面直角坐标系的规定不同，x 轴与 y 轴互换，象限的顺序也相反。因为轴向与象限顺序都改变，测量坐标系的实质与数学上的坐标系是一致的，因此数学中的公式可直接应用到测量计算中。

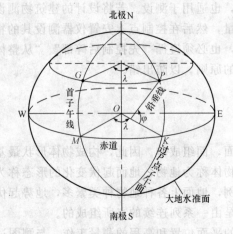

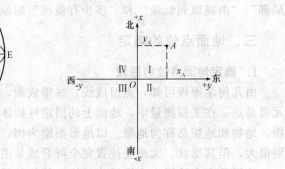

图 1-3　天文地理坐标　　　　　　　　图 1-4　独立平面直角坐标系

3）建筑坐标

在工程施工中，有时为了便于对建（构）筑物平面位置的施工放样，将原点设在建（构）筑物两条主轴线（或某平行线）的交点上，以其中一条主轴线（或某平行线）为纵轴，一般用 A 表示，顺时针旋转 90° 方向作为横轴，一般用 B 表示，建立一个平面直角坐标系，称为建筑坐标系，如图 1-5 所示。

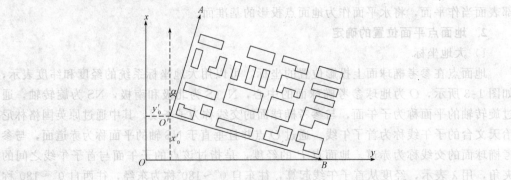

图 1-5　建筑坐标系

3. 地面点高程位置的确定

1）相对高程

有些地区引用绝对高程有困难时，可采用相对高程系统。相对高程是采用假定的水准面作为起算高程的基准面。地面点到假定水准面的垂直距离叫该点的相对高程。由于高程基准面是根据实际情况假定的，因此相对高程有时也称为假定高程，如图 1-6 所示，地面点 A、B 的相对高程分别为 H'_A 和 H'_B。

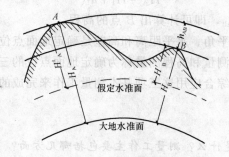

图 1-6 高程和高差

2）绝对高程

地面点到大地水准面的铅垂距离，称为该点的绝对高程，简称高程，用 H 表示，如图 1-6 所示，地面点 A、B 的高程分别为 H_A、H_B。数值越大表示地面点越高，当地面点在大地水准面的上方时，高程为正；反之，当地面点在大地水准面的下方时，高程为负。

3）高差

两个地面点之间的高程差称为高差，用 h 来表示。高差有方向性和正负，与高程基准无关，如图 1-6 所示，A 点至 B 点的高差 h_{AB} 为正时，B 点高于 A 点；

$$h_{AB}=H_B-H_A=H'_B-H'_A \tag{1-8}$$

当 h_{AB} 为负时，B 点低于 A 点。高差的方向相反时，其绝对值相等而符号相反，即：

$$h_{AB}=-h_{BA} \tag{1-9}$$

4. 确定地面点位的基本测量工作

如图 1-7 所示，Ⅰ和Ⅱ是已知坐标点，在水平面上的投影位置为 1、2，地面点 A、B 是待定点；它们投影在水平面上的投影位置是 a、b。如果观测了水平角 β_1、水平距离 L_1，可用三角函数计算出 a 点的坐标，同理，观测水平角 β_2 和水平距离 L_2，也可计算出 b 点的坐标。

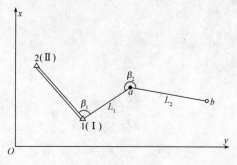

图 1-7 基本测量工作

在测绘地形图时，可在图上直接用量角器根据水平角 β_1 做出 1 点至 a 点的方向线，在此方向线上根据距离 L_1 和一定的比例尺，即可定出 a 点的位置，同理可在图上定出 b 点的位置。水平角测量和水平距离测量是确定地面点坐标或平面位置的基本测量工作。

若 I 点的高程已知为 H_1，观测高差 h_{1A}，则可利用高差计算公式转换后计算出 A 点的高程：

$$H_A = H_1 + h_{1A} \tag{1-10}$$

同理，若观测高差 h_{AB}，即可计算出 B 点的高程。

所以，地面点间的水平角、水平距离和高差是确定地面点位的三个基本要素，我们把水平角测量、水平距离测量和高程测量称为确定地面点位的三项基本测量工作。再复杂的测量任务，都是通过综合应用这三项基本测量工作来完成的。

习题与思考

1-1　测量学的定义是什么？测量工作主要包括哪几方面？

1-2　测量学的基本任务是什么？

1-3　测量工作应遵循哪些原则？

1-4　地面点平面位置的确定应根据哪几方面来确定？

第二章　水准测量

内容提要

掌握：水准测量的原理及水准测量仪器的使用方法；水准路线的布设，水准测量的实施和检核；水准测量仪器的检验与校正。

了解：水准测量误差产生的原因及消减的方法；精密水准仪、水准尺及自动安平水准仪的使用方法。

第一节　水准测量的原理

一、高差法原理

如图 2-1 所示，要测出 B 点的高程 H_B，则应在已知高程点 A 和待求高程点 B 上分别竖立水准尺，利用水准仪提供的水平视线在两尺上分别读得数 a、b。其差值就是 A、B 两点间的高差，即：

$$h_{AB} = a - b \tag{2-1}$$

如果水准测量前进方向是由 A 到 B，如图 2-1 中的箭头所示，则称 A 点为后视点，其水准尺读数 a 为后视读数；称 B 点为前视点，其水准尺读数 b 为前视读数。因此，高差等于后视读数减去前视读数。如果 $a > b$，高差为正，表明 B 点高于 A 点；如果 $a < b$，高差为负，表明 B 点低于 A 点；如果 $a = b$，则二点同高。根据 A 点的高程 H_A 和高差 h_{AB}，就可计算出 B 点的高程：

$$H_B = H_A + h_{AB} \tag{2-2}$$

利用高差 h_{AB} 计算 B 点高程的方法称为高差法。

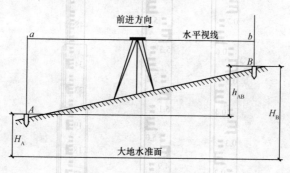

图 2-1　高差法示意图

二、仪高法原理

采用仪器视线高程 H_i 计算 B 点高程，称为仪高法。即：

视线高程：

$$H_i = H_A + a \qquad (2-3)$$

B 点高程：

$$H_B = H_i - b \qquad (2-4)$$

当安置一次仪器要求测出若干个前视点的高程时，应采用仪高法，此法在工程测量中常用于断面测量和高程检测。

三、水准测量的规律

(1) 每站高差等于水平视线的后视读数减去前视读数。

(2) 起点至闭点的高差等于各站高差的总和，等于各站后视读数的总和减去前视读数的总和。

第二节 水准测量仪器的种类及使用

一、水准测量仪器的种类及构造

1．水准尺的构造

1) 普通水准尺

水准尺由干燥的优质木材、玻璃钢或铝合金等材料制成。水准尺分为双面尺和塔尺，如图 2-2 所示。双面水准尺，如图 2-2（a）所示，多用于三、四等水准测量，长度为 3 m，是不能伸缩和折叠的板尺，且两根尺为一对，尺的两面均有刻画，尺的正面是黑色注记，反面为红色注记，因此又称红黑面尺。黑面的底部都从零开始，而红面的底部一般是一根为 4.687～7.687 m，另一根为 4.787～7.787 m，利用黑、红面尺底零点之差（4.687 m 或 4.787 m）可对水准测量读数进行检核。塔尺，如图 2-2（b）所示，一般用于精度要求不高的等外水准测量，长度多为 3 m 和 5 m 两种，可以伸缩，尺面分划为 1 cm 和 0.5 cm 两种，每分米处注有数字，每米处也注有数字或以红黑点表示数，尺底为零。

图 2-2 水准尺

(a) 双面尺；(b) 塔尺

尺垫由三角形的铸铁制成，上部中央有一突起的半球体，如图 2-3 所示。为保证在水准测量过程中转点的高程不变，可将水准尺放在半球体的顶端。尺垫仅仅是在转点处放置以供立水准尺使用，起到临时传递高程的作用。

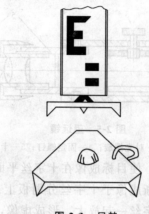

图 2-3　尺垫

2）精密水准尺

精密水准尺一般是在木质尺身中央的凹槽内安置一根因瓦（invar）镍铁合金钢带。钢带的零点端固定在尺身上，另一端用弹簧牵引着，这样就可以使因瓦合金（镍铁合金）钢带不受尺子伸缩变形的影响。带上标有刻画注记，数字标在木尺上。精密水准尺上的分划注记形式一般有 10 mm 和 5 mm 两种。10 mm 分划的精密水准尺在尺身上刻有左右两排分划，右边为基本分划，左边为辅助分划。基本分划的数字注记从 0 到 300 cm，辅助分划的数字注记从 300 cm 到 600 cm，基本分划与辅助分划的零点相差一个常数 301.55 cm，这一常数称为基辅差或尺常数，相当于双面尺的不同刻度，用以检查是否存在读数错误。5 mm 分划的精密水准尺在尺身上两排均是基本分划，其最小分划值为 10 mm，但彼此错开 5 mm。尺身一侧注记米数，另一侧注记分米数。

2．DS3 型微倾式水准仪的构造

如图 2-4 所示为 DS3 型微倾式水准仪的构造，其主要由望远镜、水准器和基座三部分组成。

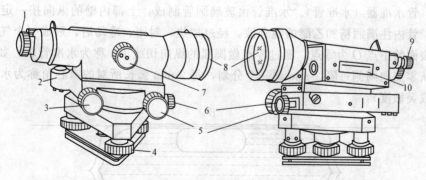

图 2-4　DS3 型微倾式水准仪

1—目镜对光螺旋；2—圆水准器；3—微倾螺旋；4—脚螺旋；5—微动螺旋；
6—制动螺旋；7—对光螺旋；8—物镜；9—水准管气泡观察窗；10—管水准器

23

1）望远镜

望远镜是用来瞄准不同距离的水准尺并进行读数的，如图2-5所示，由物镜、对光透镜、对光螺旋、十字丝分划板以及目镜等组成。

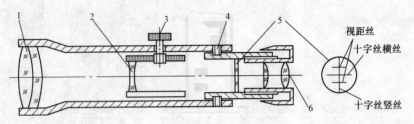

图 2-5 望远镜

1—物镜；2—对光透镜；3—对光螺旋；4—固定螺钉；5—十字丝分划板；6—目镜

物镜由两片以上的透镜组成，使目标成像在十字丝平面上，形成缩小的实像。旋转对光螺旋，可使不同距离目标清晰成像于十字丝分划板上。目镜由一组复合透镜组成，作用是将物镜所成的实像连同十字丝一起放大，形成虚像，转动目镜调焦螺旋，可使十字丝影像清晰，称为目镜调焦。

从望远镜内所看到的目标放大虚像的视角 β 与眼睛直接观察该目标的视角 α 的比值，称为望远镜的放大率，一般用 V 表示，即：

$$V = \beta/\alpha \tag{2-5}$$

DS3 型微倾式水准仪望远镜的放大率一般为 25～30 倍。

十字丝分划板是安装在目镜筒内的一块光学玻璃板，玻璃板上刻有两条互相垂直的细线，称为十字丝。竖直的一条称为纵丝，中间水平的一条称为横丝或中丝，用以瞄准目标和读数用。与横丝平行的上、下两条对称的短线称为视距丝，用以测定距离。上视距丝简称为上丝，下视距丝简称为下丝。

物镜光心与十字丝交点的连线称为望远镜的视准轴，观测时的视线即为视准轴的延长线。

2）水准器

DS3 型微倾式水准仪的水准器分为圆水准器（水准盒）和管水准器（水准管）两种，它们都是供整平仪器用的。

（1）管水准器（水准管）。水准管由玻璃圆管制成，上部内壁的纵向按一定半径磨成圆弧。管内注满酒精和乙醚的混合液，经过加热、封闭、冷却后，形成一个气泡。水准管内表面的中点 O 为零点，通过零点做圆弧的纵向切线 LL 称为水准管轴，如图2-6所示。从零点向两侧每隔 2 mm 刻一个分划，每 2 mm 弧长所对的圆心角称为水准管分划值（或灵敏度）：

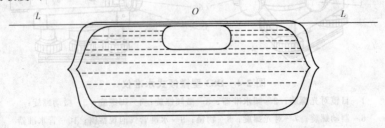

图 2-6 水准管

$$\tau = \frac{2\rho}{R} \tag{2-6}$$

式中　ρ——1弧度秒值，206 265；

　　　R——水准管圆弧半径。

分划值的意义，可理解为当气泡移动 2 mm 时，水准管轴所倾斜的角度，DS3 型微倾式水准仪的水准分划值为 $20''/2$ mm，如图 2-7 所示。

为了提高精度，在水准管上方都装有棱镜，如图 2-8（a）所示，可使水准管气泡两端的半个气泡影像借助棱镜的反射作用转到望远镜旁的水准管气泡观察窗内。当两端的半个气泡影像错开时，如图 2-8（b）所示，表示气泡没有居中，此时可旋转微倾螺旋使气泡居中，直至两端的半个气泡影像对齐，如图 2-8（c）所示。这种具有棱镜装置的水准管又称为符合水准管，可提高气泡居中的精度。

（2）圆水准器（水准盒）。圆水准器由玻璃制成，呈圆柱状，如图 2-9 所示，上部的内表面为一个半径为 R 的圆球面，中央刻有一个小圆圈，圆心 O 是圆水准器的零点，通过零点和球心的连线（O 点的法线）LL'，称为圆水准器轴。当气泡居中时，圆水准器轴处于铅垂位置。圆水准器的分划值一般为（$5'\sim10'$）$/2$ mm，灵敏度较低，只能用于粗略整平。

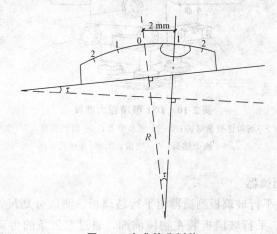

图 2-7　水准管分划值

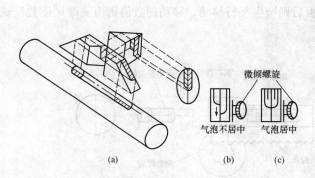

图 2-8　水准管的符合棱镜系统

（a）棱镜示意图；（b）气泡不居中；（c）气泡居中

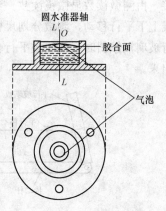

图 2-9　水准盒

3）基座

水准仪的基座用于固定、支撑望远镜等上部仪器，并与三脚架连接。主要由轴座、脚螺旋、底板和三角压板构成，如图2-4所示。

3. DS1 型精密水准仪的构造（图2-10）

1）构造特点

（1）望远镜性能好，物镜孔径大于40 mm，放大率大于40倍。

（2）望远镜筒和水准器套均用因瓦合金铸件构成，具有结构坚固、水准管轴与视准轴关系稳定的特点。

（3）采用符合水准器，水准管的分划值为（6″～10″）/2 mm；对于自动安平水准仪，其安平精度一般不低于0.2″。

（4）为了提高读数精度，望远镜上装有平行玻璃测微器，最小读数为0.05～0.1 mm。

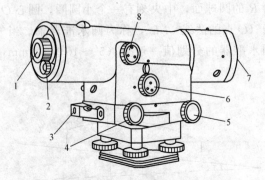

图 2-10　DS1 型精密水准仪

1—目镜；2—测微读数显微镜；3—十字水准器；4—微倾螺旋；5—微动螺旋；

6—测微螺旋；7—物镜；8—对光螺旋

2）平行玻璃板测微器

如图2-11所示，平行玻璃板测微器由平行玻璃板、测微分划尺、传动杆、测微螺旋和测微读数系统组成。平行玻璃板装在物镜前面，通过有齿条的传动杆与测微分划尺连接，由测微读数显微镜读数。当转动测微螺旋时，传动杆带动平行玻璃板前后俯仰，使视线上下平行移动，测微分划尺也随之移动。当平行玻璃板铅垂时，光线不产生平移；当平行玻璃板倾斜时，视线经平行玻璃板后则产生平行移动，移动的数值则由测微尺读数反映出来。

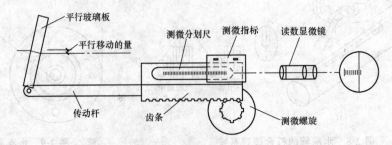

图 2-11　平行玻璃板测微器

26

4. 自动安平水准仪的构造

1）构造

自动安平水准仪的构造，如图 2-12 所示。

2）原理

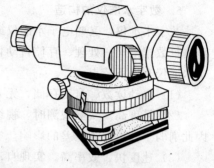

图 2-12　自动安平水准仪

如图 2-13 所示，当视准轴水平时，物镜光心位于 O，十字丝交点位于 B，通过十字丝横丝在尺上的正确读数为 a。当视准轴倾斜一个微小角度 α（$<10'$）时，十字丝交点从 B 移至 A，通过十字丝横丝在尺上的读数不再是水平视线的读数 a，而是 a'。为使十字丝横丝读数仍为水平视线的读数 a，可在望远镜的光路上加一个补偿器，通过物镜光心的水平视线经过补偿器的光学元件后偏转一个 β 角，在 A 点处十字丝横丝仍可读得正确读数 a。由于 α 角和 β 角都是很小的角值，如果下式成立，即能达到补偿的目的。

$$f = S\beta \tag{2-7}$$

式中　S——补偿器到十字丝的距离；

　　　f——物镜到十字丝的距离。

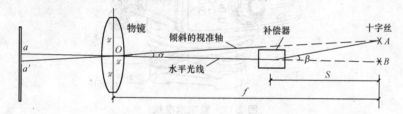

图 2-12　自动安平水准仪的原理

如图 2-14 所示，为 DSZ3 型自动安平水准仪的结构剖面图。

在物镜与十字丝分划板之间安装一个补偿器，由固定在望远镜上的屋脊棱镜以及用金属丝悬吊的两块直角棱镜组成。当望远镜倾斜时，直角棱镜在重力摆的作用下，作与望远镜相反的偏转运动，而且由于阻尼器的作用，很快会静止下来。

当视准轴水平时，水平光线进入物镜后经过第一个直角棱镜反射到屋脊棱镜，在屋脊棱镜内作三次反射后，到达另一直角棱镜，再经反射后光线通过十字丝的交点。

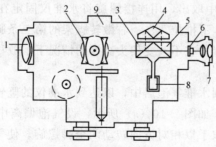

图 2-14　DSZ3 型自动安平水准仪的结构剖面图

1—物镜；2—调焦镜；3—直角棱镜；4—屋脊棱镜；5—直角棱镜；6—十字丝分划板；

7—目镜；8—阻尼器；9—补偿器

5．数字水准仪的构造

数字水准仪，又叫电子水准仪或者数字电子水准仪，一般把应用光电数码技术使水准测量数据采集、处理、存储自动化的水准仪命名为数字水准仪，如图 2-15 所示。电子水准仪有以下特点：

（1）自动读数、自动存储，无人为误差（如读数误差、记录误差、计算误差等）。

（2）精度高。实际观测时，视线高和视距都采用大量条码分划图像经处理后获得，因此削弱了标尺分划误差的影响。

（3）速度快、效率高。实现自动记录、检核、处理和存储，可实现水准测量野外数据采集和内业成果计算的内外业一体化。只需照准、调焦和按键就可以自动观测，减轻劳动强度，与传统仪器相比可以缩短测量时间。

（4）数字水准仪是设置有补偿器的自动安平水准仪，当采用普通水准尺时，电子水准仪当作自动安平水准仪。

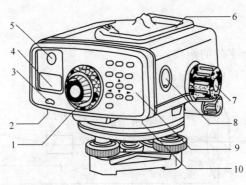

图 2-15　数字水准仪

1—望远镜目镜；2—圆气泡调整螺丝；3—开关键（POWER）；4—显示窗；5—圆气泡窗；
6—提手；7—望远镜调焦钮；8—测量钮（MEAS）；9—操作键盘；10—串行接口

二、水准测量仪器的使用

1．DS3 型微倾式水准仪的使用

1）架设仪器

在架设仪器处，打开三脚架，通过目测，使架头大致水平且高度适中（约在观测者的胸颈部），将仪器从箱中取出，用连接螺旋将水准仪固定在三脚架上。然后，根据圆水准器气泡的位置，上、下推拉，左、右微转脚架的第三条腿，使圆水准器的气泡尽可能位于靠近中心圈的位置，在不改变架头高度的情况下，放稳脚架的第三条腿。

2）粗平

调节仪器脚螺旋使圆水准气泡居中，以达到水准仪的竖轴近似垂直，从而使视线大致水平。其具体做法是：如图 2-16（a）所示，设气泡偏离中心于 a 处时，可以先选择一对脚螺旋①、②，用双手以相对方向转动两个脚螺旋，使气泡移至两脚螺旋连线的中间 b 处，如图 2-16（b）所示；然后，再转动脚螺旋③，使气泡居中，如图 2-16（b）所示。按上述步骤反复进行，直至气泡严格居中。在整平中气泡移动方向始终与左手大拇指（或右手食指）转动脚螺旋的方向一致。

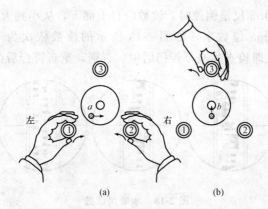

图 2-16　圆水准器的整平方法

3）瞄准水准尺

仪器粗平后，用望远镜瞄准水准尺。其操作步骤如下：

（1）目镜调焦。将望远镜对向较明亮处，转动目镜对光螺旋，使十字丝调至最为清晰为止。

（2）粗略照准。放松照准部的制动螺旋，利用望远镜上部的照门和准星，对准水准尺，拧紧制动螺旋。

（3）物镜调焦和精确照准。转动物镜对光螺旋；使尺像清晰；转动微动螺旋，使尺像位于视场中央。

（4）消除视差。物镜调焦后，眼睛在目镜端上、下微微地移动，因为十字丝和水准尺的像有相互移动的现象，这种现象称为视差。视差产生的原因是水准尺没有成像在十字丝平面上，如图 2-17 所示。视差的存在会影响观测读数的正确性，必须加以消除。消除的方法是重新仔细地进行物镜对光，直到眼睛上下移动，读数不变为止。此时，十字丝与目标在目镜端的成像都十分清晰。

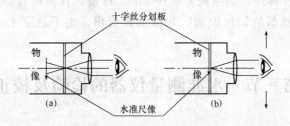

图 2-17　视差产生的原因

（a）有视差现象；（b）无视差现象

4）精平

精平是在读数前转动微倾螺旋使气泡居中，从而得到精确的水平视线。转动微倾螺旋时速度应缓慢，直至气泡稳定不动而又居中时为止。必须注意，当望远镜转到另一方向观测时，气泡不一定符合，应重新精平，气泡居中后才能读数。

5）读数

当气泡居中后，立即用十字丝横丝在水准尺上读数。读数前要认清水准尺的注记特征。望远镜中看到的水准尺是倒像时，读数应自上而下，从小到大，直接读取 m，dm，cm 三位数字并估读 mm 位数字，如图 2-18 所示的读数依次为 1.272 m，5.958 m，2.539 m。读数后要立即检查气泡是否仍居中。否则，重新符合后读数。

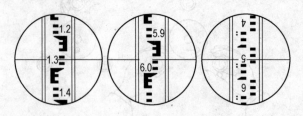

图 2-18　水准尺读数

2．DS1 型精密水准仪的使用

精密水准仪的操作方法和普通水准仪基本相同，也是粗平、瞄准、精平、读数四个步骤，但读数方法不同。读数时，先转动微倾螺旋。从望远镜内观察使水准管气泡影像符合。再转动测微螺旋，使望远镜中的楔形丝夹住靠近的一条整分画线。其读数分为两部分：cm 及其级别以上的数由望远镜直接在尺上读取；cm 级别以下的数从测微读数显微镜中读取，估读至 0.01 mm。

3．自动安平水准仪的使用

自动安平水准仪的使用方法与普通水准仪的使用方法相近，只是自动安平水准仪经过圆水准器粗平后，即可观测读数。DZS3 型自动安平水准仪，在望远镜内设有警告指示窗。当警告指示窗全部呈绿色时，表明仪器竖轴倾斜在补偿器补偿范围内，即可进行读数。若警告指示窗出现红色，表明已超出补偿范围，应重新调整圆水准器。

4．电子数字水准仪的使用

仪器使用前应将电池充电。

电子数字水准仪操作步骤与自动安平水准仪基本相同，只是电子数字水准仪使用的是条码尺。当瞄准标尺，消除视差后按 Measure 键，仪器即自动读数。仪器还能将倒立在房间或隧道顶部的标尺识别，并以负数给出。电子数字水准仪也可与因瓦尺配合使用。

第三节　水准测量仪器的检验及校正

一、水准仪应满足的条件

1．水准仪应满足的主要条件

水准仪应满足两个主要条件：① 水准管轴应与望远镜的视准轴平行；② 望远镜的视准轴不因调焦而变动位置。

第一个主要条件如不满足，那么水准管气泡居中后，水准管轴已经水平而视准轴却未水平，则不符合水准测量的基本原理。

第二个主要条件是为满足第一个条件而提出的。当望远镜在调焦时视准轴位置发生变动，就不能设想在不同位置的许多条视线都能够与一条固定不变的水准管轴平行。望远镜调焦在水准测量中是不可避免的，所以必须提出此项要求。

2．水准仪应满足的次要条件

水准仪应满足两个次要条件：① 圆水准器轴应与水准仪的竖轴平行；② 十字丝的横丝应垂直于仪器的竖轴。

第一个次要条件的满足利于迅速地放置好仪器，提高作业速度；也就是在圆水准器的气泡居中时，仪器的竖轴已基本处于竖直状态，使仪器旋转至任何位置都易于使水准管的气泡居中。

第二个次要条件的满足是当仪器竖轴已经竖直，在读取水准尺上的读数时就不必严格用十字丝的交点，也可以用交点附近的横丝读数。

二、普通水准仪的检验与校正

1．一般性检验

水准仪检验校正之前，应先进行一般性的检验，检查各主要部件是否能起有效的作用。安置仪器后，应检验望远镜成像是否清晰，物镜对光螺旋和目镜对光螺旋是否有效，制动螺旋、微动螺旋、微倾螺旋、脚螺旋是否有效，三脚架是否稳固等。如果发现有故障，应及时修理。

2．轴线几何条件的检验与校正

（1）圆水准器轴应平行于竖轴（$L'L' /\!/ VV$），见表 2-1。

表 2-1　圆水准器轴的检验与校正

项　目	内　容
检验	安置仪器后，转动脚螺旋使圆水准器气泡居中，如图 2-19（a）所示，此时，圆水准器轴处于铅垂。然后将望远镜绕竖轴旋转 180°，如果气泡仍居中，说明条件满足；如果气泡偏离中心，如图 2-19（b）所示，则需要校正
校正	首先转动螺旋使气泡向中心方向移动偏距的一半，即 VV 处于铅垂位置，如图 2-19（c）所示，其余的一半用校正针拨动圆水准器的校正螺钉使气泡居中，则 $L'L'$ 也处于铅垂位置，如图 2-19（d）所示，则满足条件 $L'L' /\!/ VV$

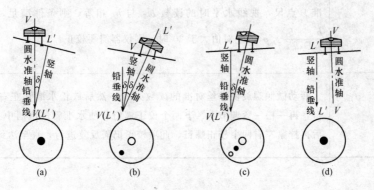

图 2-19　圆水准器轴的检验与校正

31

（2）十字丝横丝应垂直于竖轴（十字丝横丝⊥VV），见表 2-2。

表 2-2　十字丝的检验与校正

项　　目	内　　容
检验	整平仪器后用十字丝横丝的一端对准一个清晰固定点 M，如图 2-20（a）所示，旋紧制动螺旋，再用微动螺旋，使望远镜缓慢移动，如果 M 点始终不离开横丝，如图 2-20（b）所示，则说明条件满足。如果离开横丝，如图 2-20（c）、（d）所示，则需要校正
校正	旋下十字丝护罩，松开十字丝分划板座固定螺钉，微转动十字丝环，使横丝水平（M 点不离开横丝为止），将固定螺钉拧紧，旋上护罩

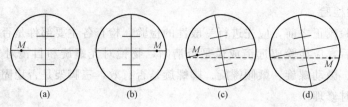

（a）　　　　（b）　　　　（c）　　　　（d）

图 2-20　十字丝的检验与校正

（3）水准管轴应平行于视准轴（$LL /\!/ CC$），见表 2-3。

表 2-3　水准管的检验与校正

项　　目	内　　容
检验	如图 2-21（a）所示，在较平坦地段，相距约 80 m 左右选择 A、B 两点，打下木桩标定点位，并立水准尺。用皮尺量定出 AB 的中间点 M，并在 M 点安置水准仪，用双仪高法两次测定 A 点至 B 点的高差。当两次高差的较差不超过 3 mm 时，取两次高差的平均值 $h_{平均(AB)}$ 作为两点高差的正确值。 然后将仪器置于距 A（后视点）2～3 m 处，再测定 AB 两点间高差，如图 2-21（b）所示。因仪器离 A 点很近，故可以忽略 i 角对 a_2 的影响，A 尺上的读数 a_2 可以视为水平视线的读数。因此视线水平时的前视读数 b_2 可根据已知高差 $h_{平均(AB)}$ 和 A 尺读数 a_2 计算求得：$b_2 = a_2 - h_{AB}$。如果望远镜瞄准 B 点尺，视线水平时的读数 b'_2 与 b_2 相等，则条件满足，如果 $i'' = \dfrac{b'_2 - b_2}{D_{AB}} \times \rho''$ 的绝对值大于 20″ 时，则仪器需要校正
校正	转动微倾螺旋使横丝对准的读数为 b_2，然后放松水准管左右两个校正螺钉，再一松一紧调节上、下两个校正螺钉，使水准管气泡居中（符合）。最后再拧紧左右两个校正螺钉，此项校正仍需反复进行，直至达到要求为止

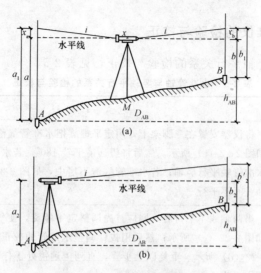

图 2-21　水准管的检验与校正

三、精密水准仪的检验与校正

精密水准仪的检验和校正，见表 2-4。

表 2-4　精密水准仪的检验和校正

项　　　目	内　　　容
圆水准器的校正	目的使圆水准器轴线垂直，以便安平。 　校正方法用长水准管使纵轴确切垂直，然后校正，使圆水准器气泡居中，其步骤如下：拨转望远镜使之垂直一地一对水平螺旋，用圆水泡粗略安平，再用微倾螺旋使长水准气泡居中微倾螺旋之读数，拨转仪器 180°，若气泡偏差，仍用微倾螺旋安平，又得一读数，旋转微倾螺旋至两读数的平均数。此时长水准轴线已与纵轴垂直。接着再利用水平螺旋使长水准管气泡居中，则纵轴即垂直。圆水准器中的气泡由零点向任意方向偏离 2 mm。纵轴既已垂直，则校正圆水准使气泡恰好在黑圈内。在圆水泡的下面有 3 个校正螺旋，校正时螺旋不可旋得过紧，以免损坏水准盒
微倾螺旋上刻度指标差的改正	上述进行使长水准轴线与纵轴垂直的步骤中，曾得到微倾螺旋两数之平均数，当微倾螺旋对准此数时，则长水准轴线应与纵轴垂直，此数本应为零，倘不对零线，则有指标差，可将微倾螺旋外面周围 3 个小螺旋各松开半转，轻轻旋动螺旋头至指标恰好指 "0" 线为止，然后重新旋紧小螺旋。在进行此项工作时，长水准器必须始终保持居中，即气泡像保持符合状态
长水准器的校正	目的是使水准管轴平行于视准轴。 　步骤与普通水准仪的检验校正相同

四、微倾式水准仪的检验与校正

（1）水准管轴与竖轴平行关系的检验与校正，见表 2-5。

表 2-5　水准管轴与竖轴平行关系的检验与校正

项　　目	内　　容
检验	将仪器安置在三脚架上，用定平螺旋把水准管气泡调整到圆圈的正中央，如图 2-22（a）所示。然后将望远镜平转 180°，若水准管气泡仍居中，说明水准管轴平行竖轴；若水准管气泡不居中，如图 2-22（b）所示，则说明两轴线间不平行
校正	当两轴线不平行时，则应首先调整定平螺旋，使气泡退回偏离量的一半，如图 2-22（c）所示；然后用拨针调整水准管的校正螺钉使气泡居中，如图 2-22（d）所示。重复以上步骤，直到望远镜处于任何方向时，气泡均在圆圈中央为止

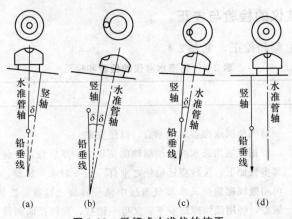

图 2-22　微倾式水准仪的校正

（2）水准管轴与视轴平行关系的检验与校正，见表 2-6。

表 2-6　水准管轴与视轴平行关系的检验与校正

项　　目	内　　容
检验	① 在地面适当处选定 A、O、B 三点，要求 $AO=OB$，且在 35～40 m 之间。 ② 将仪器置于 O 点，在 A、B 两点立尺，分别读取尺读数 a、b 如图 2-23（a）所示，则 A、B 两点间的正确高差 $h_{AB}=a-b$。由于 $AO=OB$，故 i 角误差 x 对 h_{AB} 无影响。 ③ 将仪器移至近 A 尺（或 B 尺）2 m 的 O' 点，分别在 A、B 尺上读取 a_1、b_1，如图 2-23（b）所示。现在由于仪器距 A 尺很近，即使 i 角较大，其在 A 尺上的读数误差也很小，与其在 B 尺上引起的读数误差相比，可以忽略不计。因此，可以认为 a_1 是不受 i 角影响的，而 b_1 则充分反映 i 角误差。当仪器不存在 i 角时，B 尺上的正确读数 b_1' 应为： $$b_1'=a_1-h_{AB}$$ 故 i 角在 B 尺读数上产生的误差为： $$\Delta b=b_1-b_1'$$

（续表）

项　目	内　容
校正	旋转微倾螺旋，将十字丝交点正对到正确读数 b'_1 上。此时，视准轴正处于水平状态，而水准管轴处于倾斜状态，即符合气泡偏离。用控针调整水准管校正端的上下校正螺钉，抬高或降低水准管这一端，使偏离的气泡居中，这时水准管处于水平状态，即达到使水准管轴与视准轴平行的目的

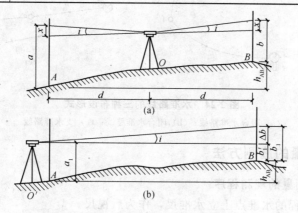

图 2-23　微倾式水准仪的检验

第四节　水准点及水准路线

一、水准点的标记

采用水准测量的方法测定的高程控制点称为水准点，简记 BM。水准点可作为引测高程的依据，水准点有永久性和临时性两种。永久性水准点是国家有关专业测量单位，按统一的精度要求在全国各地建立的国家等级的水准点。工程施工中，通常需要设置一些临时性的水准点，这些点可用木桩打入地下，桩顶钉一个顶部为半球状的圆帽铁钉，也可以采用稳固的地物，如坚硬的岩石、房角等，作为高程起算的基准。

二、水准路线的布设形式

（1）附合水准路线。从高级别水准点 BM_1 开始，沿待定高程点 1、2、3 顺次测量，最后测至另一个高级别水准点 BM_2 的水准线路，如图 2-24（a）所示。

（2）闭合水准路线。从已知水准点 BM_3 开始，沿待定高程点 1、2、3、4 顺次测量，最后回到原水准点 BM_3 的环形路线，如图 2-24（b）所示。

（3）支水准路线。由一个已知水准点 BM_4 出发，沿待定高程点 1、2 顺次测量的水准路线。该路线既不自行闭合，也不附合到其他水准点上，如图 2-24（c）所示。为了进行成果检核，支水准路线必须进行往、返测量。

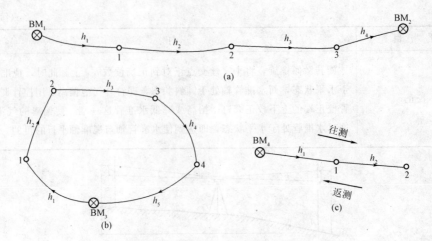

图 2-24　水准路线的三种布设形式

（a）附合水准路线；（b）闭合水准路线；（c）支水准路线

三、水准测量的施测方法

1．简单水准测量的观测程序

（1）在已知高程的水准点上立水准尺，作为后视尺。

（2）在路线的前进方向上的适当位置放置尺垫，在尺垫上竖立水准尺作为前视尺。仪器距两水准尺间的距离基本相等，最大视距不大于 150 m。

（3）安置仪器，使圆水准器气泡居中。照准后视标尺，消除视差，用微倾螺旋调节水准管气泡并使其精确居中，用中丝读取后视读数，记入手簿。

（4）照准前视标尺，使水准管气泡居中，用中丝读取前视读数，并记入手簿。

（5）将仪器迁至第二站，第一站的前视尺不动，变成第二站的后视尺，第一站的后视尺移至前面适当位置成为第二站的前视尺，按第一站相同的观测程序进行第二站测量。

（6）如此连续观测、记录，直至终点。

2．复合水准测量的施测方法

在实际测量中，由于起点与终点间距离较远或高差较大，一个测站不能全部通视，需要把两点间距分成若干段，然后连续多次安置仪器，重复一个测站的简单水准测量过程，这样的水准测量称为复合水准测量，特点是工作的连续性。

四、水准测量的记录与计算

1．高差法计算

如图 2-25 所示，每安置一次仪器，便可测得一个高差，即：

$$h_1 = a_1 - b_1$$
$$h_2 = a_2 - b_2$$
$$h_3 = a_3 - b_3$$
$$h_4 = a_4 - b_4$$

将以上各式相加，则：

$$\sum h = \sum a - \sum b \tag{2-8}$$

即 A、B 两点的高差等于各段高差的代数和，也等于后视读数的总和减去前视读数的总和，根据 BM_A 点高程和各站高差，可推算出各转点高程和 B 点高程。

最后由 B 点高程 H_B 减去 A 点高程 H_A，等于 $\sum h$，即：

$$H_B - H_A = \sum h \tag{2-9}$$

因此有：

$$\sum a - \sum b = \sum h = H_{终} - H_{始} \tag{2-10}$$

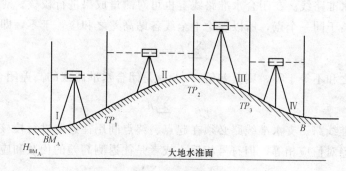

图 2-25　高差法计算

2. 仪高法计算

仪高法的施测步骤与高法基本相同。仪高法的计算方法与高差法不同之处是，须先计算仪高 H_i，再推算前视点和中间点的高程。为了防止计算上的错误，还应进行计算检核，即：

$$\sum a - \sum b(不包括中间点) = H_{终} - H_{始} \tag{2-11}$$

五、水准测量的检核

1. 计算检核

式（2-10）　　　　　$$\sum a - \sum b = \sum h = H_{终} - H_{始}$$

式（2-11）　　　　　$$\sum a - \sum b(不包括中间点) = H_{终} - H_{始}$$

按式（2-10）、（2-11）分别为记录中的计算检核式，若等式成立，说明计算正确；若等式不成立，则说明计算有错误。

2. 测站检核

（1）双仪高法。在同一个测站上，第一次测定高差后，变动仪器高度（大于 0.1 m 以上），再重新安置仪器观测一次高差。若两次所测高差的绝对值不超过 5 mm，取两次高差的平均值作为该站的高差；若超过 5 mm 则需重测。

（2）双面尺法。在同一个测站上，仪器高度不变，分别利用黑、红两面水准尺测高差。若两次高差之差的绝对值不超过 5 mm，则取平均值作为该站的高差，否则需重测。

3. 路线成果检核

（1）附合水准路线。为使测量成果得到可靠的校核，最好把水准路线布设成附合水准路线。对于附合水准路线，理论上在两已知高程水准点间所测得各站高差之和应等于起讫两水准点间的高程之差，即：

$$\sum a - \sum b = \sum h = H_终 - H_始$$

如果它们不能相等，其差值称为高差闭合差，用 f_h 表示，因此附合水准路线的高差闭合差为：

$$\sum a - \sum b(不包括中间点) = H_终 - H_始$$

高差闭合差的大小在一定程度上反映了测量成果的质量。

（2）闭合水准路线。在闭合水准路线上也可对测量成果进行校核。对于闭合水准路线，因为它起始于同一个点，所以理论上全线各站高差之和应等于零，即：

$$\sum h = 0 \qquad\qquad (2\text{-}12)$$

如果高差之和不等于零，则其差值 $\sum h$ 就是闭合水准路线的高差闭合差，即：

$$f_h = \sum h \qquad\qquad (2\text{-}13)$$

（3）支水准线路。支水准线路必须在起点、终点间用往返测进行校核。理论上往返测所得高差的绝对值应相等，但符号相反，或者是往返测高差的代数和应等于零，即：

$$\sum h_往 = - \sum h_返$$

或：

$$\sum h_往 + \sum h_返 = 0 \qquad\qquad (2\text{-}14)$$

如果往返测高差的代数和不等于零，其值即为支水准线路的高差闭合差，即：

$$f_h = \sum h_往 + \sum h_返 \qquad\qquad (2\text{-}15)$$

有时也可以用两组并测来代替一组的往返测以加快工作进度。两组所得高差应相等；若不等，其差值即为支水准线路的高差闭合差。故：

$$f_h = \sum h_1 - \sum h_2 \qquad\qquad (2\text{-}16)$$

闭合差的大小反映了测量成果的精度。在各种不同性质的水准测量中，都规定了高差闭合差的限值即容许高差闭合差，用 $f_{h容}$ 表示。一般图根水准测量的容许高差闭合差为：

$$平地：f_{h容} = \pm 40 \sqrt{L}\,\text{mm}$$

$$山地：f_{h容} = \pm 12 \sqrt{n}\,\text{mm} \qquad\qquad (2\text{-}17)$$

式中　L——附合水准路线或闭合水准路线的总长。对支水准线路，L 为测段的长，（km）；

　　　n——整个线路的总测站数。

第五节　水准测量注意事项

一、观测

（1）仪器要安置在前、后视线长度大致相等的地方。其目的有三点：

① 可抵消水准仪的水准管轴 LL 不平行视准轴 CC 所产生的误差。

② 可抵消弧面差与大气折光差的影响。

③ 可减少物镜对光，提高观测速度和精度。

（2）在照准水准尺寸后、读数之前要尽量消除视差。

（3）使用微倾式水准仪观测时，每次读数前必须精密调平水准管，以确保读数时视线水平；读数要准确，估读毫米数要迅速；读数后应检查水准管是否水平。

（4）仪器安置要稳，防止振动、下沉；迁站要谨慎，防止漏读前视读数；在强阳光下观测要打伞。

二、扶尺

（1）使用塔尺时，要检查各节接口是否正确、牢靠，防止上节尺下滑造成读数错误。

（2）转点的位置要牢固，应选择在坚实、稳定、有凸起的地方。在后视、前视读数间不得换尺，也不得移动。

（3）扶尺时，尺身要铅直，防止左右倾斜，更要防止前后倾斜。

三、记录

（1）记录要正确，每记录一次读数后，均要立即复诵一遍。当观测告一段落时，要及时进行计算校核及成果校核，以便发现问题并及时纠正。

（2）记录要原始，遇有错误读数时，要当即用斜线划掉，并将正确读数写在其上方，严禁用橡皮擦去错误读数或直接在错误读数上勾画、涂改，若前视、后视读数同时记错，则该站应重新观测。

（3）记录要完整、工整，记录表格中所列的各项内容要填写齐全，所书写的数字与文字均应工整，不得潦草。

第六节　水准测量误差的来源和影响

一、误差的来源

1. 仪器和工具的误差

（1）水准仪的误差。仪器经过检验和校正后，还会存在残余误差，如微小的交角误差。当水准管气泡居中时，由于 i 角误差使视准轴不处于精确水平的位置，会造成在水准尺上的读数误差。在一个测站的水准测量中，如果使前视距与后视距相等，则交角误差对高差测量的影响可以消除。严格校核仪器并按照水准测量技术要求限制视距差的长度，观测时保持前后视距相等，是降低水准仪误差的主要措施。

（2）水准尺的误差。水准尺的分划不精确、尺底磨损、尺身弯曲都会给测量造成误差，因此必须使用符合技术要求的水准尺。

2. 整平误差

水准测量是利用水平视线测定高差的，当仪器没有精确整平，则倾斜的视线将使标尺读数产生误差，假设水准管分划值为 τ，通常人判断气泡居中误差约为 $\pm 0.15\tau$，采用符合水准器时，气泡居中精度约提高一倍，即 $\pm 15\tau/2$，气泡居中误差为：

$$m_{\text{居}} = \pm \frac{0.15\tau}{2\rho''} \cdot D \qquad (2\text{-}18)$$

式中　D——水准仪到水准尺的距离；

ρ''——1 弧度秒值，206 265。

3. 仪器和标尺升沉误差

（1）仪器下沉（或上升）所引起的误差。仪器下沉（或上升）的速度与时间成正比，如图 2-26（a）所示，从读取后视读数 a 到读取前视读数 b 时，仪器下沉了 Δ，则有：

$$h_1 = a_1 - (b_1 + \Delta) \qquad (2\text{-}19)$$

为了减弱此项误差的影响，可以在同一测站进行第二次观测，且第二次观测应先读前视读数 b_2，再读后视读数 a_2，则：

$$h_2 = (a_2 + \Delta) - b_2 \qquad (2\text{-}20)$$

取两次高差的平均值，即：

$$h = \frac{h_1 + h_2}{2} = \frac{(a_1 - b_1) + (a_2 - b_2)}{2} \qquad (2\text{-}21)$$

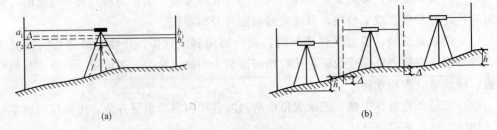

图 2-26　仪器和标尺升沉误差的影响

(a) 仪器下沉；(b) 标尺下沉

（2）尺子下沉（或上升）引起的误差。往测与返测标尺下沉量相同，是因为误差符号相同，而往测与返测高差符号相反，如图 2-26（b）所示。因此，取往测和返测高差的平均值可消除其影响。

二、水准测量误差的影响因素

1. 读数误差的影响

（1）当尺像与十字丝分划板平面不重合时，眼睛靠近目镜上下微微移动，发现十字丝和目镜影像有相对运动，称为视差。视差可通过重新调节目镜和物镜调焦螺旋加以消除。

（2）估读误差与望远镜的放大率、视距长度及人眼的分辨能力有关，因此，各级水准测量所用仪器的望远镜放大率和最大视距都有相应规定；普通水准测量中，要求望远镜放大率在 20 倍以上，视距长度不超过 150 m。

2. 大气折光的影响

如图 2-27 所示，因为大气层密度不同，对光线产生折射，使视线产生弯曲，从而使水准测量产生误差。视线离地面越近，视线越长，对大气折光的影响越大。为削弱大气折光的影响，只可采取缩短视线，并使视线离地面有一定的高度及前视、后视的距离相等的方法。

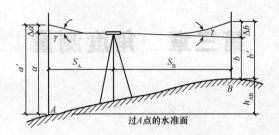

图 2-27　大气折光对高差的影响

习题与思考

2-1　水准测量的原理及规律是什么？

2-2　DS3 型微倾式水准仪的组成及其组成部分的用途是什么？

2-3　在水准测量仪器的检验及校正过程中，水准仪应满足的主要条件及次要条件有哪些？

2-4　水准路线的布设形式及水准测量的施测方法有哪些？

2-5　水准测量误差的来源及影响因素是什么？

第三章　角度测量

内容提要

掌握：角度测量的原理；经纬仪的使用方法；水平角的观测步骤；竖直角的观测步骤；经纬仪的检验与校正的方法。

了解：角度测量误差产生的原因及分析。

第一节　角度测量的原理

一、水平角的测量原理

水平角是指地面上由一点出发的两条空间直线在水平面上投影的夹角，也就是它们所在竖角平面的二面角，其变化范围在 0°～360°之间。如图 3-1 所示，A、B、C 为地面三点，过 AB、AC 直线的竖直面，在水平面 P 上的交线 ab、ac 所夹的角，就是直线 AB 和 AC 之间的夹角。

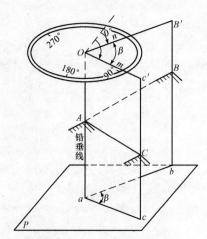

图 3-1　水平角的测量原理

用于测量水平角的仪器，应满足以下要求：

（1）能安置成水平位置的且全圆顺时针注记的刻度盘（称水平度盘，简称平盘），并且圆盘的中心一定要位于所测角顶点 A 的铅垂线上。

（2）有一个不仅能在水平方向转动，而且能在竖直方向转动的照准设备，使其能在过 AB、AC 的竖直面内照准目标。

（3）应有读取读数的指标线。望远镜瞄准目标后，利用指标线读取 AB、AC 方向线在相应水平度盘上的读数 a_1 与 b_1。

　　水平角角值 β＝右目标读数－b_1 左目标读数 a_1，若 $b_1 \leqslant a_1$，则 $\beta = b_1 + 360° - a_1$，水平角没有负值。

二、竖直角的测量原理

　　竖直角是指在同一竖直面内测站点到目标点的视线与水平线间的夹角，用 α 表示，如图 3-2 所示，视线 AB 与水平线 AB' 的夹角 α 为 AB 方向线的竖直角。其角值从水平线算起，向上为正，称为仰角；向下为负，称为俯角，范围在 $-90°\sim90°$ 之间。

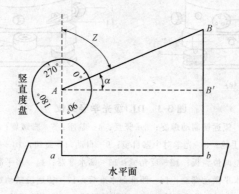

图 3-2　竖直角的测量原理

　　视线与测站点天顶方向之间的夹角称为天顶距，图 3-2 中以 Z 表示，其数值为 $0°\sim180°$，均为正值，与竖直角有如下关系：

$$\alpha = 90° - Z$$

　　为了观测天顶距或竖直角，经纬仪上装有一个带刻画注记的竖直圆盘，即竖直度盘，该度盘中心在望远镜旋转轴上，并随望远镜一起上下转动；竖直度盘的读数指标线与竖盘指标水准管相连。当该水准管气泡居中时，指标线处于某一固定位置。照准轴水平时的度盘读数与照准目标时虚盘读数之差，即所求的竖直角 α。

第二节　角度测量仪器的种类及使用

一、角度测量仪器的种类及构造

1. 经纬仪的构造

　　光学经纬仪按精度分为 $DJ_{0.7}$、DJ_1、DJ_2、DJ_6、DJ_{15}、DJ_{60} 六个等级，"D"代表"大地测量"，"J"代表经纬仪，"0.7、1、2、6、15、60"表示该仪器所能达到的精度指标。在工程中常用的有 DJ_6 级、DJ_2 型两类，如图 3-3、图 3-4 所示。

2. 小平板仪的构造

　　小平板仪主要由三脚架、平板、照准仪和对点器等组成，如图 3-5 所示。照准仪，如图 3-6 所示，由直尺、规孔板和分划板组成。规孔和分划板上的细丝可以照准目标，直尺可在平板上绘方向线。为了置平平板，照准仪的直尺上附有水准器。用这种照准仪测量距离和高差的精度很低，所以常和经纬仪配合使用，进行地形图的测绘。

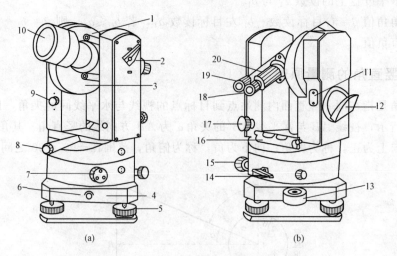

图 3-3　DJ₆级光学经纬仪

1—粗瞄器；2—望远镜制动螺旋；3—竖盘；4—基座；5—脚螺旋；6—固定螺旋；

7—度盘变换手轮；8—光学对中器目镜；9—自动归零旋钮；10—望远镜物镜；

11—指标差调位盖板；12—反光镜；13—圆水准器；14—水平制动螺旋；

15—水平微动螺旋；16—照准部水准管；17—望远镜微动螺旋；

18—望远镜目镜；19—读数显微镜；20—对光螺旋

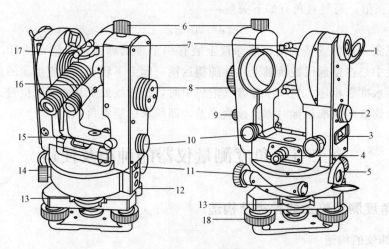

图 3-4　DJ₂型光学经纬仪

1—竖盘反光镜；2—竖盘指标水准管微动螺旋；3—竖盘指标水准管观察镜；

4—光学对中器目镜；5—水平度盘反光镜；6—望远镜制动螺旋；7—光学瞄准器；

8—光学对中器目镜；9—望远镜微动螺旋；10—换像手轮；11—水平微动螺旋；

12—水平度盘变换手轮；13—中心锁紧螺旋；14—水平制动螺旋；15—照准部水准管；

16—读数显微镜；17—望远镜反光板手轮；18—脚螺旋

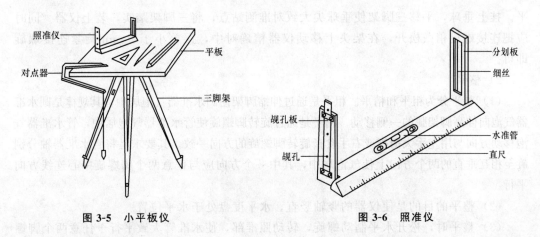

图 3-5 小平板仪   图 3-6 照准仪

3. 大平板仪的构造

如图 3-7（a）所示，大平板仪由平板、三脚架、基座和照准仪及其附件组成。

如图 3-7（b）、图 3-7（c）、图 3-7（d）所示，大平板仪的附件有以下几种：

（1）对点器：用来对点，使平板上的点和相应的地面点在同一条铅垂线上。

（2）定向罗盘：初步定向，使平板仪图纸上的南北方向和实际南北方向接近一致。

（3）圆水准器：用来整平平板仪的平板。

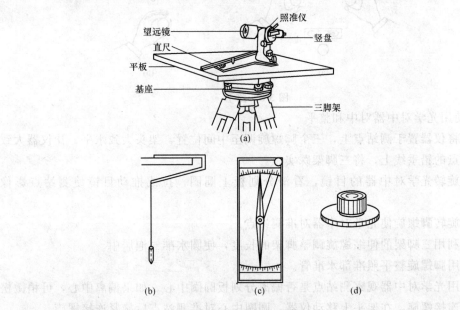

图 3-7 大平板仪及其附件

（a）大平板仪外形；（b）对点器；（c）定向罗盘；（d）圆水准器

二、角度测量仪器的使用

1. 经纬仪的使用

1）对中

（1）对中的目的是使仪器的中心（竖轴）与测站点的标志中心位于同一铅垂线上。

（2）对中时，应先把三脚架张开，架设在测站点上，要求高度适宜，架头大致水平。挂上垂球，平移三脚架使垂球尖大致对准测站点，将三脚架踏实，装上仪器。同时应把连接螺旋稍微松开，在架头上移动仪器精确对中，误差小于 2 mm 旋紧连接螺旋即可。

2）整平

（1）整平分为粗平和精平。粗平是通过伸缩脚架使圆水准器气泡居中，其规律是圆水准器气泡向伸高脚架腿的一侧移动。精平是通过旋转脚螺旋使管水准器气泡居中，管水准器气泡移动方向与用左手大拇指或右手食指旋转脚螺旋的方向一致。其要求是将管水准器轴分别旋至相互垂直的两个方向上使气泡居中，其中一个方向应与任意两个脚螺旋中心连线方向平行。

（2）整平的目的是使仪器的竖轴竖直，水平度盘处于水平位置。

（3）整平时，松开水平制动螺旋，转动照准部，使水准管大致平行于任意两个脚螺旋的连接，如图 3-8（a）所示，两手同时向内或向外旋转这两个脚螺旋使气泡居中。气泡的移动方向与左手大拇指（或右手食指）移动的方向一致。将照准部旋转 90°，水准管处于原位置的垂直位置，如图 3-8（b）所示，用另一个脚螺旋使气泡居中。反复操作，直至照准部转到任何位置，气泡都居中为止。

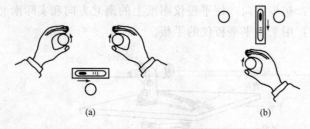

图 3-8　整平

3）使用光学对中器对中和整平

（1）将仪器置于测站点上，三个脚螺旋调至中间位置，架头大致水平，让仪器大致位于测站点的铅垂线上，将三脚架踩实。

（2）旋转光学对中器的目镜，看清分划板上圆圈，拉或推动目镜使测站点影像清晰。

（3）旋转脚螺旋使光学对中器对准测站点。

（4）利用三脚架的伸缩螺旋调整脚架的长度，使圆水准气泡居中。

（5）用脚螺旋整平照准部水准管。

（6）用光学对中器观察测站点是否偏离分划板圆圈中心。如果偏离中心，可稍微松开三脚架连接螺旋，在架头上移动仪器，圆圈中心对准测站点后旋紧连接螺旋。

（7）重新整平仪器，直至光学对中器对准测站点为止。

4）读数

（1）分微尺测微器及其读数方法。DJ₆ 级光学经纬仪采用分微尺测微器进行读数。这类仪器的度盘分划值为 1°，接顺时针方向注记每度的度数。在读数显微镜的读数窗上装有一块带分划的分微尺，度盘上的分画线间隔经显微物镜放大后成像于分微尺上，如图 3-9 所示，读数显微镜内所看到的度盘和分微尺的影像，上面注有"H"（或水平）为水平度盘读数窗，注有"V"（或竖直）为竖直度盘读数窗，分微尺的长度等于放大后度盘分划线间隔1°的长度，分微尺分为60个小格，每小格为1′。分微尺每10小格注有数字，表示0′，10′，20′…，60′，注记增加方向与度盘相反。读数装置直接读到1′，估读到0.1′（6″）。

　　读数时，分微尺上的0分划线为指标线，是度盘上的位置就是度盘读数的位置。如在水平度盘的读数窗中，分微尺的0分划线已超过261°，水平度盘的读数应是261°多。多出的数值，由分微尺的0分划线至度盘上261°分划线之间有多少小格来确定。图3-9中为4.4格，故为04′24″。水平度盘的读数应是261°05′00″。

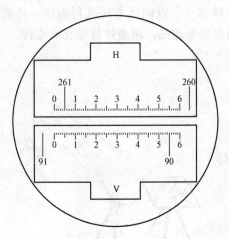

图 3-9　分微尺读数窗

　　（2）单平板玻璃测微器及其读数方法。主要包括平板玻璃、测微尺、连接机构和测微轮组成。当转动测微轮时，平板玻璃和测微尺即绕同一轴做同步转动，如图 3-10（a）所示，光线垂直通过平板玻璃，度盘分划线的影像未改变原来位置，与未设置平板玻璃一样，此时测微尺上读数为零，如按设在读数窗上的双指标线读数应为92°+a。转动测微轮，平板玻璃随之转动，度盘分划线的影像也平行移动，当92°分划线的影像夹在双指标线的中间时，如图3-10（b）所示，度盘分划线的影像正好平行移动一个 a，a 的大小可由与平板玻璃同步转动的测微尺上读出，其值为18′20″。故整个读数为92°+18′20″=92°18′20″。

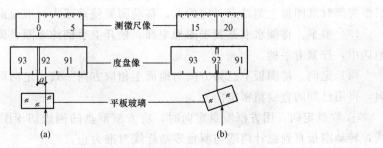

图 3-10　单平板玻璃测微器的原理

2．小平板仪的使用

　　（1）如图 3-11 所示，先将经纬仪置于距测站点 A 到 2 m 处的 B 点，量取仪器高 i，测出 A、B 两点间的高差，根据 A 点高程，求出 B 点高程。

　　（2）将小平板仪安置在 A 点上，经对点、整平、定向后，用照准仪直尺紧贴图上 a

点瞄准经纬仪的垂球线，在图板上沿照准仪的直尺绘出方向线，用尺量出 AB 的水平距离，在图上按测图比例尺从 A 点沿所绘方向线定出 B 点在图上的位置 b。

（3）测绘碎部点 M 时，用照准仪直尺紧贴 a 点瞄准点 M，在图上沿直尺边绘出 am 方向线，用经纬仪按视距测量方法测出视距间隔和竖直角，以此求出 BM 的水平距离和高差。根据 B 点高程，即可计算出 M 点高程。

（4）用两脚规按测图比例尺自图上 b 点量 BM 长度与 am 方向线交于 m 点，m 点即碎部点 M 在同上的相应位置。

（5）将尺移到下一个碎部点，以同样方法进行测绘，待测绘出一定数量的碎部点后，即可根据实地的地貌勾绘等高线，用地物符号表示地物。

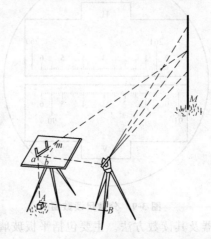

图 3-11　小平板仪与经纬仪的联合测图

3．大平板仪的使用

1）大平板仪的安置

（1）初步安置。将球面基座手柄穿入脚架头与螺纹盘连接，并用仪器箱内准备的扳棍拧紧，将绘图板通过螺纹与上盘连接可靠。将图板用目估法大致定向、整平和对点，初步安置在测站点上，随后进行精确安置。

（2）对点。将图纸上展绘的点置于地面上相应点的铅垂线上。对点时，用对点器金属框尖部对准图板上测站点对应的点，移动脚架使垂球尖对准地面上测站点。

（3）整平。将圆水准器置于图板中部，松开上手柄约半圈，调整图板使圆水准器气泡居中，拧紧上手柄。

（4）定向。将图板上已知方向与地面上相应方向一致。定向可先用方框罗盘初步定向，再用已知的直线精密定向。

① 罗盘定向：用方框罗盘定向时，将方框罗盘的侧边切于图上坐标格网的纵坐标线，转动图板直到磁针两端与罗盘零指标线对准为止。

② 用已知直线定向：平板安置在 A 点上，用已知直线 AB 定向，可将照准仪的直尺边紧贴在图板上相应的直线 ab 处，转动图板，使照准仪瞄准地面上 B 点，固定图板。图板定向对测图的精度影响极大，一般要求定向误差不大于图上的 0.2 mm。

2）大平板仪的使用

测图时，将大平板仪安置在测站点上，量取仪器高，即可测绘碎部点，用照准仪的直尺边紧贴图上的测站点，照准碎部点上所立的尺，沿直尺边绘出方向线（也可使照准仪的直尺边离开图上的测站点少许，照准碎部点上所立的尺、拉开直尺的平行尺，使尺边通过图上的测站点，沿平行尺绘方向线），在尺上读取读数，由读数计算视距。使竖盘指标水准管气泡居中，读取竖盘读数，计算竖直角。根据视距测量公式就可计算出碎部点至测站点水平距离及碎部点的高程：

$$D = Kn\cos^2\alpha \tag{3-1}$$

$$H_P = H_{站} + \frac{1}{2}Kn\sin2\alpha + i - \upsilon \tag{3-2}$$

式中　D——碎部点至测站的水平距离；

K——乘常数，等于100；

n——视距间隔，上、下丝读数之差；

H_P——碎部点高程；

$H_{站}$——测站点高程；

α——竖直角；

i——仪器高；

υ——中丝读数。

第三节　角度测量仪器的检验及校正

一、经纬仪应满足的条件

（1）竖轴应垂直于水平度盘且过其中心。

（2）照准部管水准器轴应垂直于仪器竖轴（$LL \perp VV$）。

（3）视准轴应垂直于横轴（$CC \perp HH$）。

（4）横轴应垂直于竖轴（$HH \perp VV$）。

（5）横轴应垂直于竖盘且过其中心。

经纬仪的主要轴线关系，如图3-12所示。

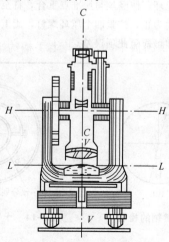

图3-12　经纬仪的主要轴线关系

二、经纬仪的检验与校正

1. 一般性检验

在检验与校正之前应对仪器外观各部位做全面检查。安置仪器后，应先检查仪器脚架各部分性能是否良好，检查仪器各螺钉是否有效，照准部和望远镜转动是否灵活，望远镜成像与读数系统成像是否清晰等。当确认各部分性能良好后，方可进行仪器的检核，否则应及时处理所发现的问题。

2. 轴线几何条件的检验与校正

（1）照准部水准管轴垂直于竖轴（$LL \perp VV$），见表3-1。

表3-1　照准部水准管轴垂直于竖轴的检验与校正

项　目	内　容
检验	初步整平仪器后，转动照准部使水准管平行于任意一对脚螺旋的连线，调节该两个脚螺旋，使水准管气泡居中，然后将照准部旋转180°，若气泡仍然居中，表明条件满足（$LL \perp VV$），否则需校正
校正	转动与水准管平行的两个脚螺旋，使气泡向中间移动偏离距离的1/2，剩余的1/2偏离量用校正针拨动水准管的校正螺钉，达到使气泡居中

（2）十字丝竖丝垂直于横轴，见表3-2。

表3-2　十字丝竖丝垂直于横轴的检验与矫正

项　目	内　容
检验	整平仪器后，用竖丝一端照准一个固定清晰的点状目标 P，如图3-13所示。拧紧望远镜和照准部制动螺旋，转动望远镜微动螺旋，如果该点始终不离开竖丝，说明竖丝垂直于横轴，否则需要校正
校正	取下目镜端的十字丝分划板护盖，放松四个压环螺钉，如图3-14所示。转动十字丝环，使竖丝与照准点重合，直至望远镜上下微动时，P 点始终在竖丝上移动为止，拧紧四个压环螺钉，旋上护盖。若每次都用十字丝交点照准目标，即可避免此项误差

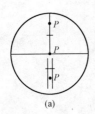
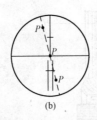
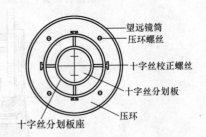

图3-13　十字丝竖丝垂直于横轴的检验　　　图3-14　十字丝竖丝垂直于横轴的校正

（3）望远镜视准轴垂直于横轴（$CC \perp HH$），见表3-3。

表 3-3　望远镜视准轴垂直于横轴的检验与校正

项　目	内　容
检验	在较平坦地区，选择相距约 $100\ m$ 的 A、B 两点，在 AB 的中点 O 安置经纬仪，在 A 点设置一个照准标志，B 点水平横放一根水准尺，使其大致垂直于 OB 视线，标志与水准尺的高度基本与仪器同高。 盘左位置视线大致水平照准 A 点标志，拧紧照准部制动螺旋，固定照准部，纵转望远镜在 B 尺上读数 B_1，如图 3-15（a）所示；盘右位置再照准 A 点标志，拧紧照准部制动螺旋，固定照准部，再纵转望远镜在 B 尺上读数 B_2，如图 3-15（b）所示。若 B_1 与 B_2 为同一个位置的读数（读数相等），则表示 $CC\perp HH$，否则需校正
校正	如图 3-15（b）所示，由 B_2 点向 B_1 点方向量取 $B_1B_2/4$ 的长度，定出 B_3 点，用校正针拨动十字丝环上的左、右两个校正螺钉，使十字丝交点对准 B_3 即可，需反复进行校正。校正后应将旋松的螺钉旋紧

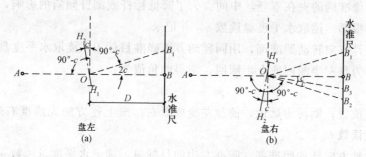

图 3-15　视准轴的检验与校正

（4）横轴垂直于竖轴（$HH\perp VV$），见表 3-4。

表 3-4　横轴垂直于竖轴的检验与校正

项　目	内　容
检验	① 如图 3-16 所示，安置经纬仪距较高墙面 30 m 左右处，整平仪器。 ② 盘左位置，望远镜照准墙上高处一点 M（仰角 30°~40°为宜），将望远镜大致放平，在墙面上标出十字丝交点的投影 m_1，如图 3-16（a）所示。 ③ 盘右位置，照准 M 点，将望远镜放置水平，在墙面上与 m_1 点同一水平线上标出十字丝交点的投影 m_2，如果两次投点 m_1 点与 m_2 点重合，则说明 $HH\perp VV$，否则需要校正
校正	在墙上标定出 m_1m_2 直线的中点 m，如图 3-16（b）所示，用望远镜十字丝交点对准 m 点，固定照准部，将望远镜上仰至 M 点附近，此时十字丝交点必定偏离 M' 点，打开仪器支架的护盖，校正望远镜横轴一端的偏心轴承，使横轴一端升高或降低，移动十字丝交点，直至十字丝交点对准 M 点为止。对于光学经纬仪，横轴校正螺旋应用仪器外壳包住，密封性好，仪器出厂时经过严格检查，若无巨大振动或碰撞，横轴位置不会变动。一般测量前只进行此项检验，若必须校正，应由专业检修人员进行

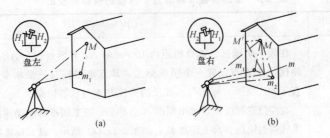

图 3-16　横轴垂直于竖轴的检验与校正

第四节　水平角的测量方法

一、测回法

（1）盘左位置：松开照准部制动螺旋，瞄准目标 A，对望远镜调焦并消除视差，使测钎和标杆的像准确的夹在双竖丝中间。为了降低标杆或测钎倾斜的影响，应尽量瞄准测钎和标杆的根部。读取水平度盘读数 $a_左$ 并记录。

（2）顺时针方向转动照准部，用同样的方法瞄准目标 B，读取水平度盘读数 $b_左$。

以上操作为盘左半测回或上半测回，测得的角值为：

$$\beta_左 = b_左 - a_左 \tag{3-3}$$

（3）盘右位置：倒转望远镜，使盘左变成盘右。按上述方法先瞄准右边的目标 B，读记水平度盘读数 $b_右$。

（4）逆时针方向转动照准部，瞄准左边的目标 A，读记水平度盘读数 $a_右$。

以上操作为盘右半测回或下半测回，测得的角值为：

$$\beta_右 = b_右 - a_右 \tag{3-4}$$

盘左（上）和盘右（下）两个半测回合在一起叫做一测回。若采用 DJ$_6$ 级光学经纬仪，两个半测回测得的角值的平均值就是一测回的观测结果，即：

$$\beta = (\beta_左 + \beta_右) / 2 \tag{3-5}$$

当水平角需要观测几个测回时，为了减低度盘分划误差的影响，在每一测回观测完毕之后，应根据测回数 n，将度盘起始位置读数变换为 $180° / n$ 后，再开始下一测回的观测。例如需要测三个测回，第一测回开始时，度盘读数可配置在 $0°$ 稍大一些，在第二测回开始时，度盘读数可配置在 $60°$ 左右，在第三测回开始时，度盘读数应配置在 $120°$ 左右，如图3-17所示。

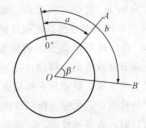

图 3-17　测回法

二、方向观测法

（1）盘左位置。先观测所选定的起始方向（又称零方向）A，按顺时针方向依次观测 B、C、D 方向，每观测一个方向均应读取水平度盘读数并记入观测手簿。如果方向数超过三个最后还应回到起始方向 A，并记录读数。最后一步称为归零，A 方向两次读数之差称为归零差。目的是为了检查水平度盘的位置在观测过程中是否发生变动，此为盘左半测回或上半测回。

（2）盘右位置。倒转望远镜，按逆时针方向依次照准 A、D、B、C、A 方向，并读取水平度盘读数，并记录读数，此为盘右半测回或下半测回。上、下半测回合起来为一测回，如果要观测 n 个测回，每测回仍应按 $180°/n$ 的差值变换水平度盘的起始位置，如图 3-18 所示。

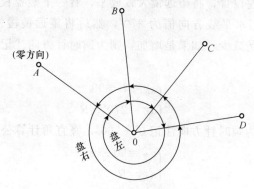

图 3-18　方向观测法

第五节　竖直角的测量方法

一、观测

（1）在测站点安置经纬仪，对中整平后，量取仪器高度。

（2）用盘左位置瞄准目标点，使十字丝中横丝切于目标的顶端或某一固定位置，调节竖盘指标水准管微动螺旋，使竖盘指标水准管气泡严格居中，读取盘左读数 L，并记入手簿，完成上半测回。

（3）纵转望远镜，用盘右位置瞄准目标点相同位置，调节竖盘指标水准管微动螺旋，使竖盘指标水准管气泡居中，读取盘右读数 R，并记入手簿，完成下半测回。

二、计算

（1）计算平均竖直角。盘左、盘右对同一目标各观测一次，组成一个测回。一测回竖直角值（盘左、盘右竖直角值的平均值即为所测方向的竖直角值）：

$$\alpha = \frac{\alpha_L + \alpha_R}{2} \tag{3-6}$$

（2）竖直角 $\alpha_{左}$ 与 $\alpha_{右}$ 的计算，如图 3-19 所示。竖盘注记方向有全圆顺时针和全圆逆时针两种形式。竖直角是倾斜视线方向读数与水平线方向值之差，根据所用仪器竖盘注记方向形式来确定竖直角计算公式。

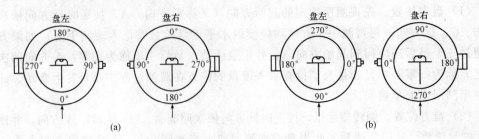

图 3-19　竖盘注记示意图

(a) 全图顺时针；(b) 全图逆时针

确定方法是：盘左位置，将望远镜大致放平，看一下竖盘读数接近 0°、90°、180°、270°中的哪一个，盘右水平线方向值为 270°，然后将望远镜慢慢上仰（物镜端抬高），看竖盘读数是增加还是减少，如果是增加，则为逆时针方向注记 0°～360°，竖直角计算公式为：

$$\begin{cases} \alpha_{\text{左}} = L - 90° \\ \alpha_{\text{右}} = 270° - R \end{cases} \tag{3-7}$$

如果是减少，则为顺时针方向注记 0°～360°，竖直角计算公式为：

$$\begin{cases} \alpha_{\text{左}} = 90° - L \\ \alpha_{\text{右}} = R - 270° \end{cases} \tag{3-8}$$

第六节　角度观测误差与注意事项

一、角度观测误差的来源

1. 仪器误差

(1) 仪器制造加工不完善而引起的误差。主要有度盘刻画不均匀误差、照准部偏心差（照准部旋转中心与度盘刻画中心不一致）和水平度盘偏心差（度盘旋转中心与度盘刻画中心不一致），此类误差一般都很小，并且大多数都可以在观测过程中采取相应的措施消除或减弱其影响。

(2) 仪器检验校正后的残余误差。主要有仪器的三轴误差（即视准轴误差、横轴误差和竖轴误差）。其中，视准轴误差和横轴误差，可通过盘左、盘右观测取平均值消除；而竖轴误差不能用正、倒镜观测消除，故除在观测前除应认真检验、校正照准部水准管之外，还应仔细进行整平。

2. 观测误差

(1) 仪器对中误差。仪器对中时，垂球尖没有对准测站点标志中心，产生仪器对中误差。对中误差对水平角观测的影响与偏心距成正比，与测站点到目标点的距离成反比。因此要尽量减少偏心距，对边长越短且转角接近 180°的观测更应注意仪器的对中。

(2) 整平误差。因为照准部水准管气泡不居中，导致的竖轴倾斜而引起的角度误差，此项误差不能通过正倒镜观测消除。竖轴倾斜对水平角的影响，和测站点到目标点的高差成正比。因此在观测过程中，特别是在山区作业时，应特别注意整平。

（3）目标偏心误差。测角时，通常用标杆或测钎立于被测目标点上作为照准标志。若标杆倾斜，瞄准标杆上部时，则使瞄准点偏离被测点产生目标偏心误差。目标偏心对水平角观测的影响与测站偏心距影响相似。测站点到目标点的距离越短，瞄准点位置越高，引起的测角误差越大。在观测水平角时，应认真把标杆竖直，并尽量瞄准标杆底部。当目标较近，且不能瞄准其底部时，应采用悬吊垂球，瞄准垂球线。

（4）照准误差。照准误差与人眼的分辨能力和望远镜放大率有关。人眼的分辨率为 $60''$，若借助于放大率为 V 倍的望远镜，则分辨能力就可以提高 V 倍，故照准误差为 $60''/V$。DJ_6 型经纬仪放大倍率一般为 28 倍，照准误差大约为 $\pm 2.1''$。在观测过程中，若操作人员操作不正确或视差没有消除，都会产生较大的照准误差。因此观测时应仔细地做好调焦和照准工作。

（5）读数误差。读数误差主要取决于仪器的读数设备及操作人员读数的熟练程度。读数前要认清度盘以及测微尺的注字刻画特点，读数中要使读数显微镜内分划注字清晰，通常是以最小估读数作为读数估读误差，DJ_6 型经纬仪读数估读最大误差为 $\pm 6''$（或 $\pm 5''$）。

二、角度观测误差的影响因素

角度观测是在室外进行的，室外各种因素都会对观测的精度产生影响。如地面不坚实或刮风会使仪器不稳定；大气能见度的好坏和光线的强弱会影响照准和读数；温度变化会使仪器各轴线几何关系发生变化等。要想完全消除这些影响几乎是不可能的，只能采取一些措施，如选择成像清晰、稳定的天气和时间段观测，观测中给仪器打伞以避免阳光对仪器直接照射，观测视线应离开地面或障碍物一定距离，尽量避免观测视线通过水面的上方，以减轻外界的不利因素对水平角观测的影响。

三、角度观测的注意事项

（1）仪器安置的高度应合适，脚架应踩实，中心螺旋应拧紧，观测时手不应扶脚架，转动照准部及各种螺旋时，用力要轻。

（2）若观测目标的高度相差较大，应特别注意仪器的整平。

（3）对中要准确。测角精度要求越高，或边长越短，则对中要求越严格。

（4）观测时要消除视差，尽量用十字丝中点照准目标底部或桩上小钉。

（5）按观测顺序记录度盘读数，注意检查限差。如发现错误，应立即重测。

（6）水准管气泡在观测前调好，一测回过程中不允许再调，如气泡偏离中心超过两格时，应再次整平，重测该测回。

习题与思考

3-1　角度测量的原理中水平角及竖直角的含义分别是什么？

3-2　角度测量仪器中经纬仪应满足的条件有哪些？

3-3　水平角的测量方法有哪些？

3-4　水平角观测误差的来源有哪些？

第四章　距离测量

内容提要

掌握：钢尺量距的一般方法；视距量距。

第一节　距离测量的原理

一、视距测量的原理

1. 视线水平时距离与高差的公式

如图 4-1 所示，A、B 两点间的水平距离 D 与高差 h 分别为：

$$D = KL \tag{4-1}$$

$$h = i - v \tag{4-2}$$

式中　D——仪器到立尺点间的水平距离；

$\quad K$——视距乘常数，通常为 100；

$\quad L$——望远镜上、下丝在标尺上读数的差值，称视距间隔或尺间隔；

$\quad h$——A、B 点间高差（测站点与立尺点之间的高差）；

$\quad i$——仪器高（地面点至经纬仪横轴或水准仪视准轴的高度）；

$\quad v$——十字丝中丝在尺上读数。

水准仪视线水平根据水准管气泡居中来确定。经纬仪视线水平，根据在竖盘指标水准管气泡居中时，用竖盘读数为 90°或 270°来确定。

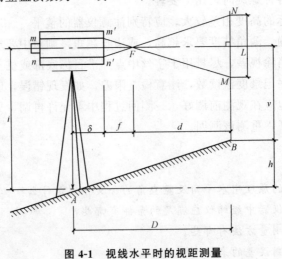

图 4-1　视线水平时的视距测量

2. 视线倾斜时计算水平距离和高差的公式

如图 4-2 所示，A、B 两点间的水平距离 D 与高差 h 分别为：

$$D = KL\cos^2\alpha \tag{4-3}$$

$$h = \frac{1}{2}KL\sin2\alpha + i - \upsilon \tag{4-4}$$

式中　α——视线倾斜角（竖直角）；

其他符号意义同前所述。

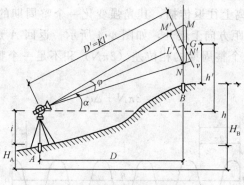

图 4-2　视线倾斜时的视距测量

二、光电测距原理

1. 脉冲式光电测距仪测距原理

脉冲式光电测距仪是通过直接测定光脉冲在待测距离两点间往返传播的时间 t，测定测站至目标的距离 D，如图 4-3 所示，用测距仪测定两点间的距离 D，在 A 点安置测距仪，在 B 点安置反射棱镜。由测距仪发射的光脉冲，经过距离 D 到达反射棱镜，再反射回仪器接收系统，所需时间为 t_{2D}，则距离 D 即可按下式求得：

$$D = \frac{1}{2}ct_{2D} \tag{4-5}$$

其中：

$$c = \frac{c_0}{n} \tag{4-6}$$

式中　c——光在大气中的传播速度；

c_0——光在真空中的传播速度；

n——大气折射率（$n \geqslant 1$），是光的波长 λ、大气温度 t、气压 p 的函数，即 $n = f(\lambda, t, p)$。

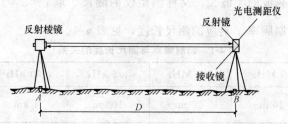

图 4-3　脉冲式光电测距仪测距原理

2. 相位式光电测距仪测距原理

相位式光电测距仪是通过光源发出连续的调制光，通过往返传播产生相位差，间接计算出传播时间，从而计算距离。红外测距仪以砷化镓发光二极管作为光源。若给砷化镓发光二极管注入一定的恒定电流，其发出的红外光，光强恒定不变；若改变注入电流的大小，则砷化镓发光二极管发射的光强也随之变化，注入电流光强成正比。若在发光二极管上注入频率为 f 的交变电流，则其光强也按频率 f 发生变化，这种光称为调制光。相位法测距发出的光就是连续的调制光。

调制光波在待测距离上往返传播，其光强变化一个整周期的相位差为 2π，将仪器从 A 点发出的光波在测距方向上展开，如图 4-4 所示。返回 A 点时的相位比发射时延迟 φ 角，其中包含了 N 个整周期的相位差（$2\pi N$）和不足一个整周期的相位差的尾数 $\Delta\varphi$ 即：

$$\varphi = 2\pi N + \Delta\varphi \tag{4-7}$$

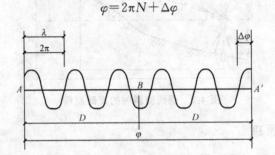

图 4-4 相位式光电测距仪测距原理

另一方面，设正弦光波的振荡频率为 f，由于频率的定义是一秒钟振荡的次数，振荡一次的相位差为 2π，则正弦光波经过 t_{2D} 后振荡的相位移为：

$$\varphi = 2\pi f t_{2D} \tag{4-8}$$

解得 t_{2D} 为：

$$t_{2D} = \frac{2\pi N + \Delta\varphi}{2\pi f} = \frac{1}{f}\left(N + \frac{\Delta\varphi}{2\pi}\right) = \frac{1}{f}\,(N + \Delta N) \tag{4-9}$$

其中，$\Delta N = \dfrac{\Delta\varphi}{2\pi}$ 为不足一个周期的小数。

解得：

$$D = \frac{c}{2f}\,(N + \Delta N) = \frac{\lambda_s}{2}\,(N + \Delta N) \tag{4-10}$$

式中　$\lambda_s = \dfrac{c}{f}$——正弦波的波长；

$\dfrac{\lambda_s}{2}$——正弦波的半波长，又称测距仪的测尺，取 $c \approx 3 \times 10^8$ m/s；则不同的调制频率 f 对应的测尺长度，见表 4-1。

表 4-1 调制频率与测尺长度的关系

调制频率 f	15 MHz	7.5 MHz	1.5 kHz	150 kHz	75 kHz
测尺长度 $\dfrac{\lambda_s}{2}$	10 m	20 m	100 m	1 km	2 km

由表 4-1 可知其规律是：调制频率越大，测尺长度越短。

第二节　距离测量仪器的种类及使用

一、距离测量仪器的种类及构造

1. 钢尺

钢尺是采用经过一定处理的优质钢制成的带状尺，长度有 20 m、30 m 和 50 m 等，卷放在金属架上或圆形盒内。钢尺按零点位置分为端点尺和刻线尺。端点尺，如图 4-5 （a）所示，尺长的零点是以尺的最外端起始，用此种尺从建筑物的竖直面接触量起较为方便；刻线尺，如图 4-5 （b）所示，以尺上第一条分划线作为尺子的零点，用此种尺进行丈量时，应使零点分划线对准丈量的起始点位，较为准确、方便。

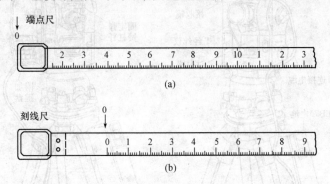

图 4-5　钢尺

（a）端点尺；（b）刻线尺

有的尺基本分划为厘米，适用于一般量距；有的尺基本分划为毫米，适用于较精密的量距。精密的钢尺制造时有规定的温度和拉力，如在尺端标有 30 m、20℃、10 kg 的字样，则表明在规定的标准温度和拉力条件下，该钢尺的标准长度是 30 m。钢尺一般用于精度较高的距离测量工作。由于钢尺较薄，性脆易折，应防止结扣和车轮碾压。钢尺受潮易生锈，应有相应的防潮措施。

2. 测钎

测钎一般由长 25～35 mm、直径为 3～4 mm 的钢丝制成，如图 4-6 所示，一端卷成小圆环，便于套在另一铁环内，以 6 根或 11 根为一串；另一端磨削成尖锥状，便于插入地下。测钎主要用来标定整尺端点位置和计算丈量的整尺数。

3. 标杆

标杆又称花杆，标杆多数用圆木杆制成，亦有金属的圆杆。全长 2～3 m，杆上涂红白相间的两色油漆，间隔长为 20 cm，如图 4-7 所示。杆的下端有铁制的尖脚，以便插入地中。标杆是一种简单的测量照准标志，用于直线定线和投点。

4. 垂球

垂球也称线垂，为铁制圆锥状。距离丈量时利用其吊线为铅垂线之特性，用于铅垂投递点位及对点、标点。此外，在精密丈量距离时，还应用到温度计、弹簧秤等工具。

5. 红外测距仪

DI1000 红外测距仪的构造如图 4-8 所示。

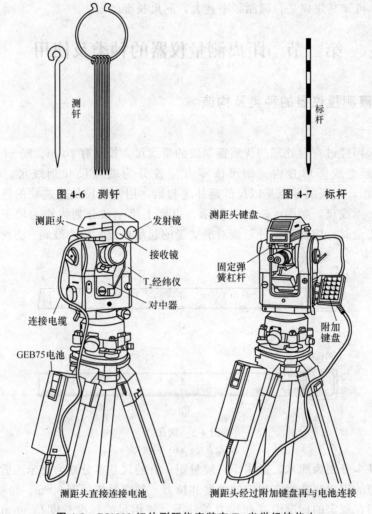

图 4-6　测钎　　　　　　　　　图 4-7　标杆

测距头直接连接电池　　　　　测距头经过附加键盘再与电池连接

图 4-8　DI1000 红外测距仪安装在 T_2 光学经纬仪上

二、距离测量仪器的使用

1. 钢尺的检定

1）尺长方程式

尺长方程式，是指在标准拉力下（30 m 钢尺用 100 N，50 m 钢尺用 150 N）钢尺的实际长度与温度的函数关系式，其形式为：

$$l_t = l_0 + \Delta l + \alpha l_0 \ (t - t_0) \tag{4-11}$$

式中　l_t——钢尺在温度 t℃时的实际长度；

　　　l_0——钢尺的名义长度；

　　　Δl——尺长改正数，即钢尺在温度 t_0 时的改正数，等于实际长度减名义长度；

　　　α——钢尺的线膨胀系数，其值取为 $1.25 \times 10^{-5}/℃$；

　　　t_0——钢尺检定时的温度（℃）；

　　　t——钢尺使用时的温度。

2）尺长检定方法

（1）与标准尺比长。钢尺检定最简单的方法：将需检定的钢尺与已检定过、有尺长方程式的钢尺进行比较（认定其线膨胀系数相同），得出尺长改正数，进一步求出需检定钢尺的尺长方程式。

（2）将被检定钢尺与基准线长度进行实量比较。在测绘单位已建立的校尺场上，利用两固定标志间的已知长度 D 作为基准线来检定钢尺的方法：将被检定钢尺在规定的标准拉力下多次丈量（至少往返各三次）基线 D 的长度，求得其平均值 D'。测定检定时的钢尺温度，通过计算即可求出在标准温度 $t_0 = 25℃$ 时的尺长改正数，并求得该尺的尺长方程式。

2. 红外测距仪的使用

（1）主机。主机由发射镜、接收镜、显示窗、键盘组成，如图 4-9 所示。键盘上的按键都有双功能或多功能。

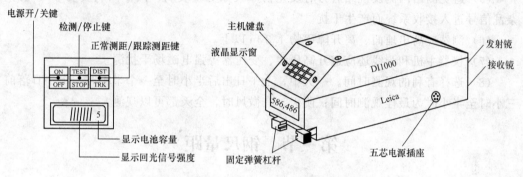

图 4-9　DI1000 红外测距仪及其操作面板

（2）反射棱镜。DI 系列测距仪有 1 块、3 块和 11 块三种反射棱镜架，用于不同距离的测量。棱镜架中的圆形棱镜是活动的，可从架上取下来。测距时，用经纬仪望远镜照准各反射棱镜的位置，如图 4-10 所示。DI1000 红外测距仪只用 1 块和 3 块两种棱镜架，当所测距离小于 800 m 时，使用 1 块棱镜；当所测距离大于 800 m 时，使用 3 块棱镜。圆形棱镜的加常数为 0。

（3）附加键盘。DI1000 红外测距仪可直接连接电池，利用主机上的键盘进行测距操作，也可按如图 4-11 所示，附加键盘串联在测距头与电池之间进行工作。附加键盘上共有 15 个按键，每个按键都具有双功能或多功能。

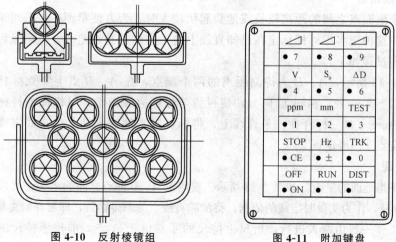

图 4-10　反射棱镜组　　　　**图 4-11　附加键盘**

3. 红外测距仪的使用注意事项

（1）仪器在运输时必须注意防潮、防振和防高温；测距完毕后立即关机；迁站时应切断电源，切勿带电移动；电池要及时进行充电，当仪器不用时，电池仍需充电后存放。

（2）测距仪物镜不可正对太阳或其他强光源（如探照灯等），以免损坏光敏二极管；在阳光下作业时应打伞保护。

（3）防止仪器淋雨。若经雨淋，须烘干（温度不高于 50℃）或晾干后再通电，以免发生短路，烧毁电气元件。

（4）设置测站时，应远离变压器、高压线等，以防强电磁场的干扰。

（5）避免测站两侧及镜站后方有反光物体（如房屋玻璃、汽车挡风玻璃等），防止杂乱信号进入接收系统而产生干扰。

（6）测站应高出地面、离开障碍物 1.3 m 以上。

（7）仪器主机和测线还应避开高压线、变压器等强电磁场干扰源。

（8）选择有利的观测时间。一天中，上午日出后半小时至一个半小时，下午日落前三小时至半小时为最佳观测时间；阴天、有微风时，全天都可以观测。

第三节　钢尺量距

一、钢尺量距的一般方法

1. 定点

为了测量两点间的水平距离，需要将点的位置用明确的标志固定下来。使用时间较短的临时性标志一般用木桩，在钉入地面的木桩顶面钉一个小钉，表示点的精确位置。需要长期保存的永久性标志用石桩或混凝土桩，在顶面画十字线，以交点表示为点的精确位置。为了使观测者能从远处看到点位标志，可在桩顶的标志中心竖立标杆、测钎或悬吊垂球等。

2. 直线定线

当两个地面点之间的距离较长或地势起伏较大时，为方便量距，一般可采取分段丈量的方法，这种把多根标杆标定在已知直线上的工作称为直线定线。一般量距用目视定线，方法和过程如下：

如图 4-12 所示，A、B 为待测距离的两个端点，在 A、B 点上竖立标杆，甲站立在 A 点后 1～2 m 处，由 A 瞄向 B，使视线与标杆边缘相切，甲指挥乙持标杆左右移动，直到 A、2、B 三标杆在一条直线上，将标杆竖直地插入地下。直线定线应由远而近，即先定点 1，再定点 2。

3. 量距

（1）平坦地面的量距，如图 4-13 所示。要测定 A、B 两点之间的水平距离，应先在 A、B 处竖立标杆，作为丈量时定线的依据，待清除直线上的障碍物后，即可开始丈量。

丈量工作一般由两人进行，后尺手持尺的零端位于 A 点，前尺手持尺的末端并携带一组测钎（5～10 根），沿 A 向 B 方向前进，行至一尺段处停下。后尺手以尺的零点

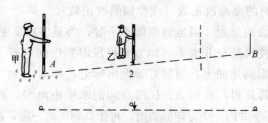

图 4-12 两直线间目估定线

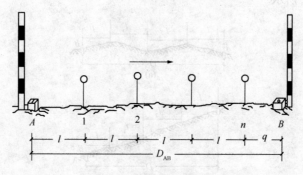

图 4-13 平坦地面量矩

对准 A 点；待两人同时把钢尺拉紧、拉平和拉稳后，前尺手在尺的末端刻线处垂直地插一测钎，得到点 1，这样便量完了一个尺段。如此反复丈量下去，直至最后不足一整尺段的长度，称之为余长（如图 4-13 所示中的 nB 段）；丈量余长时，前尺手将尺上某一整数分划对准 B 点，由后尺手对准 n 点，在尺上读出读数，两数相减，即可求得不足一尺段的余长，则 A、B 两点之间的水平距离为：

$$D_{AB} = nl + q \tag{4-12}$$

式中　　n——尺段数；

　　　　l——钢尺长度；

　　　　q——不足一整尺段的余长。

为了防止丈量时发生错误以及提高量距精度，距离要往返测量，返测时要重新定线。当往返测的差值在允许范围内时，取往返测的平均值作为量距结果。量距精度以相对误差表示，并将分子化为 1，其公式为：

$$K = \frac{|D_{往} - D_{返}|}{D_{平均}} \tag{4-13}$$

当量距的相对误差小于或等于相对误差的容许值时，可取往、返量距的平均值作为最终结果。在平坦测区，钢尺量距的相对误差一般不应大于 1/3000，在量距困难测区，其相对误差也不应当大于 1/1000。

（2）倾斜地面的量距。如果 A、B 两点间有较大的高差，地面坡度比较均匀，成一倾斜面，则可沿地面丈量倾斜距离 D'，用水准仪测定两点间的高差 h，按下列任意一式即可计算出水平距离 D：

$$D = \sqrt{D'^2 - h^2} \tag{4-14}$$

或：

$$D = D' + \Delta D_h = D' - \frac{h^2}{2D'} \tag{4-15}$$

式中 ΔD_h——量距时的高差改正数（或称倾斜改正数）。

（3）高低不平地面的量距。当地面高低不平时，为量出水平距离，前、后尺手应同时抬高并拉紧钢尺，使尺悬空并水平（如为整尺段时则中间应有一人托尺），同时用垂球把钢尺两个端点投影到地面上，用测钎等做出标记，如图 4-14（a）所示，分别量出各段水平距离 l_i，取其总和，得到 A、B 两点间的水平距离 D，此种方法称为水平钢尺法量距。当地面高低不平并向一个方向倾斜时，可抬高钢尺的一端，在抬高的一端用垂球投影，如图 4-14（b）所示。

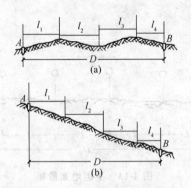

图 4-14   高低不平地面的量距（垂球）

4. 成果计算

钢尺量距一般方法的记录、计算及精度评定，见表 4-2。

表 4-2   钢尺一般量距记录及成果计算

线段	尺长/m	往测			返测			往返差/m	相对精度	往返平均差/m
		尺段数	余长/m	总长/m	尺段数	余长/m	总长/m			
AB	30	6	23.188	203.188	6	23.152	203.152	0.036	1/5 600	203.170
BC	50	3	41.841	191.841	3	41.873	191.873	0.032	1/6 000	191.857
…	…	…	…	…	…	…	…	…	…	…

二、钢尺量距的精密方法

1. 钢尺检定

钢尺量距的一般方法的精度只能达到 1/1 000～1/5 000，当量距精度要求较高时，若超出一般方法的精度范围，则应采用精密方法进行丈量。钢尺检定，参见本章第二节中 1. 钢尺的检定的内容。

2. 定线

（1）经纬仪在两点间定线，如图 4-15 所示，在 AB 线内精确定出 1、2 等点的位置。将经纬仪安置于 B 点，用望远镜照准 A 点，固定照准部制动螺旋；将望远镜向下俯视，指挥移动标杆与十字丝竖丝重合，在标杆位置处打下木桩，顶部钉上镀锌薄钢片；根据十字丝在镀锌薄钢片上画出纵横垂直的十字线，纵向线为 AB 方向，横向线为读尺指标，交点即为 1 点。

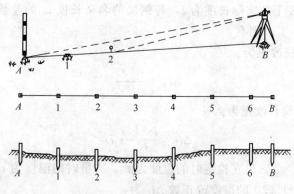

图 4-15 钢尺精密量距定线

（2）经纬仪延长直线，如图 4-16 所示。将直线 AB 延长至 C 点，经纬仪置于 B 点，对中整平后，望远镜以盘左位置用竖丝瞄准 A 点，制动照准部，松开望远镜制动螺旋，倒转望远镜，用竖丝定出 C 点。望远镜再以盘右位置瞄准 A 点，制动照准部，倒转望远镜定出 C' 点，取 $C'C''$ 的中点，即为精确位于 AB 直线延长线上的 C 点。这种延长直线的方法称为经纬仪正倒镜分中法，用正倒镜分中法可消除经纬仪可能存在的视准轴误差与横轴不水平误差对延长直线的影响。

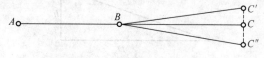

图 4-16 经纬仪延长直线

3．量距

用检定过的钢尺精密丈量 AB 点间的距离。丈量组应由 5 人组成，2 人拉尺，2 人读数，1 人记录和读温度。丈量时，拉伸钢尺置于相邻两木桩顶上，使钢尺有刻画线的一侧贴切十字线，后手手将弹簧秤挂在尺的零端，以便施加钢尺检定时的标准拉力。钢尺贴着桩顶拉紧，后读尺员看到拉力计读数为标准拉力时喊"预备"口号，当前尺手看到尺上某一整分划对准十字线的横线时喊"好"。此时，2 读数员在两端同时读取钢尺读数，后尺读数估读到 0.5 mm 记入手簿，并计算尺段长度。前、后移动钢尺 2~3 cm，用同法再次丈量，每一尺段读三组数，由三组读数算得的长度较差的绝对值应小于 3 mm，否则应重新量。如在限差之内，取三次结果的平均值，作为该尺段的观测结果。每一尺段应记温度一次，估读至 0.5℃。如此反复丈量至终点，即完成一次往测。完成往测后，应立即返测。每条直线所需丈量的往返次数视量距的精度要求而定，具体可参考有关的测量规范。

4．测量桩顶间高差

上述所量的距离，是相邻桩顶点间的倾斜距离，为换算成水平距离，需用水准测量的方法测出各桩顶间的高差，以便进行倾斜改正。水准测量宜在量距前或量距后往、返观测一次，以便检核。相邻两桩顶往、返所测高差之差，一般不得超过±10 mm，如在限差以内，应取其平均值作为观测的成果。

5．成果计算

1）尺段长度的计算

（1）尺长改正。由于钢尺的名义长度与实际长度不一致，丈量时就会产生误差。钢

65

尺在标准拉力、温度下的实际长度为 l，与钢尺的名义长度 l_0 的差数 Δl 即为整尺段的尺长改正数 $\Delta l = l - l_0$，则有：

每量 1 m 的尺长改正为：

$$\Delta l_{\text{米}} = \frac{l - l_0}{l_0}$$

丈量 D 距离的尺长改正为：

$$\Delta l_D = \frac{l - l_0}{l_0} \cdot D \tag{4-16}$$

（2）温度改正。设钢尺在检定时的温度为 t_0，丈量时的温度为 t，钢尺的线膨胀系数为 α，则丈量一个尺段 l 的温度改正数 Δl_t 为：

$$\Delta l_t = \alpha\,(t - t_0)\,l \tag{4-17}$$

式中　Δl_t——尺段的温度改正数；其他符号意义同上所述。

（3）倾斜改正，如图 4-17 所示。设 l 为量出的斜距，h 为尺段两端点间的高差，将 l 改正成水平距离 D，故要加倾斜改正数 Δl_h，则有：

$$\Delta l_h = -\frac{h^2}{2l} \tag{4-18}$$

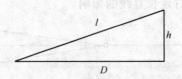

图 4-17　尺段倾斜改正

2）计算全长

将各个改正后的尺段长和余长加起来，便可得到 AB 距离的全长。

三、钢尺量距误差分析

影响钢尺量距的因素，见表 4-3。

表 4-3　影响钢尺量距的因素

因　素	内　容
钢尺误差	钢尺的名义长度和实际长度不符，则产生尺长误差。尺长误差属系统误差，是累积出来的，所量的距离越长，产生的误差越大。因此新购置的钢尺必须经过检定，以得出尺长改正数
钢尺倾斜误差和垂曲误差	由于地面高低不平、按水平钢尺法量距时，钢尺因没有处于水平位置或由其自重导致中间下垂成曲线时，都会使所量距离增大。因此丈量时必须注意钢尺水平，必要时可进行垂曲改正
定线误差	由于丈量时钢尺没有准确地放在所量距离的直线方向上，使所量距离不是直线而是折线，因而使丈量结果偏大，这种误差称为定线误差。一般丈量时，要求定线偏差不大于 0.1 m，可用标杆目估定线；当直线较长或精度要求较高时，应用经纬仪定线
拉力变化的误差	钢尺在丈量时所受拉力应与检定时的拉力相同，一般量距中只要保持拉力均匀即可，而对较精密的丈量工作则需使用弹簧秤

（续表）

因　素	内　容
丈量本身的误差	丈量时用测钎在地面上标志尺端点位置时插入测钎不准，前、后尺手配合不当，余长读数不准确，都会引起丈量误差，这种误差对丈量结果的影响可正可负，大小不定。因此，在丈量中应做到对点准确，配合协调，认真读数
外界条件的影响	外界条件的影响主要是温度的影响，钢尺的长度随温度的变化而变化，当丈量时的温度和标准温度不一致时，将导致钢尺长度的变化。按照钢的膨胀系数计算，温度每变化 1℃，就会产生 1/80 000 尺长误差。一般量距温度变化小于 10℃时可不加改正；当精密量距时须考虑温度改正

第四节　视距测量

一、概述

　　视距测量是用望远镜内视距丝装置，如图 4-18 所示。根据几何光学原理同时测定两点间的水平距离和高差的一种方法，具有操作方便，速度快，不受地面高低起伏限制等优点。精度相对较低，能满足地形图测绘中对测定碎部点位置的精度要求，广泛应用于碎部测量中。

　　视距测量所用的主要仪器工具是经纬仪和视距尺。

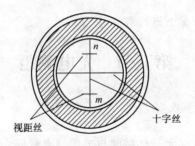

图 4-18　望远镜视距丝

二、视距测量的方法及步骤

　　（1）量仪高（i）。在测站上安置经纬仪，对中、整平，用皮尺量取仪器横轴至地面点的铅垂距离，取至厘米。

　　（2）求视距间隔（L）。对准后视点 B 竖立的标尺，读取上、中、下三丝在标尺的读数，读至毫米。上、下丝相减求出视距间隔 L 值。中丝读数 v 用来计算高差。

　　（3）计算（α）。转动竖盘水准管微动螺旋，使竖盘水准管气泡居中，读取竖盘读数，并计算。

　　（4）计算（D 和 h）。最后将上述 i、L、v、α 四个量代入式（4-3）和式（4-4），计算 AB 两点间的水平距离 D 和高差 h。

三、视距测量误差及注意事项

1. 视距测量的误差

1）读数误差

视距丝在视距尺上读数的误差，与标尺最小分划的宽度、水平距离的远近和望远镜放大倍率等因素有关。当视距测量使用的仪器一定，距离限定在一定范围内可控制读数误差影响，使其不超过某一数值。

2）垂直折光的影响

视距尺不同部分的光线是通过不同密度的空气层到达望远镜的，越接近地面的光线受折光影响越明显。实践证明，当视线接近地面在视距尺上读数时，垂直折光引起的误差较大，且与距离的平方成比例地增加。因此，提高视线高度和限定视距可有效减少其误差影响。

3）视距尺倾斜所引起的误差

视距尺倾斜会使视距读数增大，因此测量时竖直视距尺可有效减少其误差影响。此外，视距乘常数 K 的误差、视距尺分划的误差、竖直角观测的误差以及风力使标尺抖动引起的误差等，都会影响视距测量的精度。

2. 注意事项

（1）为减少垂直折光的影响，观测时应尽可能使视线离地面 1 m 以上。

（2）作业时，应将视距尺竖直，并应采用带有水准器的视距尺。

（3）要严格测定视距乘常数，K 值应在 100 ± 0.1 mm 之内，否则应予以改正。

（4）视距尺一般应是厘米刻画的整体尺，如果使用塔尺，应注意检查各节尺的接头是否准确。

（5）要在成像稳定的情况下进行观测。

第五节　光电测距

一、光电测距基础

钢尺量距工作，劳动强度大，且精度与工作效率较低，尤其在山区或沼泽地区，丈量工作尤其困难。现在随着激光技术、电子技术的飞跃发展，光电测距技术得到了迅速地发展和广泛的应用。

光电测距技术具有测程远、精度高、工作效率高、受地形起伏影响小等优点。光电测距是一种物理测距的方法，通过测定光波在两点间传播的时间计算距离，按此原理制作的以光波为载波的测距仪叫光电测距仪。按测定传播时间的方式不同，测距仪分为相位式测距仪和脉冲式测距仪；按测程大小可分为远程、中程和短程测距仪三种。

二、影响光电测距精度因素的分析

1. 误差分析

大气中的电磁波的传播速度 $c = \dfrac{c_0}{n}$ 及加常数 K，则式（4-10）可写为：

$$D = \frac{c_0}{2nf}\left(N + \frac{\Delta\varphi}{2\pi}\right) + K \tag{4-19}$$

由式（4-19）可以看出，c_0、f、n、$\Delta\varphi$ 和 K 的测定误差及变化都会使距离测量产生误差。对上式全微分得：

$$dD = \frac{D}{c_0}dc_0 + \frac{D}{n}dn - \frac{D}{f}df + \frac{\lambda}{4\pi}d\varphi + dK \tag{4-20}$$

将上式转化为中误差：

$$m_D = \left(\frac{m_{c_0}^2}{c_0^2} + \frac{m_n^2}{n^2} + \frac{m_f^2}{f^2}\right)D^2 + \left(\frac{\lambda}{4\pi}\right)^2 m_\varphi^2 + m_K^2 \tag{4-21}$$

由式（4-21）可以看出前一项和距离成正比，称比例误差；后两项与距离无关，称固定误差。

式中 m_{c_0} 为测定真空光速 c_0 的中误差，真空光速 c_0 的相对精度已达 1×10^{-9}，按照测距仪的精度，其影响可忽略不计。m_n 为折射率 ng 引起的误差，其数值大小决定于气象参数的精度。如大气改正达到 1×10^{-6} 的精度，则空气温度须测量到 1℃，大气压力测量到 300 Pa。m_f 为调制频率引起的误差，是由频率调制误差以及由于晶体老化产生的频率位移而产生的误差。由于制造技术的提高，短程测距仪这项误差一般可不用考虑。m_φ 为测相误差，与测相方式有关，及照准误差、幅相误差以及噪声引起的误差。产生照准误差的原因是由于发光二极管所发射的光束相位不均匀性。幅相误差是由于接受信号的强弱不同而产生的。在测距时按规定的信号强度范围作业，可基本消除幅相误差的影响。由于大气的抖动以及工作电路本身产生噪声也会引起测相误差。这种误差是随机的，符合正态分布规律。为了减弱噪声的影响，必须增大信号强度，并采用多次检相取平均的办法（一般一次测相结果是几百至上万次检相的平均值）可以削弱其影响。m_K 是加常数误差，是由于加常数测定不准确而产生的剩余值，与检测精度有关。

实践表明，除上述误差外，还包括测距仪光电系统产生的干扰信号而引起的按距离成周期变化的周期误差。周期误差相对较小，因此估计精度时不用考虑。

综上所述，测距仪的测距误差主要有三类：① 与距离无关的误差，称固定误差；② 与距离成比例的误差，称比例误差；③ 按距离成周期变化的误差，称周期误差；④ 此外测距误差还包括仪器和反光镜的对中误差。

2．精度评定

由于测距仪的周期误差很小，因此可忽略不计，电磁波测距的误差主要为固定误差和比例误差。因此，电磁波测距仪出厂时的标称精度为：

$$m_D = A + B\,\mathrm{ppm} \tag{4-22}$$

式中　A——固定误差；

　　　B——比例误差系数，ppm 为百万分之一。

标称精度系指仪器的精度限额，即仪器的实际精度若不低于此值，即仪器合格，但其并不是该仪器的实际精度。仪器经过检定后，结果经过各种常数改正，其精度要高于此值。经检定后的实际精度为：

$$m_D = \sqrt{m_d^2 + m_K^2 + m_R^2} \tag{4-23}$$

式中　m_D——测距中误差；

m_K——加常数 a 的检测中误差；

m_R——乘常数误差的检测中误差；

m_d——和距离无关的测距中误差，m_d 可按下式计算：

$$m_d = \sqrt{\frac{[vv]}{n-1}} \qquad (4-24)$$

式中 v——对某一距离重复观测，每次观测改正后的值与算术平均值的差。

若在已知距离基线上观测，m_d 亦可按下式计算：

$$m_d = \sqrt{\frac{[\Delta\Delta]}{n}} \qquad (4-25)$$

式中 Δ——每次观测改正后的值与基线真值之差。

根据实验统计说明，按照现有测距仪的检测水平，测距成果经各项改正后，基本可消除系统误差（加常数和乘常数）的影响，测距误差以偶然误差为主。因此，测距成果经各项改正后其实际精度评定应按式（4-23）计算确定。

第六节 直线定向

一、标准方向的种类

1. 真子午线方向

地球表面某点与地球旋转轴所构成的平面与地球表面的交线称为该点的真子午线，真子午线在该点的切线方向称为该点的真子午线方向。真子午线方向用天文测量方法或用陀螺经纬仪测定。

2. 磁子午线方向

地球表面某点与地球磁场南北极连线所构成的平面与地球表面的交线称为该点的磁子午线。磁子午线在该点的切线方向称为该点的磁子午线方向，一般是磁针在该点自由静止时所指的方向。磁子午线方向可用罗盘仪测定。

3. 坐标纵轴方向

测量中常以通过测区坐标原点的坐标纵轴为准，测区内通过任意一点与纵轴平行的方向线，称为该点的坐标纵轴方向。

二、表示直线方向的方法

测量工作中的直线都具有一定方向，通用方位角来表示直线的方向。由标准方向的北端起，顺时针方向量到某直线的夹角，称为该直线的方位角，方位角的变化范围 $0° \sim 360°$。

如图 4-19 所示，若标准方向 ON 为真子午线，用 A 表示真方位角，则 A_1、A_2、A_3、A_4 分别为直线 $O1$、$O2$、$O3$、$O4$ 的真方位角。若 ON 为磁子午线方向，则 A_1、A_2、A_3、A_4 分别为相应直线的磁方位角。磁方位角用 A_m 表示。若 ON 为坐标纵轴方向，则 A_1、A_2、A_3、A_4 分别为相应直线的坐标方位角，用 a 来表示。

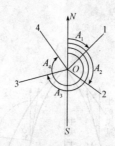

图 4-19　直线方位的表示方法

三、几种方位角之间的关系

1. 真方位角与磁方位角之间的关系

由于地磁的南北极与地球的南北极不重合。因此，过地面上某点的真子午线方向与磁子午线方向也不重合，两者之间的夹角称为磁偏角 δ，如图 4-20 所示。磁北方向偏于真北方向以东称东偏，δ 取正值，偏于真子午线以西称西偏，δ 取负值。直线的真方位角与磁方位角之间可用下式进行换算：

$$A = A_m + \delta \tag{4-26}$$

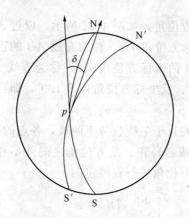

图 4-20　磁偏角 δ

2. 真方位角与坐标方位角之间的关系

中央子午线在高斯投影平面上是一条直线，作为该带的坐标纵轴，而其他子午线投影后为收敛于两极的曲线，如图 4-21 所示。地面点 M、N 等的真子午线方向与中央子午线之间的角度，称为子午线收敛角，用 γ 表示。当地面点的坐标纵轴偏在真子午线以东时，γ 为正值；当地面点的坐标纵轴偏在真子午线以西时，γ 为负值。某点的子午线收敛角 γ，可由该点的高斯平面直角坐标为引数在测量计算用表中查到，也可用下式计算：

$$\gamma = (L - L_0) \sin B \tag{4-27}$$

式中　L_0——中央子午线的经度；

L、B——计算点的经纬度。

真方位角 A 与坐标方位角之间的关系，如图 4-21 所示，可用下式进行换算：

$$A_{12} = \alpha_{12} + \gamma \tag{4-28}$$

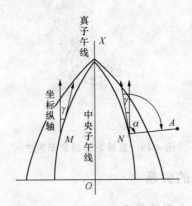

图 4-21　子午线收敛角

3. 坐标方位角与磁方位角之间的关系

若已知某点的磁偏角 δ 与子午线收敛角 γ，则坐标方位角与磁方位角之间的换算式为：

$$\alpha = A_m + \delta - \gamma \tag{4-29}$$

四、正、反坐标方位角

同一直线有正、反两个方位角，如图 4-22 所示。以过 A 点的坐标纵轴北方向为标准方向，确定直线 AB 的坐标方位角 α_{AB}，称为直线 AB 的正坐标方位角。以过 B 点的坐标纵轴北方向确定直线 AB 的坐标方位角 α_{BA}，称为直线 AB 的反坐标方位角（是直线 BA 的正坐标方位角）。正、反坐标方位角相差 $180°$，即：

$$\alpha_反 = \alpha_正 \pm 180° \tag{4-30}$$

由于地面各点的真（或磁）子午线收敛于两极，各点的真（或磁）北方向不互相平行。因此，同一直线的真（或磁）正、反方位角之间并不相差 $180°$，测量计算带来不便。故测量工作中常用坐标方位角进行直线定向。

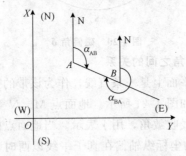

图 4-22　正、反坐标方位角

五、坐标方位角的推算

为了整个测区坐标系统的统一，测量工作中不应直接测定每条边的方位，而是通过与已知点（其坐标为已知）的联测，推算出各边的坐标方位角。

如图 4-23 所示，A、B 为已知点且 A、B 两点通视，称 AB 边为已知边。根据 AB 边的已知坐标方位角 α_{AB}，沿着 $B-A-1-2-3-A$ 的推算路线，推算出各边的坐标方位角。通过联测得到 AB 边与 $A1$ 边的连接角 β'（为左角），测出各点的转折角 β_A、β_1、β_2 和 β_3（为右角），要推算 $A1$、12、23 和 $3A$ 边的坐标方位角。左（右）角的判定方法是沿着推算路线方向进行，若转折角在左手边，则该转折角为左角；若在右手边，则该转折角为右角。

如图 4-23 所示中的连接角 β' 为左角，其余转折角均为右角。由图可以看出：

$$\alpha_{A1} = \alpha_{BA} - （360° - \beta'_{左}） = \alpha_{AB} - 180° + \beta'_{左}$$

$$\alpha_{12} = \alpha_{1A} - \beta_{1(右)} = \alpha_{A1} + 180° - \beta_{1(右)}$$

$$\alpha_{23} = \alpha_{12} + 180° - \beta_{2(右)}$$

$$\alpha_{3A} = \alpha_{23} + 180° - \beta_{3(右)}$$

$$\alpha_{A1} = \alpha_{3A} + 180° - \beta_{A(右)}$$

将算出的 α_{A1} 与原推算值进行比较，以检核计算中有无错误。

由上述推导可以得到推算坐标方位角的一般公式为：

$$\alpha_{前} = \alpha_{后} \pm 180° \mp \frac{\beta_{右}}{\beta_{左}} \tag{4-31}$$

若计算出的 $\alpha_{前}$ 大于 360°，则应减去 360°；若 $\alpha_{前}$ 小于 0°，则应加上 360°。在式 (4-31) 中，β 为左角时取正号，减 180°；β 为右角时取负号，加 180°。$\alpha_{前}$ 与 $\alpha_{后}$ 的确定方法是站在某一转折点，面向点号顺序增加的方向，前面的坐标方位角为 $\alpha_{前}$，背后坐标方位角为 $\alpha_{后}$。

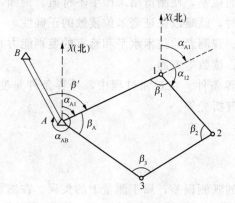

图 4-23　坐标方位角推算

习题与思考

4-1　红外测距仪的组成及使用的注意事项有哪些？

4-2　钢尺量距的一般方法有哪些？

4-3　视距测量误差的来源有哪些？

4-4　直线定向中标准方向的种类有哪些及定义分别是什么？

第五章 测量误差的基本知识

内容提要

了解：测量误差产生的原因和分类；系统误差和偶然误差的特性。

掌握：评定精度的标准，中误差、相对误差的概念。

第一节 测量误差概述

一、误差的来源

(1) 仪器误差。任何的测量都是利用特制的仪器、工具进行的，由于每种仪器只具有一定限度的精确度，因此测量结果的精确度受到了一定的限制，且各个仪器本身的结构不完善也会产生一定的误差，使测量结果产生不符值。例如，在用只刻画到厘米的普通水准尺进行水准测量时，就难以保证毫米位读数的正确性。

(2) 观测者的误差。观测者的技术水平和感官的鉴别能力有一定的局限性，主要体现在仪器的对中、照准、读数等方面。

(3) 不断变化的外界条件。在观测过程中，外界条件是变化的。如大气温度、湿度、风力、透明度、大气折光等。

二、误差的分类

1. 粗差

粗差是一种大量级的观测误差，属于测量上的失误。在测量结果中，是不允许粗差存在的。粗差产生的原因较多，主要是观测者的疏忽、大意而引起的，如数值被读错，读数被记错、照准错误的目标等。

在观测数据中应尽避免出现粗差。可有效地发现粗差的方法有：进行必要的重复观测；通过多余的观测，采用必要且严格的检核、验算等。含有粗差的观测值均不能采用。因此，若发现粗差，该观测值必须进行重测。

2. 系统误差

在相同的观测条件下，对某点进行一系列的观测，如果误差的大小及符号表现出一致性倾向，即按一定的规律变化或保持为常数，这种误差称为系统误差。这种误差，在数值上和符号上都是固定的，丈量的距离越长，误差就越大。

3. 偶然误差

在相同的观测条件下，做一系列的观测。如果观测误差在大小和符号上均表现出随机性，即大小不等，符号不同，但统计分析的结果都具有一定的统计规律性，则这种误差称为偶然误差。偶然误差是由于人的感觉器官和仪器的性能受到一定的限制，及观测时受到外界条件的影响等原因造成的。

由于偶然误差表现出来的随机性，所以偶然误差也称随机误差，单个偶然误差的出现不能体现出规律性。但在相同条件下重复观测某一点，出现大量的偶然误差就具有一定的规律性。

偶然误差是不可避免的。为提高观测结果的质量，常用的方法是采用多余观测结果的算术平均值作为最后观测结果。

第二节　偶然误差的特性

（1）有限性。偶然误差的绝对值不会超过一定的限值。

（2）聚中性。绝对值小的误差比绝对值较大的误差出现的机会多。

（3）对称性。绝对值相等的正、负误差出现的机会相等。

（4）抵消性。随观测次数的无限增加，偶然误差的理论平均值接近于零。即：

$$\lim_{n \to \infty} \frac{[\Delta]}{n} = 0 \tag{5-1}$$

式中　　$[\Delta]$——真误差；

n——观测数。

由偶然误差特性可知：当对某量有足够的观测次数，其正、负误差是可以相互抵消的。

第三节　衡量精度的指标

1. 中误差

在相同的观测条件下，对于某一未知量做一系列的观测，并以各个真误差的平方和的平均值的平方根作为评定观测质量的标准，称为中误差 m，即：

$$m = \pm \sqrt{\frac{[\Delta\Delta]}{n}} \tag{5-2}$$

式中　　m——中误差；

$[\Delta\Delta]$——一组等精度观测误差 Δ 自乘的总和；

n——观测数。

中误差不同于各个观测值的真误差，其是衡量一组观测值精度的指标；其大小反映出一组观测值的离散程度。中误差 m 值小，表明误差的分布较为密集，各观测值之间的差异也较小，这组观测值的精度高；反之，中误差 m 值较大，表明误差的分布较为离散，观测值之间的差异较大大，这组观测值的精度低。

2. 容许误差

在一定的观测条件下，偶然误差的绝对值不应超过的限值，称为容许误差，又称限差或极限误差。偶然误差的有限性说明在一定的观测条件下，误差的绝对值有一定的限值。根据误差理论和大量的实践证明，在等精度观测某点的一组误差中，大于 2 倍中误差的偶然误差，其出现的概率为 4.6％；大于 3 倍中误差的偶然误差，其出现的概率为

0.3%。0.3%是概率接近于零的小概率事件。因此，在测量规范中，为确保观测成果的质量，通常规定以其误差的 2 倍或 3 倍为偶然误差的允许误差或限值。当精度要求较高时，采用两倍中误差作为容许误差。即：

$$\Delta_{容} = 2\,m \text{ 或 } \Delta_{容} = 3\,m \tag{5-3}$$

超过上述容许误差的观测值应重测。

3. 平均误差

在相同的观测条件下，一组独立的真误差为 Δ_1，Δ_2，…，Δ_n，则平均误差的定义式为：

$$\theta = \lim_{n \to \infty} \frac{[\,|\Delta|\,]}{n} \tag{5-4}$$

式中　$|\Delta|$——真误差的绝对值；

　　　　n——观测数。

当观测数 n 有限时，可用下式计算的估计值，称为平均误差。即：

$$\theta = \pm \frac{[\,|\Delta|\,]}{n} \tag{5-5}$$

平均误差与中误差的关系为：

$$\theta \approx 0.797\,m \approx 4/5\,m \tag{5-6}$$

计算平均误差较为方便，当 n 有限时，其可靠性不如中误差。

4. 相对误差

对于某些观测成果，用中误差还不能完全判断测量精度。因为量距误差与其长度有关。为了能客观反映实际精度，通常用相对误差来表达边长观测值的精度。相对误差 K 就是观测值中误差 m 的绝对值与观测值 D 的比，并将其化成分子为 1 的形式，即：

$$K = \frac{|m|}{D} = \frac{1}{\dfrac{D}{|m|}} \tag{5-7}$$

式中　K——相对误差；

　　　　D——观测值；

　　　　$|m|$——中误差的绝对值。

第四节　误差传播定律

一、线性函数

1. 倍数函数

设函数

$$z = kx \tag{5-8}$$

式中　k——常数；

　　　　x——独立观测值；

　　　　z——x 的函数。

当观测值 x 含有真误差 Δx 时，使函数 z 也将产生相应的真误差 Δz，设 x 值观测 n 次，则：

$$\Delta z_n = k \Delta x_n \tag{5-9}$$

将式（5-9）两端平方，求其总和，并除以 n，得：

$$\frac{\Delta z \Delta z}{n} = k^2 \frac{\Delta x \Delta x}{n}$$

根据中误差的定义，则有：

$$m_z^2 = k^2 m_x^2$$

或

$$m_z = k m_x \tag{5-10}$$

2. 和（差）函数

设函数　　　　　　　　　　　$z = x \pm y$ 　　　　　　　　　　　(5-11)

式中　x、y——独立观测值；

　　　　z——x 和 y 的函数。

当独立观测值 x、y 含有真误差 Δx、Δy 时，函数 z 将产生相应的真误差 Δz。如果对 x、y 观测了 n 次，则：

$$\Delta z_n = \Delta x_n + \Delta y_n \tag{5-12}$$

将上式两端平方，求其总和，并除以 n，得：

$$\frac{[\Delta z \Delta x]}{n} = \frac{[\Delta x \Delta x]}{n} + \frac{[\Delta y \Delta y]}{n} + \frac{2[\Delta z \Delta x]}{n} \tag{5-13}$$

根据偶然误差的抵消性和中误差定义，得：

$$m_z^2 = m_x^2 + m_y^2$$

或：

$$m_z = \pm \sqrt{m_x^2 + m_y^2} \tag{5-14}$$

由此得出结论：和差函数的中误差，等于各个观测值中误差平方和的平方根。

3. 一向线性函数

设线性函数　　　　　　　$z = k_1 x_1 + k_2 x_2 + \cdots + k_n x_n$ 　　　　　(5-15)

式中　x_1，x_2，$\cdots$，x_n——独立观测值；

　　　　k_1，k_2，$\cdots$，k_n——常数，可得：

$$m_z^2 = (k_1 m_1)^2 + (k_2 m_2)^2 + \cdots + (k_n m_n)^2 \tag{5-16}$$

式中　m_1，m_2，$\cdots$，m_n 分别是 x_1，$x_2 \cdots$，x_n 观测值的中误差。

二、非线性函数

设函数　　　　　　　$z = f(x_1, x_2, \cdots, x_n)$ 　　　　　　　(5-17)

式中　x_1，x_2，$\cdots$，x_n——独立观测值，误差为 m_1，m_2，$\cdots$，m_n。

当观测值 x_i 含有真误差 Δx_i 时，函数 z 也必然产生真误差 Δz，但这些真误差都是很小值，故对式（5-17）全微分，并以真误差代替微分，即：

$$\Delta z = \frac{\partial f}{\partial x_1} \Delta x_1 + \frac{\partial f}{\partial x_2} \Delta x_2 + \cdots + \frac{\partial f}{\partial x_n} \Delta x_n \tag{5-18}$$

式中　$\dfrac{\partial f}{\partial x_1}$、$\dfrac{\partial f}{\partial x_2}$、$\cdots$、$\dfrac{\partial f}{\partial x_n}$——函数 z 对 x_1，$x_2 \cdots$，x_n 的偏导数。当函数值确定后，

则偏导数值为常数，式（5-18）可认为是线性函数，因此有：

$$m_z = \pm \sqrt{\left(\frac{\partial f}{\partial x_1}\right) m_{x_1}^2 \left(\frac{\partial f}{\partial x_2}\right) m_{x_2}^2 + \cdots + \left(\frac{\partial f}{\partial x_n}\right) m_{x_n}^2} \tag{5-19}$$

常用函数的中误差关系式均可由一般函数中误差关系式导出。各种常见函数的中误差关系式，见表 5-1。

表 5-1　观测函数中误差关系式

函数名称	函数关系式	$\frac{\partial f}{\partial x_i}$	中误差关系式
一般函数	$z = f(x_1, x_2, \cdots, x_n)$	$\frac{\partial f}{\partial x_i}$	$m_z^2 = \left(\frac{\partial f}{\partial x_1}\right) m_1^2 + \left(\frac{\partial f}{\partial x_2}\right) m_2^2 + \cdots + \left(\frac{\partial f}{x\,\partial\, n}\right) m_n^2$
线性函数	$z = k_1 x_1 + k_2 x_2 + \cdots + k_n x_n$	K_i	$m_z^2 = k_1^2 m_1^2 + k_2^2 m_2^2 + \cdots + k_n^2 m_n^2$
和差函数	$z = x_1 \pm x_2$	1	$m_z^2 = m_1^2 + m_2^2$ 或 $m_z = \sqrt{m_1^2 + m_2^2}$
			$m_z = \sqrt{2}\, m$（当 $m_1 = m_2 = m$ 时）
	$z = x_1 \pm x_2 \pm \cdots \pm x_n$	1	$m_z^2 = m_1^2 + m_2^2 + \cdots + m_n^2$
			$m_z = \pm \sqrt{nm}$（当 $m_1 = m_2 = \cdots = m_n = m$ 时）
算术平均值	$z = \frac{1}{n}(x_1 + x_2 + \cdots + x_n)$ $= \frac{1}{n} x_1 + \frac{1}{n} x_2 + \cdots + \frac{1}{n} x_n$	$\frac{1}{n}$	$m_z = \pm \frac{1}{n} \sqrt{m_1^2 + m_2^2 + \cdots + m_n^2}$
			$m_z = \frac{m}{\sqrt{n}}$（当 $m_1 = m_2 = \cdots = m_n = m$ 时）
	$z = \frac{1}{2}(x_1 + x_2)$	$\frac{1}{2}$	$m_z = \frac{1}{2}\sqrt{m_1^2 + m_2^2}$
			$m_z = \frac{m}{\sqrt{2}}$（当 $m_1 = m_2 = m$ 时）
倍数函数	$z = Cx$	C	$m_z = Cm$

第五节　算术平均值及其误差

一、算术平均值

设对某量做 n 次等精度的独立观测，观测值为 $l_1, l_2, \cdots, l_n$，则算术平均值为：

$$x = \frac{l_1 + l_2 + \cdots + l_n}{n} = \frac{[l]}{n} \tag{5-20}$$

当观测次数趋于无限时，算术平均值接近于该量的真值。在实际工作中，观测次数是有限的，而算术平均值不是最接近于真值，但比每一个观测值更接近于真值。因此，通常总是把有限次观测值的算术平均值称为该量的最可靠值或最自然值。

二、算术平均值的中误差

根据算术平均值和线性函数，得出算术平均值中误差的计算公式为：

$$M = \pm \sqrt{\frac{1}{n^2}m_1^2 + \frac{1}{n^2}m_2^2 + \cdots + \frac{1}{n^2}m_n^2}$$

$$= \pm \sqrt{\frac{m^2}{n}} = \pm \frac{m}{\sqrt{n}} = \pm \sqrt{\frac{[vv]}{n(n-1)}} \tag{5-21}$$

由式（5-21）可知，算术平均值的精度比观测值的精度提高了$\sqrt{n}$倍。

第六节　加权平均值及中误差

一、加权平均值

非等精度观测时，各观测值的可靠程度不同，采用加权平均的办法，求解观测值的最或然值。设对某一量进行了n次不等精度观测，观测值、中误差及权分别为l_1，l_2，$\cdots$，l_n；m_1，m_2，$\cdots$，m_n；P_1，P_2，$\cdots$，P_n。其加权平均值为：

$$x = \frac{P_1 l_1 + P_2 l_2 + \cdots + P_n l_n}{P_1 + P_2 + \cdots + P_n} = \frac{Pl}{[P]} \tag{5-22}$$

二、加权平均值的中误差

不同精度观测值l_1的加权平均值为

$$x = \frac{[Pl]}{[P]} = \frac{P_1 l_1 + P_2 l_2 + \cdots + P_n l_n}{[P]} \tag{5-23}$$

利用误差传播定律，则：

$$m_x^2 = \left(\frac{P_1}{[P]}\right)^2 m_1^2 + \left(\frac{P_2}{[P]}\right)^2 m_2^2 + \cdots + \left(\frac{P_n}{[P]}\right)^2 m_n^2 \tag{5-24}$$

又因为$m_x^2 = \frac{C}{P_x}$，$m_i^2 = \frac{C}{P_i}$代入式（5-24），化简得：

$$P_x = [P] \tag{5-25}$$

即加权平均值的权等于各观测值权之和。加权平均值中误差为：

$$m_x = \frac{\mu}{\sqrt{[P]}} \tag{5-26}$$

习题与思考

5-1　测量误差的来源是什么？

5-2　测量误差的分类及定义是什么？

5-3　测量误差中偶然误差的特性是什么？

5-4　衡量精度的指标有哪些？

第六章　控制测量

内容提要

掌握：控制网布设的基本原则；导线测量、内业计算和外业计算；前方交会定点计算；三、四等水准测量；高程控制测量。

了解：平面控制网的定位与定向方法。

第一节　控制测量基础

一、平面控制测量

1. 三角测量

三角测量是在地面上选择一系列具有控制作用的控制点，组成互相连接的三角形并扩展成网状，称为三角网，如图 6-1 所示。在控制点上，用精密仪器将三角形的三个内角测定出来，并测定其中一条边长，根据三角形公式解出各点的坐标。用三角测量方法确定的平面控制点，称为三角点。

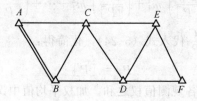

图 6-1　三角网

2. 导线测量

导线测量是在地面上选择一系列控制点，将相邻点连成直线且构成折线形，称为导线网，如图 6-2 所示。在控制点上，用精密仪器依次测定所有折线的边长和转折角，根据解析几何的知识解出各点的坐标。用导线测量方法确定的平面控制点，称为导线点。

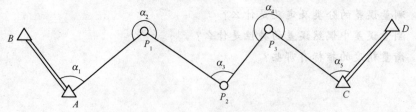

图 6-2　导线网

二、高程控制测量

建立高程控制网的主要方法是水准测量，国家水准测量按照精度分为一、二、三、四等，采用逐级加密的原则。国家一等水准网是国家高程控制网的骨干，国家二等水准网是国家一等水准网的加密，三、四等水准网是国家一等水准网的进一步加密。

三、小区域平面控制测量

为满足小区域测图和施工需要而建立的平面控制网，称为小区域平面控制网。

小区域平面控制网应由高级到低级分级建立。测区范围内建立最高一级的控制网，称为首级控制网；最低一级即直接为测图而建立的控制网，称为图根控制网。首级控制与图根控制的关系，见表6-1。

表 6-1　首级控制与图根控制的关系

测区面积/km²	首级控制	图根控制
1～10	一级小三角或一级导线	两级图根
0.5～2	二级小三角或二级导线	两级图根
0.5 以下	图根三角	—

直接用于测图的控制点，称为图根控制点。图根点的密度取决于地形条件和测图比例尺，见表6-2。

表 6-2　图根点的密度

测图比例尺	1∶500	1∶1000	1∶2000	1∶5000
图根点密度/（个/km²）	150	50	15	5

第二节　导线测量

一、导线布设形式

导线布设形式，见表6-3。

表 6-3　导线布设形式

名　称	内　容	示意图
闭合导线	从一个已知点 B 出发，经过若干个导线点1、2、3、4后，回到原已知点 B 上，形成一个闭合多边形，称为闭合导线	

（续表）

名　称	内　容	示意图
附合导线	从一个已知点 B 和已知方向 BA 出发，经过若干个导线点 1、2、3，最后附合到另一个已知点 C 和已知方向 CD 上，称为附合导线	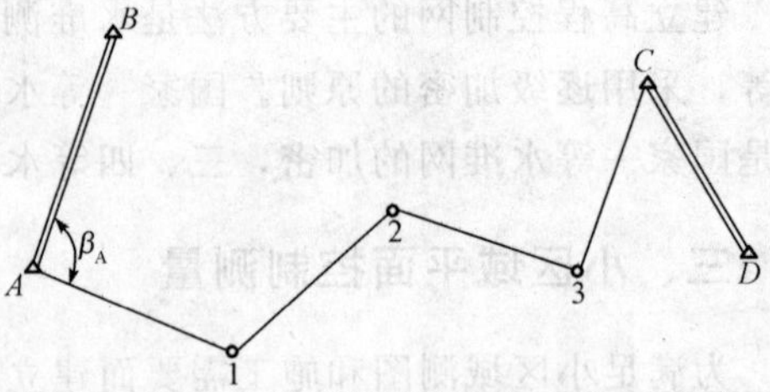
支导线	导线从一个已知点出发，经过 1~2 个导线点，既不回到原已知点上，也不附合到另一已知点上，称为支导线。由于支导线无检核条件，故导线点不宜超过 2 个	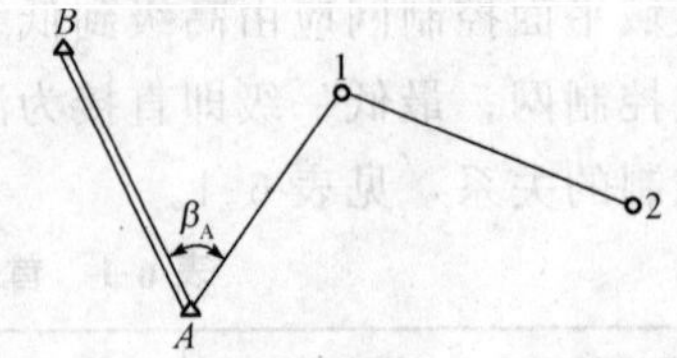
无定向附合导线	由一个已知点 A 出发，经过若干个导线点 1、2、3，最后附合到另一个已知点 B 上，但起始边方位角不知道，且起、终两点 A、B 不通视，只能假设起始边方位角，称为无定向附合导线。适用于狭长地区	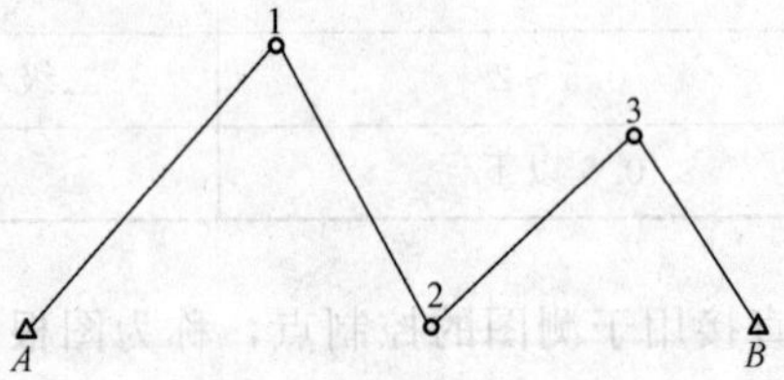

二、导线测量的技术要求

钢尺量距图根导线测量的技术要求，见表 6-4。

表 6-4　钢尺量距图根导线测量的技术要求

比例尺	附合导线长度/m	平均边长/m	导线相对闭合差	测角中误差 /（″）		测回数 DJ₆	方位角闭合差/（″）	
				一般	首级控制		一般	首级控制
1∶500	500	75	≤1/2 000	±30	±20	1	$\pm 60\sqrt{n}$	$\pm 40\sqrt{n}$
1∶1000	1000	120						
1∶2000	2000	200						

第三节　导线测量的外业观测与内业计算

一、导线测量的外业观测

1. 踏勘选点

在测区踏勘选点之前，应先到有关部门收集原有地形图、高一级控制点的坐标和高程，以及已知点的位置详图等相关信息。在原有地形图上拟定导线布设的初步方案，到实地踏勘修改并确定导线点位。选点时应合理确定点位，注意以下几点：

(1) 导线点间应通视良好，地势平坦，便于测角量边。

(2) 导线点应选在土质坚实处，便于保存标志和安置仪器。

(3) 视野开阔，便于扩展加密控制点和施测碎部。

(4) 导线点应有足够的密度，且分布均匀，便于控制整个测区。

(5) 导线边长应大致相等，尽量避免相邻边长相差悬殊，以便能保证和提高测角精度。

2. 边角观测

(1) 测边。导线边长可用电磁波测距仪或全站仪单向施测完成，也可用经过检定的钢尺往返丈量完成。

(2) 测角。导线的转折角有左、右之分，以导线为界，按编号顺序方向前进，在前进方向左侧的角称为左角，在前进方向右侧的角称为右角。对于附合导线，可测左角，也可测右角，但全线要统一。对于闭合导线，可测其内角，也可测其外角，若测其内角并按逆时针方向编号，其内角均为左角，反之为右角。

(3) 定向。为了控制导线的方向，在导线起、止的已知控制点上，必须测定连接角，此项工作称为导线定向，或称导线连接测量。定向的目的是为确定每条导线边的方位角。

3. 埋设标志

导线点位置选定后，若为长期保存的控制点，应埋设如图 6-3 所示的混凝土标志，中心钢筋顶面刻有交叉线，其交点即为永久标志的控制点。若导线点为临时控制点，则只需在点位上打一木桩，桩顶面钉一小铁钉，铁钉的几何中心即为导线点中心标志。

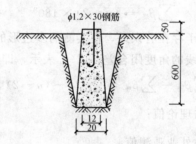

图 6-3 埋设标志示意图（单位：mm）

4. 联测

如图 6-4 所示，导线与高级控制网连接时，需观测连接角 β_A、β_1 和连接边 D_{A1}，用于传递坐标方位角和坐标。若测区及附近无高级控制点，经过主管部门同意后，可用罗盘仪观测导线起始边的方位角，并假定起始点的坐标为起算数据。

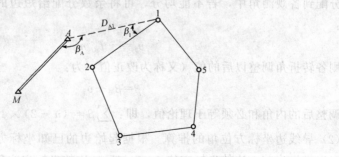

图 6-4 联测示意图

二、导线测量的内业计算

1. 闭合导线的计算

以如图 6-5 所示的闭合导线为例，介绍闭合导线内业计算的步骤，具体运算过程及结果，见表 6-5。

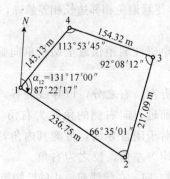

图 6-5　闭合导线草图

计算前，应将导线草图中的点号、角度的观测值、边长的量测值以及起始边的方位角、起始点的坐标等填入"闭合导线坐标计算表"中，见表 6-5 中的第 1 栏、第 2 栏、第 6 栏、第 5 栏的第 1 项、第 13、14 栏的第 1 项所示。按以下步骤进行计算。

（1）角度闭合差的计算与调整。闭合导线是一个 n 边形，其内角和的理论值为：

$$\sum \beta_{理} = (n-2) \times 180° \tag{6-1}$$

在实际观测过程中，由于存在着误差，使实测的多边形的内角和不等于上述的理论值，二者的差值称为闭合导线的角度闭合差，以 f_β 表示，即：

$$f_\beta = \sum \beta_{测} - \sum \beta_{理} = \sum \beta_{测} - (n-2) \times 180° \tag{6-2}$$

式中　$\sum \beta_{理}$ —— 内角和的理论值；

$\sum \beta_{测}$ —— 内角和的外业观测值。

如果观测角度 β 大于容许值，则说明角度闭合差超限，不满足精度要求，应返工重测至满足精度要求；如果观测角度 β 小于等于容许值，则说明所测角度满足精度要求，在此情况下，可将角度闭合差进行调整。因为各角观测均在相同的观测条件下进行，所以可认为各角产生的误差相等。因此，角度闭合差调整的原则是：将 f_β 以相反的符号平均分配到各观测角中，若不能均分，可将余数分配给短边的夹角，即各角度的改正数为：

$$v_\beta = -f_\beta / n \tag{6-3}$$

则各转折角调整以后的值（又称为改正值）为：

$$\beta = \beta_{测} + v_\beta \tag{6-4}$$

调整后的内角和必须等于理论值，即：$\sum \beta = (n-2) \times 180°$。

（2）导线边坐标方位角的推算。根据起始边的已知坐标方位角及调整后的各内角值，可以推导出前一边的坐标方位角 $\alpha_{前}$ 与后一边的坐标方位角 $\alpha_{后}$ 的关系式：

$$\alpha_{\text{前}} = \alpha_{\text{后}} \pm \beta \mp 180° \tag{6-5}$$

在具体推算时要注意以下几点：

① 式（6-5）中的"$\pm \beta \mp 180°$"项，若 β 角为左角，则应取 $+\beta - 180°$；若 β 角为右角，则应取 $-\beta + 180°$。

② 如用公式推导出来的 $\alpha_{\text{前}} < 0°$，则应加上 360°；若 $\alpha_{\text{前}} > 360°$，则应减去 360°，使各导线边的坐标方位角在 0°～360°的取值范围内。

③ 起始边的坐标方位角最后也能推算出来，推算值应与原已知值相等，否则推算过程有误。

（3）坐标增量的计算。一导线边两端点的纵坐标（或横坐标）之差，称为该导线边的纵坐标（或横坐标）增量，以 Δx（或 Δy）表示。

设 i、j 为两相邻的导线点，量两点之间的边长为 D_{ij}，根据观测角调整后的值推出坐标方位角为 α_{ij}，由三角几何关系可计算出 i、j 两点之间的坐标增量（在此称为观测值）$\Delta x_{ij测}$ 和 $\Delta y_{ij测}$ 分别为：

$$\begin{cases} \Delta x_{ij测} = D_{ij} \times \cos\alpha_{ij} \\ \Delta y_{ij测} = D_{ij} \times \sin\alpha_{ij} \end{cases} \tag{6-6}$$

（4）坐标增量闭合差的计算与调整。闭合导线从起始点出发经过若干个导线点以后，回到起始点，其坐标增量之和的理论值为零，如图 6-6（a）所示，即：

$$\begin{cases} \sum \Delta x_{ij理} = 0 \\ \sum \Delta y_{ij理} = 0 \end{cases} \tag{6-7}$$

实际上，从式（6-6）中可以看出，坐标增量由边长 D_{ij} 和坐标方位角 α_{ij} 计算而得，但是边长同样存在误差，从而导致坐标增量带有误差，即坐标增量的实测值之和 $\sum \Delta x_{ij测}$ 和 $\sum \Delta y_{ij测}$ 一般情况下不等于零，称为坐标增量闭合差，以 f_x 和 f_y 表示，如图 6-6（b）所示，即：

$$\begin{cases} f_x = \sum \Delta x_{ij测} \\ f_y = \sum \Delta y_{ij测} \end{cases} \tag{6-8}$$

由于坐标增量闭合差存在，根据计算结果绘制出来的闭合导线图形不能闭合，如图 6-6（b）所示，不闭合的缺口距离，称为导线全长闭合差，通常以 f_D 表示。按几何关系，用坐标增量闭合差可求得导线全长闭合差 f_D，即：

$$f_D = \sqrt{f_x^2 + f_y^2} \tag{6-9}$$

导线全长闭合差 f_D 是随着导线的长度增大而增大，导线测量的精度是用导线全长相对闭合差 K（即导线全长闭合差 f_D 与导线全长 $\sum D$ 之比）来衡量的，即：

$$K = \frac{f_D}{\sum D} = \frac{1}{\sum D / f_D} \tag{6-10}$$

导线全长相对闭合差 K 常用分子是 1 的分数形式表示。

若相对闭合差 K 小于等于容许值，表明测量结果满足精度要求，可将坐标增量闭合差反符号后，按与边长成正比的方法分配到各坐标增量上去，从而得到各纵、横坐标增量的改正值，以 ΔX_{ij} 和 ΔY_{ij} 表示：

$$\begin{cases} \Delta X_{ij} = \Delta x_{ij测} + \upsilon \Delta x_{ij} \\ \Delta Y_{ij} = \Delta y_{ij测} + \upsilon \Delta y_{ij} \end{cases} \tag{6-11}$$

表 6-5 闭合导线坐标计算

点号	转折角观测值 /(°′″)	角度改正数 /(″)	改正后角值 /(°′″)	坐标方位角 /(°′″)	边长 /m	Δx 计算值 /m	Δx 改正数 /cm	Δx 改正后值 /m	Δy 计算值 /m	Δy 改正数 /cm	Δy 改正后值 /m	纵坐标 x/m	横坐标 y/m	点号
1	2	3	4	5	6	7	8	9	10	11	12	13	14	15
1												500.00	500.00	1
1	66 35 01	+11	66 35 12	131 17 00	236.75	−156.20	−3	−156.23	+177.91	−8	+177.83			
2	92 08 12	+11	92 08 23	17 52 12	217.09	+206.62	−3	+206.59	+66.62	−8	+66.54	343.77	677.83	2
3	113 53 45	+11	113 53 56	290 00 35	154.32	+52.80	−2	+52.78	−145.00	−6	−145.06	550.36	744.37	3
4	87 22 17	+12	87 22 29	223 54 31	143.13	−103.12	−2	−103.14	−99.26	−5	−99.31	603.14	599.31	4
1				131 17 00								500.00	500.00	1
2														2
Σ	359 59 15	+45	360 00 00		751.29	+0.10	−10	0.00	+0.27	−27	0.00			

辅助计算

$$f_\beta = \sum\beta_测 - \sum\beta_理 = 359°59'15'' - 360°00'00'' = -45''$$

$$f_{\beta容许} = \pm 60''\sqrt{4} = \pm 120'' \quad (f_\beta < f_{\beta容许})$$

$$f_x = \sum\Delta x = +0.10 \text{ m}$$

$$f_y = \sum\Delta y = +0.27 \text{ m}$$

$$f_D = \sqrt{f_x^2 + f_y^2} = 0.29 \text{ m}$$

$$K = \frac{f_D}{\sum D} = \frac{0.29}{751.29} \approx \frac{1}{2500}$$

$$K_{容许} = \frac{1}{2000} \quad (K < K_{容许})$$

图：闭合导线示意（N，点1、2、3、4），$\alpha_{12}=131°17'00''$，$87°22'17''$，$113°53'45''$，$92°08'12''$，$66°35'01''$，边长 143.13 m、154.32 m、217.09 m、236.75 m。

式中　$v_{\Delta x_{ij}}$、$v_{\Delta y_{ij}}$——分别为纵、横坐标增量的改正数，即：

$$\begin{cases} v_{\Delta x_{ij}} = -\dfrac{f_x}{\sum D}D_{ij} \\[3mm] v_{\Delta y_{ij}} = -\dfrac{f_y}{\sum D}D_{ij} \end{cases} \tag{6-12}$$

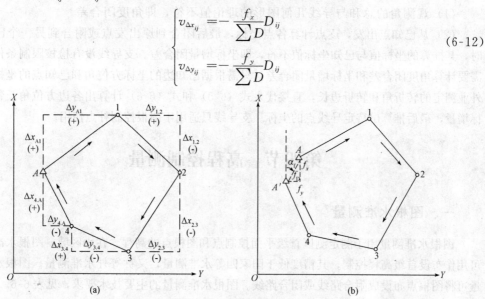

图 6-6　闭合导线坐标增量及闭合差

（5）导线点坐标计算。根据起始点的已知坐标和改正后的坐标增量 ΔX_{ij} 和 ΔY_{ij}，可按下列公式依次计算各导线点的坐标：

$$\begin{cases} x_j = x_i + \Delta X_{ij} \\ y_j = y_i + \Delta Y_{ij} \end{cases} \tag{6-13}$$

2．附合导线的计算

（1）角度闭合差的计算。附合导线首尾有 2 条已知坐标方位角的边，如表 6-3 中的附合导线示意图的 BA 边和 CD 边，称为始边和终边。由于已测得导线各个转折角的大小，所以，可以根据起始边的坐标方位角及测得的导线各转折角，推算出终边的坐标方位角。这样导线终边的坐标方位角有一个原已知值 $\alpha_{终}$。还有一个由始边坐标方位角和测得的各转折角推算值 $\alpha'_{终}$。由于测角存在误差，导致两个数值的不相等，两值之差即为附合导线的角度闭合差 f_β，即：

$$f_\beta = \alpha'_{终} - \alpha_{终} = \alpha_{始} - \alpha_{终} \pm \sum\beta \mp n \times 180° \tag{6-14}$$

（2）坐标增量闭合差的计算。附合导线的首尾各有一个已知坐标值的点，如表 6-3 中的附合导线示意图的 A 点和 C 点，称之为始点和终点。附合导线的纵、横坐标增量的代数和，在理论上应等于终点与终点的纵、横坐标差值，即：

$$\begin{cases} \sum\Delta x_{ij理} = x_{终} - x_{始} \\ \sum\Delta y_{ij理} = y_{终} - y_{始} \end{cases} \tag{6-15}$$

由于量边和测角有误差，根据观测值推算出来的纵、横坐标增量之代数和 $\sum\Delta x_{ij测}$ 和 $\sum\Delta y_{ij测}$，与理论值通常是不相等的，二者之差即为纵、横坐标增量闭合差：

$$\begin{cases} f_x = \sum\Delta x_{ij测} - (x_{终} - x_{始}) \\ f_y = \sum\Delta y_{ij测} - (y_{终} - y_{始}) \end{cases} \tag{6-16}$$

3．支导线计算

（1）观测角的总和与导线几何图形的理论值不符，即角度闭合差。

（2）从已知点出发，逐点计算各点坐标，最后闭合到原出发点或附合到另一个已知点时，其推算的坐标值与已知坐标值不符，即坐标增量闭合差。支导线没有检核限制条件，不需要计算角度闭合差和坐标增量闭合差，只需根据已知边的坐标方位角和已知点的坐标，把外业测定的转折角和转折边长，直接代入式（6-5）和式（6-6）计算出各边方位角及各边坐标增量，最后推算出待定导线点的坐标。支导线只适用于图根控制补点使用。

第四节　高程控制测量

一、图根水准测量

图根水准测量用于测定测区首级平面控制点和图根点的高程。在小区域，图根水准测量可用作布设首级高程控制，其精度低于国家四等水准测量，又称等外水准测量。图根水准测量可将图根点布设成附合路线或闭合路线。图根水准测量的主要技术要求，见表6-6。

表 6-6　图根水准测量主要技术要求

仪器类型	1 km 高差中误差/mm	附合路线长度/km	视线长度/m	观测次数		往返较差附合或环线闭合差/mm	
				与已知点连测	附合或闭合路线	平地	山地
DS10	20	≤5	≤100	往返各一次	往返一次	$40\sqrt{L}$	$12\sqrt{n}$

注：L——往返测段、附合或环线的水准路线的长度（km）。

n——测站数。

二、三角高程测量

1．测量原理

三角高程测量，是根据两点间的水平距离和竖直角计算两点的高差，计算得出所求点的高程。

如图 6-7 所示，在 M 点安置仪器，用望远镜中丝瞄准 N 点觇标的顶点，测得竖直角 α，并量取仪器高 i 和觇标高 v，若测出 M、N 两点间的水平距离 D，则可求得 M、N 两点间的高差，即：

$$h_{MN} = D\tan\alpha + i - v \tag{6-17}$$

N 点高程为：

$$H_N = H_M + D\tan\alpha + i - v \tag{6-18}$$

三角高程测量一般应采用对向观测法，如图 6-7 所示，即由 M 向 N 观测称为直觇，再由 N 向 M 观测称为反觇，直觇和反觇称为对向观测。采用对向观测的方法可以减弱地球曲率和大气折光的影响。对向观测所求得的高差较差不应大于 $0.1D$（D 为水平距离，以 km 为单位，结果以 m 为单位）。取对向观测的高差中数为最后结果，即：

$$h_{中} = 1/2(h_{MN} - h_{NM}) \tag{6-19}$$

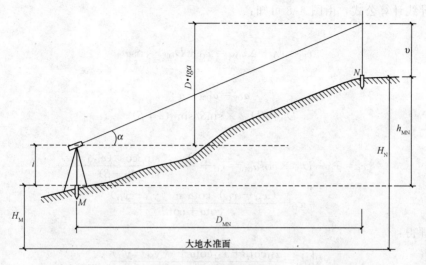

图 6-7　三角高程测量原理

式（6-18）适用于 M、N 两点距离较近（小于 300 m）的三角高程测量，此时水准面可看成平面，视线视为直线。当距离超过 300 m 时，应考虑地球曲率及观测视线受大气折光的影响。

2. 观测与计算

（1）安置仪器于测站上，量出仪器高 i；觇标立于测点上，量出觇标高 v。

（2）用经纬仪或测距仪采用测回法观测竖直角 α，为了减少折光的影响，目标高不应小于 1 m，仪器高和目标高用钢尺测量。取其平均值为最后观测结果。

（3）采用对向观测，其方法同前两步。

（4）用式（6-16）和式（6-17）计算高差和高程。

第五节　交会法测量

一、前方交会

如图 6-8 所示为前方交会基本图形。已知 O 点坐标为 x_A、y_A，M 点坐标为 x_B、y_B，在 O、M 两点上设站，观测出 α、β，通过三角形的余切公式求出加密点 P 的坐标，这种方法称为测角前方交会法，简称前方交会。

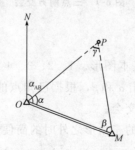

图 6-8　前方交会法基本图形

按导线计算公式，由图 6-8 可知：

因：

$$x_P = x_O + \Delta x_{OM} = x_O + D_{OP} \times \cos\alpha_{OP} \tag{6-20}$$

而：

$$\alpha_{OP} = \alpha_{OM} - \alpha$$

$$D_{OP} = D_{OM} \times \sin\beta / \sin(\alpha + \beta) \tag{6-21}$$

则：

$$x_P = x_O + D_{OP} \times \cos\alpha_{OP} = x_O + \frac{D_{OM} \times \sin\beta \cos(\alpha_{OM} - \alpha)}{\sin(\alpha + \beta)}$$

$$= x_O + \frac{(x_M - x_O)\cot\alpha + (y_M - y_O)}{\cot\alpha + \cot\beta} \tag{6-22}$$

同理得：

$$\begin{cases} x_P = \dfrac{x_O \cot\beta + x_M \cot\alpha + (y_M - y_O)}{\cot\alpha + \cot\beta} \\[2mm] y_P = \dfrac{y_O \cot\beta + y_M \cot\alpha + (x_O - x_M)}{\cot\alpha + \cot\beta} \end{cases} \tag{6-23}$$

在实际工作中，为校核和提高 P 点坐标的精度，常采用三个已知点的前方交会图形，如图 6-9 所示。在三个已知点 1、2、3 上设站，测定 α_1、β_1 和 α_2、β_2，构成两组前方交会，按式（6-19）分别解出两组 P 点坐标。由于测角有误差，所以解算得两组 P 点坐标不可能相等。如果两组坐标较差不大于两倍比例尺精度时，取两组坐标的平均值作为 P 点最后的坐标，即：

$$f_D = \sqrt{\delta_x^2 + \delta_y^2} \leqslant f_容 = 2 \times 0.1M \text{ （mm）} \tag{6-24}$$

式中　δ_x、δ_y——两组 x_P、y_P 坐标值差；

　　　M——测图比例尺分母。

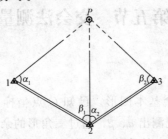

图 6-9　三点前方交会

二、后方交会

如图 6-10 所示为后方交会基本图形。1、2、3、4 为已知点，在待定点 P 上设站，分别观测已知点 1、2、3，观测出 α 和 β，根据已知点的坐标计算 P 点的坐标，这种方法称为测角后方交会，简称后方交会。

P 点位于 1、2、3 三点组成的三角形之外时的简便计算方法，可用下列公式求得：

$$a = (x_1 - x_2) + (y_1 - y_2)\cot\alpha$$

$$b = (y_1 - y_2) - (x_1 - x_2)\cot\alpha$$

$$c = (x_3 - x_2) - (y_3 - y_2) \cot\beta$$
$$d = (y_3 - y_2) + (x_3 - x_2) \cot\beta$$
$$k = \tan\alpha_{3P} = \frac{c-a}{b-d}$$
$$\begin{cases} \Delta x_{3P} = \dfrac{a + b \cdot k}{1 + k^2} \\ \Delta y_{3P} = k \cdot \Delta x_{3P} \end{cases}$$
$$\begin{cases} x_P = x_3 + \Delta x_{3P} \\ y_P = y_3 + \Delta y_{3P} \end{cases} \tag{6-25}$$

为了保证 P 点坐标的精度，后方交会还应该用第四个已知点进行检核。在 P 点观测1、2、3点的同时，还应观测4点，测定检核 $\varepsilon_{测}$，计算出 P 点坐标后，可求出 α_{3P} 与 α_{P4}，由此得 $\varepsilon_{测} = \alpha_{P4} - \alpha_{3P}$。若角度观测和计算无误时，则 $\varepsilon_{测} = \varepsilon_{计}$。

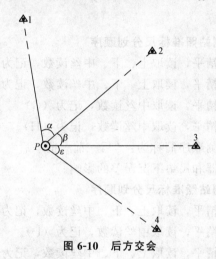

图 6-10　后方交会

第六节　三、四等水准测量

一、主要技术参数

（1）三、四等水准测量及等外水准测量的精度要求，见表 6-7。

表 6-7　水准测量的主要技术要求

等级	路线长度 /km	水准仪	水准尺	观测次数		往返较差、闭合差	
				与已知点联测	附合或环线	平地/mm	山地/mm
三等	≤45	DS1	因瓦	往返各一次	往一次	$\pm 12\sqrt{L}$	$\pm 4\sqrt{L}$
		DS2	双面		往返各一次		
四等	≤16	DS3	双面	往返各一次	往一次	$\pm 20\sqrt{L}$	$\pm 6\sqrt{n}$
等外	≤5	DS3	单面	往返各一次	往一次	$\pm 40\sqrt{L}$	$\pm 12\sqrt{n}$

注：L 为路线长度（km）；n 为测站数。

（2）三、四等水准测量一般采用双面尺法观测，其在一个测站上的技术要求，见表 6-8。

表 6-8　水准观测的主要技术要求

等级	水准仪的型号	视线长度/m	前后视较差/m	前后视累积差/m	视线离地面最低高度/m	黑红面读数较差/mm	黑红面高差较差/mm
三等	DS1	100	3	6	0.3	1.0	1.5
	DS3	75				2.0	3.0
四等	DS3	100	5	10	0.2	3.0	5.0
等外	DS3	100	大致相等	—	—	—	—

二、观测程序

1. 三等水准测量每测站照准标尺分划顺序

（1）后视标尺黑面，精平，读取上、下、中丝读数，记为（A）、（B）、（C）。

（2）前视标尺黑面，精平，读取上、下、中丝读数，记为（D）、（E）、（F）。

（3）前视标尺红面，精平，读取中丝读数，记为（G）。

（4）后视标尺红面，精平，读取中丝读数，记为（H）。

三等水准测量测站观测顺序简称为："后—前—前—后"（或"黑—黑—红—红"），其优点是可消除或减弱仪器和尺垫下沉误差的影响。

2. 四等水准测量每测站照准标尺分划顺序

（1）后视标尺黑面，精平，读取上、下、中丝读数，记为（A）、（B）、（C）。

（2）后视标尺红面，精平，读取中丝读数，记为（D）。

（3）前视标尺黑面，精平，读取上、下、中丝读数，记为（E）、（F）、（G）。

（4）前视标尺红面，精平，读取中丝读数，记为（H）。

四等水准测量测站观测顺序简称为："后—后—前—前"（或"黑—红—黑—红"）。

三、测站计算与校核

1. 视距计算

后视距离：　　　　（I）＝［（A）－（B）］×100

前视距离：　　　　（J）＝［（D）－（E）］×100

前、后视距差：　　（K）＝（I）－（J）

前、后视距累积差：　本站（L）＝本站（K）＋上站（L）

2. 同一水准尺黑、红面中丝读数校核

前尺：　　　　（M）＝（F）＋K_1－（G）

后尺：　　　　（N）＝（C）＋K_2－（H）

3. 高差计算及校核

黑面高差：　　　（O）＝（C）－（F）

红面高差：　　　（P）＝（H）－（G）

校核计算：红、黑面高差之差：(Q)＝(O)－[(P)±0.100] ［或(Q)＝(N)－(M)]

高差中数： (R)＝[(O)＋(P)±0.100]/2

在测站上，当后尺红面起点为 4.687 m，前尺红面起点为 4.787 m 时，取＋0.1000；反之，取－0.1000。

4. 每页计算校核

(1) 高差部分。每页后视红、黑面读数总和与前视红、黑面读数总和之差，应等于红、黑面高差之和，且应为该页平均高差总和的两倍，即：

测站数为偶数的页：$\sum[(C)+(H)]-\sum[(F)+(G)]=\sum[(O)+(P)]=2\sum(R)$

测站数为奇数的页：$\sum[(C)+(H)]-\sum[(F)+(G)]=\sum[(O)+(P)]=2\sum(R)\pm0.100$

(2) 视距部分。末站视距累积差值：末站(L)＝$\sum(I)-\sum(J)$；总视距＝$\sum(I)+\sum(J)$

四、成果计算与校核

在每个测站计算无误后，且各项数值都在相应的限差范围之内时，根据每个测站的平均高差，利用已知点的高程，计算出各水准点的高程。三、四等水准测量的测站计算与校核包括视距计算、尺常数 K 检核、高差计算与检核、每页水准测量记录计算检核四个部分。

习题与思考

6-1 平面控制测量的分类及导线的布设形式是什么？

6-2 导线测量的外业观测中边角观测分为哪几步？

6-3 三角高程测量的测量原理是什么？

6-4 三、四等水准测量中三等水准测量每测站照准标尺分划顺序是什么？

第七章 全站仪及GPS应用

内容提要

掌握：全站仪的使用；GPS及GPS定位的原理。

了解：全站仪的基本构造和工作原理；GPS测量方法。

第一节 全站仪的使用

一、全站仪的应用范围

全站型电子速测仪（简称全站仪）是指在测站上一经观测，必需的观测数据如斜距、天顶距（竖直角）、水平角等均能自动显示，而且几乎是在同一瞬间内得到平距、高差和点的坐标的测量仪器。如通过传输接口把全站仪野外采集的数据终端与计算机、绘图机连接起来，配以数据处理软件和绘图软件，即可实现测图的自动化。

全站仪的应用可归纳为四个方面：一是在地形测量中，可将控制测量和碎步测量同时进行；二是可用于施工放样测量，将设计好的管线、道路、工程建设中的建（构）筑物等的位置按图纸设计数据测设到地面上；三是可用全站仪进行导线测量、前方交会、后方交会等，不但操作简便且速度快、精度高；四是通过数据输入/输出接口设备，将全站仪与计算机、绘图仪连接在一起，形成一套完整的测绘系统，从而可提高测绘工作的质量和效率。

二、全站仪的构造

（1）键盘分为两部分，一部分为操作键，在显示屏的右上方，共有6个键；另一部分为功能键（软键），在显示屏的下方，共有4个键。

（2）操作键功能简述，见表7-1。

表 7-1 操作键

按　　键	名　　称	功　　能
⌐	坐标测量键	坐标测量模式
◢	距离测量键	距离测量模式
ANG	角度测量键	角度测量模式
MENU	菜单键	在菜单模式和正常测量模式之间切换，在菜单模式下设置应用测量与照明调节方式

（续表）

按　键	名　称	功　能
ESC	退出键	① 返回测量模式或上一层模式 ② 从正常测量模式直接进入数据采集模式或放样模式
POWER	电源键	电源接通/切断　ON/OFF
F1～F4	软键（功能键）	相当于显示的软键信息

GTS-310 型全站仪的外形和结构，如图 7-1 所示，其结构与经纬仪相似。

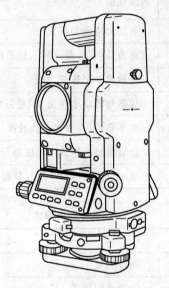

图 7-1　GTS-310 型全站仪

（3）全站仪功能键（软键）信息显示在显示屏的底行，软件功能相当于显示的信息，如图 7-2 所示。

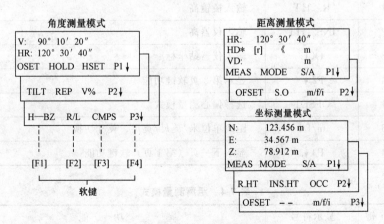

图 7-2　全站仪功能键

（4）全站仪角度测量模式、坐标测量模式、距离测量模式的功能简述分别见表 7-2～表 7-4。

表 7-2　角度测量模式

页数	软键	显示符号	功能
1	F1	OSET	水平角置为 0°00′00″
	F2	HOLD	水平角读数锁定
	F3	HSET	用数字输入设置水平角
	F4	P1↓	显示第 2 页软键功能
2	F1	TLLT	设置倾斜改正开或关（ON/OFF）（若选择 ON，则显示倾斜改正值）
	F2	REP	重复角度测量模式
	F3	V%	垂直角/百分数（%）显示模式
	F4	P2↓	显示第 3 页软键功能
3	F1	H−BZ	仪器每转动水平角 90°是否要发生蜂鸣声的设置
	F2	R/L	水平角右/左方向计数转换
	F3	CMPS	垂直角显示格式（高度角/天顶距）的切换
	F4	P3↓	显示下一页（第 1 页）软键功能

表 7-3　坐标测量模式

页数	软键	显示符号	功能
1	F1	MEAS	进行测量
	F2	MODE	设置测距模式，Fine/Coares/Tracking（精测/粗测/跟踪）
	F3	S/A	设置音响模式
	F4	P1↓	显示第 2 页软键功能
2	F1	R. HT	输入棱镜高
	F2	INS. HT	输入仪器高
	F3	OCC	输入仪器站坐标
	F4	P2↓	显示第 3 页软键功能
3	F1	OFSET	选择偏心测量模式
	F3	m/f/i	距离单位米/英尺/英尺、英寸切换
	F4	P3↓	显示下一页（第 1 页）软键功能

表 7-4　距离测量模式

页数	软键	显示符号	功能
1	F1	MEAS	进行测量
	F2	MODE	设置测距模式，Fine/Coarsc/Tracking（精测/粗测/跟踪）

（续表）

页数	软 键	显示符号	功 能
1	F3	S/A	设置音响模式
	F4	P1↓	显示第 2 页软键功能
2	F1	OFSET	选择偏心测量模式
	F2	S. O	选择放样测量模式
	F3	m/f/i	距离单位米/英尺/英尺、英寸切换
	F4	P2↓	显示下一页（第 1 页）软键功能

三、全站仪使用注意事项

1. 一般操作注意事项

（1）使用前应组合仪器，仔细阅读使用说明书；熟悉仪器各项功能和操作方法。

（2）望远镜的物镜不可正对太阳，避免损坏测距部的发光二极管。

（3）阳光下作业时，必须打伞，防止阳光直射仪器。

（4）迁站时，应取下仪器，装箱后方可移动。

（5）仪器安置在三脚架上前，应旋紧三脚架的三个伸缩螺旋。仪器安置在三脚架上时，应旋紧中心连接螺旋。

（6）运输过程中必须注意防振。

（7）仪器和棱镜在温度的骤变中会降低测程，影响测量精度。应使仪器和棱镜逐渐适应周围温度后方可使用。

（8）作业前应检查电压是否满足工作要求。

（9）在需要进行高精度观测时，应采取遮阳措施，防止阳光直射仪器和三脚架，影响测量精度。

（10）三脚架伸开使用时，应检查其各部件，包括各种螺旋应活动自如。

2. 仪器的维护

（1）每次作业后，应用毛刷扫去灰尘，用软布轻擦。镜头不能用手擦，可先用毛刷扫去浮土，再用镜头纸擦净。

（2）无论仪器出现任何异常情况，切不可拆卸仪器，添加润滑剂，应与厂家或维修部门联系。仪器应存放在清洁、干燥、通风、安全的房间内，并有专人保管。

（3）电池充电时间不能超过规定的充电时间。仪器长时间不用，每个月应充电一次。仪器存放温度应保持在 $-30 \sim +60$℃以内。

第二节　GPS 定位系统的应用

一、GPS 概述

GPS 定位技术的发展、完善和应用，是大地测量发展史上的重要标志，是对传统测量技术的巨大冲击，更是一种机遇。一方面使传统的测量理论和方法产生了深刻的变革；另一方面加强了测绘科学与其他学科之间的相互交流，促进了测绘科学技术的发展。与传统的测量技术相比，GPS 定位技术有以下特点，见表 7-5。

表 7-5　GPS 定位技术特点

特　　点	内　　容
观测站之间 无需通视	传统测量要求测站点之间既要保持良好的通视条件，又要保证三角网的良好结构。GPS 定位无需观测站之间相互通视，可减少测量工作的经费和时间，同时也使点位的选择变得灵活。GPS 测量虽不要求观测站之间相互通视，但应保持观测站的上空开阔，以便接收的 GPS 卫星信号，提高 GPS 定位精度
定位精度高	随着观测技术与数据处理方法的改善，其相对定位精度达到或优于 $10^{-6} \sim 10^{-9}$
操作简便	GPS 测量的自动化程度很高，在观测中测量人员的主要任务只是安装并开关仪器、量取仪器高和监视仪器的工作状态及采集环境的气象数据，而其他观测工作，如卫星的捕获、跟踪观测等均由仪器自动完成。GPS 用户接收机质量较轻、体积较小，携带和搬运都很方便
全天候作业	GPS 观测工作可在任何地点、时间连续地进行工作，不受天气情况的影响
观测时间短	利用传统静态定位方法，完成一条基线的相对定位所需要的观测时间，根据要求的精度不同，一般约为 $1 \sim 3$ h。快速相对定位法，其观测时间仅需几分钟至十几分钟

二、GPS 全球定位系统的组成

1. 空间星座

1）GPS 卫星星座的构成与现状

全球定位系统的空间卫星星座是由 24 颗卫星及 3 颗备用卫星组成。工作卫星均匀分布在倾角为 55°的 6 个轨道面内，每个轨道面上有 4 颗卫星。轨道升交点的角距相差 60°。轨道平均高度约为 20 200 km，卫星运行周期为 11 小时 58 分。因此同一观测站上每天出现的卫星分布图形相同，每天提前约为 4 min。每颗卫星每天约有 5 h 在地平线以上，位于地平线以上的卫星数量随时间和地点而各异，观测卫星数为 4～12 颗。

GPS 卫星的上述分布，使得在个别地区可能在数分钟内只能观测到 4 颗图形结构较差的卫星，无法达到理想的定位精度。

2）GPS 卫星主体及其功能

GPS 卫星的主体呈圆柱形，直径约为 1.5 m，质量约为 1500 kg，两侧设有两块双叶太阳能板，可自动对日定向，保证卫星正常工作用电。每颗卫星装有 4 台高精度原子钟，发射标准频率，为 GPS 测量提供高精度且稳定的时间基准。

GPS 卫星的基本功能有：

（1）接收和储存由地面监控站发来的导航信息，执行监控站的控制指令。

(2) 完成必要的数据处理工作。

(3) 通过星载的高精度铷钟和铯钟提供精密的时间标准。

(4) 向用户发送导航和定位数据。

(5) 在地面监控站的控制下，通过推进器以调整卫星的姿态和启用备用卫星。

2. 地面监控

GPS 的地面监控部分，见表 7-6。

表 7-6 GPS 的地面监控部分

项 目	内 容
主控站	主控站是卫星操控中心。主控站自身也是监控站，可诊断卫星的工作状态。其主要任务是收集各监控站所有跟踪观测资料，计算各卫星的星历、卫星钟差和大气层的修正参数等，并把这些数据传送到注入站
监测站	现有 5 个地面监测站。监测站是在主控站直接控制下的数据自动采集中心。站内设有双频 GPS 接收机、高精度铯原子钟、计算机和环境传感器。接收机对 GPS 卫星进行连续观测，采集数据和监测卫星的工作状况。原子钟提供时间标准，环境传感器收集有关的气象数据。所有观测资料由计算机进行初步处理和储存并传送到主控站
注入站	现有 3 个注入站。注入站的主要设备包括直径为 3.6 m 的天线、1 台 C 波段发射机和 1 台计算机。其主要任务是在主控站的控制下，将主控站计算得到的卫星星历、卫星钟差、导航电文和其他控制指令等注入相应卫星的存储器中，并监测注入信息的准确性

3. 用户设备

全球定位系统的空间和地面监控部分，是用户广泛应用该系统进行导航和定位的基础。用户需有接收设备，方可实现应用 GPS 进行导航和定位。

GPS 用户设备部分主要包括 GPS 接收机及天线、微处理器及其终端设备和电源等。其中核心部分是接收机和天线；习惯上统称为 GPS 接收机。

用户设备的主要任务是接收 GPS 卫星发射的信号，获得必要的导航和定位信息及观测数据，并经一定的数据处理而完成导航和定位工作。GPS 卫星发射两种频率的载波信号，即频率为 1575.42 MHz 的 L1 载波和频率为 1227.60 MHz 的 L2 载波。在 L1 和 L2 上调制着多种信号，如调制在 L1 载波上的 C/A 码，又称粗码，调制在 L1 和 L2 载波上的 P 码，又称精码。C/A 码是普通用户用以测定测站到卫星的距离的主要信号之一。

三、GPS 坐标系统及时间系统

GPS 时间（GPST）是 GPS 测量系统的专用时间系统，由 GPS 主控站的原子钟控制。其时间尺度与原子钟相同，但原点不同，比国际原子时（TAI）早 19 s，即：

$$GPST = TAI - 19 \text{ s} \tag{7-1}$$

此外，为了保证 GPS 时间的有效性，采取了与协调时一样的闰秒法，规定 1980 年 1 月 6 日 0 时与世界协调时一致。此后，随着时间积累，两者差别表现为秒的整数倍。

$$GPST = UTC + 1\ s \times n - 19\ s \tag{7-2}$$

式中 n——闰秒数。

GPS 使用的坐标系统是地心坐标系统，称为 WGS-84 世界大地坐标系。WGS-84 世界大地坐标系的几何定义是：原点是地球质心，Z 轴指向 BIH1984.0 定义的协议地球极（CTP）方向，X 轴指向 BIH1984.0 的零子午面和 CTP 赤道的交点，Y 轴与 Z 轴、X 轴构成右手坐标系。

地面上任一点可以用三维直角坐标（X、Y、Z）表示，也可以用大地坐标（B、L、h）表示。两坐标系之间可相互转换。已知某点大地纬度 B、大地经度 L 和大地高 h 时，可用下式计算其三维直角坐标：

$$X = (N+h)\cos B\cos L$$
$$Y = (N+h)\cos B\sin L$$
$$Z = [N(1-e^2)+h]\sin B \tag{7-3}$$

式中 $N = \dfrac{a}{\sqrt{1-e^2\sin^2 B}}$，$a$、$e^2$ 为椭球元素。对于 WGS-84 椭球，长半轴 $a = $ 6 378 137.0 m，第一偏心率平方 $e^2 = 0.006\ 694\ 379\ 99$。这个关系式的逆运算为：

$$\begin{cases} \tan B = \dfrac{Z+Ne^2\sin B}{\sqrt{X^2+Y^2}} \\[3mm] \tan L = \dfrac{Y}{X} \\[3mm] h = \sqrt{\dfrac{X^2+Y^2}{\cos B}} - N \end{cases} \tag{7-4}$$

式中 a，e^2 与式（7-3）相同。

由式（7-4）可知，大地纬度 B 是其自身的函数，因而需用迭代解算。

四、GPS 测量基本原理

1. GPS 定位的基本原理

若 GPS 接收机连续观测出卫星信号到达接收机的时间 Δt，即卫星与接收机之间的距离 ρ 为：

$$\rho = c \times \Delta t + \sum \delta_i \tag{7-5}$$

式中 c——信号传播速度；

$\sum \delta_i$——相关的改正数之和，如电离层改正数等。

GPS 定位就是空间距离后方交会，定位过程如图 7-3 所示。

A、B、C 为已知瞬时的卫星位置，接收机的位置坐标（x、y、z）可由下式计算：

$$\rho_A^2 = (x-x_A)^2 + (y-y_A)^2 + (z-z_A)^2$$
$$\rho_B^2 = (x-x_B)^2 + (y-y_B)^2 + (z-z_B)^2$$
$$\rho_C^2 = (x-x_C)^2 + (y-y_C)^2 + (z-z_C)^2 \tag{7-6}$$

式中 x_A、y_A、z_A——A 点的空间直角坐标；

x_B、y_B、z_B——B 点的空间直角坐标；

x_C、y_C、z_C——C 点的空间直角坐标。

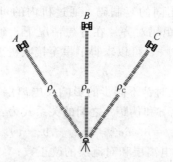

图 7-3　GPS 定位的基本原理

2. 载波相位测量

载波相位测量的观测量是 GPS 接收机所接收的卫星载波信号与接收机参考信号的相位差。以 $\varphi_k^j(t_k)$ 表示 k 接收机在接收机钟时刻 t_k 时所接收到的 j 卫星载波信号的相位值，$\varphi_k(t_k)$ 表示接收机在钟时刻所产生的本地参考信号的相位值，则 k 接收机在接收机钟时刻 t_k 时观测 j 卫星所取得的相位观测量为：

$$\Phi_k^j(t_k)=\varphi_k^j(t_k)-\varphi_k(t_k) \tag{7-7}$$

接收机与观测卫星的距离为：

$$\rho=\Phi_k^j(t_k)\times\lambda \tag{7-8}$$

式中　λ——波长，通常的相位或相位差测量只是测出一周以内的相位值。实际测量中，如果对整周进行计数，则自某一初始取样时刻 t_0 后，就可以取得连续的相位测量值。

如图 7-4 所示，在初始 t_0 时刻，测得小于一周的相位差为 $\Delta\varphi_0$，其整周数为 N_0^j，此时包含整周数的相位观测值应为：

$$\Phi_k^j(t_0)=\Delta\varphi_0+N_0^j=\varphi_k^j(t_0)-\varphi_k(t_0)+N_0^j \tag{7-9}$$

接收机继续跟踪卫星信号，不断测得小于一周的相位差 $\Delta\varphi_0(t)$，并利用整波计数器记录从 t_0 到 t_i，时间内的整周数变化量 $\mathrm{Int}(\varphi)$，只要卫星从 t_0 到 t_i，之间信号没有中断，则初始时刻整周模糊度 N_0^j 为一常数。因此任一时刻 t_i 卫星到 k 接收机的相位差为：

$$\Phi_k^j=\varphi_k^j(t_i)-\varphi_k(t_i)+N_0^j+\mathrm{Int}(\varphi) \tag{7-10}$$

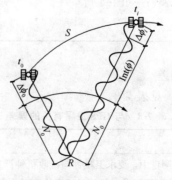

图 7-4　载波相位测量原理

3. 伪距法绝对定位原理

GPS 卫星根据自己的星载时钟发出含有测距码的调制信号，经过 Δt 时间的传播后到达接收机，此时接收机的伪随机噪声码发生器在接收机时钟的控制下，又产生一个与卫星发射的测距码结构完全相同的复制码。通过机内的可调延时器将复制码延迟时间 τ，使得复制码与接收到的测距码对齐。在理想情况下，延时 τ 等于卫星信号的传播时间 Δt，将传播速度 c 乘以延时 τ，可以求得卫星至接收机天线相位中心的距离 $\bar{\rho}$：

$$\bar{\rho} = c \times \tau \tag{7-11}$$

考虑到卫星时钟和接收机时钟不同步的影响及电离层和对流层对传播速度的影响，所以将 $\bar{\rho}$ 称作伪距。真正距离 ρ 和伪距 $\bar{\rho}$ 之间的关系式为：

$$\rho = \bar{\rho} + \delta\rho_{ion} + \delta\rho_{trop} - cv_{ta} + cv_{tb} \tag{7-12}$$

式中　$\delta\rho_{ion}$、$\delta\rho_{trop}$——分别为电离层和对流层的改正数；

　　　　v_{ta}、v_{tb}——分别为卫星时钟的钟差改正和接收机的钟差改正。

4. 相对定位原理

相对定位是用两台接收机天线分别安置在基线两端，同步观测 GPS 卫星信号，确定基线端点的相对位置或坐标差。若已知其中一点坐标，则可求得另一点坐标。同理，多台接收机安置在多条基线上同步接收卫星信号，可以确定多条基线向量。

在两个观测站或多个观测站同步观测相同卫星的情况下，卫星的轨道误差、卫星钟差、接收机钟差以及电离层和对流层的折射误差等观测量的影响具有一定的相关性。利用这些观测量的不同组合（求差）进行相对定位，可有效消除或减弱相关误差的影响，提高相对定位的精度。

假设安置在基线端点的接收机 T_i（$i=1,2$），对 GPS 卫星 s^j 和 s^k，对历元 t_1 和 t_2 进行了同步观测，则可得以下独立的载波相位观测量：$\varphi_1^j(t_1)$，$\varphi_1^j(t_2)$，$\varphi_1^k(t_1)$，$\varphi_1^k(t_2)$，$\varphi_2^j(t_1)$，$\varphi_2^j(t_2)$，$\varphi_2^k(t_1)$，$\varphi_2^k(t_2)$。在静态相对定位中，静态相对组合定位的组合形式，见表 7-7。

表 7-7　静态相对组合定位的组合形式

项　　目	内　　容	表达式
单差	即不同观测站同步观测相同卫星所得观测量之差	$\nabla\varphi^j(t) = \varphi_2^j(t) - \varphi_1^j(t)$
双差	即不同观测站同步观测同一组卫星所得观测量的单差之差	$\nabla\Delta\varphi^k(t) = \Delta\varphi^k(t) - \Delta\varphi^j(t)$ $= [\varphi_2^k(t) - \varphi_1^k(t) - \varphi_2^j(t) - \varphi_1^j(t)]$
三差	即不同历元同步观测同一组卫星所得观测量的双差之差	$\delta\nabla\Delta\varphi^k(t) = \nabla\Delta\varphi^k(t_2) - \nabla\Delta\varphi^k(t_1)$ $= [\varphi_2^k(t_2) - \varphi_1^k(t_2) - \varphi_2^j(t_2) - \varphi_1^j(t_2)]$ $- [\varphi_2^k(t_1) - \varphi_1^k(t_1) - \varphi_2^j(t_1) - \varphi_1^j(t_1)]$

5. GPS 测量的误差来源

1）与 GPS 卫星有关的误差

与 GPS 卫星有关的误差，见表 7-8。

表 7-8　与 GPS 卫星有关的误差

项　　目	内　　容
卫星钟差	在 GPS 测量中，要求卫星钟与接收机钟严格保持同步。实际上，GPS 卫星均设有高精度的原子钟，但其与理想的 GPS 时间仍存在一定的偏差和漂移。 对于卫星钟的这种偏差，一般可通过对卫星钟运行状态的连续监测精确地确定，并用钟差模型改正。卫星钟差或经改正后的残差，在相对定位中可通过观测量求差的方法消除

（续表）

项　　目	内　　容
卫星星历误差	卫星的星历误差是当前利用 GPS 定位的重要误差来源之一。在相对定位中，随着基线长度的增加，卫星星历误差将成为影响定位精度的主要因素。 　　在 GPS 测量精密定位中，可采用精密星历的方法来消除这种误差对定位结果的影响

2）卫星信号的传播误差

与卫星信号传播有关的误差，见表 7-9。

表 7-9　与卫星信号传播有关的误差

项　　目	内　　容
电离层折射的影响	GPS 卫星信号和其他电磁波信号一样，当其通过电离层时，将受到介质弥散特性的影响，使信号的传播路径发生变化。为了减弱电离层的影响，在 GPS 定位中通常采用的措施有： ① 利用双频观测减少电离层影响； ② 利用电离层模型加以改正； ③ 利用两个观测站同步观测值求差
对流层折射的影响	对流层大气折射与大气压力、温度和湿度有关，对流层折射对观测值的影响可分为干分量与湿分量两部分。干分量主要与大气的温度与压力有关。湿分量主要与信号传播路径上的大气湿度和高度有关。对流层折射的影响，有四种处理方法： ① 定位精度要求不高时，可忽略； ② 采用对流层模型加以改正； ③ 引入描述对流层影响的附加待估参数，在数据处理中一并求解； ④ 两测站观测量求差
多路径效应影响	多路径效应，即接收机天线除直接接收到卫星的信号外，还可能收到天线周围地物反射的卫星信号。两种信号叠加将会引起测量参考点（相位中心）位置的变化，而且这种变化随天线周围反射面的性质而异，难以控制。多路径效应具有周期性的特征，在同一地点，当所测卫星的分布相似时，多路径效应将会重复出现。减弱多路径效应影响的主要办法有： ① 选择适宜且屏蔽良好的天线； ② 安置接收机天线的环境应避开较强的反射面、建筑物表面等，用较长观测时间的数据取平均值

3）接收设备有关的误差

与接收设备有关的误差，见表 7-10。

表 7-10　与用户接收设备有关的误差

项　　目	内　　容
观测误差	包括观测的分辨误差和接收机天线相对测站点的安置误差。观测时适当增加观测量将能明显地减弱观测的分辨率误差的影响。在精密定位工作中要仔细操作，并减小安置误差的影响
接收机的钟差	接收机的钟差是接收机钟与卫星钟之间存在同步误差。处理接收机钟差比较有效的方法是在每个观测站上引入一个钟差参数作为未知数，在数据处理中与观测站的位置参数一并求解。在精密相对定位中，可利用观测值求差的方法有效地消除接收机钟差的影响
天线的相位中心位置偏差	在 GPS 测量中，观测值都是以接收机天线的相位中心位置为准的，而天线的相位中心与其几何中心在理论上应保持一致。但实际上，天线的相位中心随着信号输入的强度和方向不同而有所变化，即观测时相位中心的瞬时位置（一般称相位中心）与理论上的相位中心有所不同

4）其他误差来源

除上述三类误差的影响外，还有其他一些可能的误差来源，如地球自转以及相对论效应对 GPS 测量的影响。

五、GPS 测量外业组织及实施

1. GPS 网的技术设计

1）GPS 控制网按服务对象分类

GPS 控制网按服务对象可以分成两大类：

（1）国家或区域性的 GPS 控制网，是为地学和空间科学等方面的科研工作服务。

（2）局部的 GPS 控制网，包括城市或（工程）GPS 控制网，相邻点间的距离为几千米至几十千米，其主要任务是直接为城市建设、土地管理和工程建设服务。

2）GPS 控制网布设原则

（1）GPS 网一般应通过独立观测边构成闭合图形，以增加检核条件，提高 GPS 网的可靠性。

（2）GPS 网点应与原有地面控制点相重合。重合点一般不应少于 3 个，且在 GPS 网中分布均匀，以便可靠地确定 GPS 网与地面网之间的转换参数。

（3）GPS 网点应考虑与部分水准点重合，以便为大地水准面的研究提供资料。

（4）为了便于观测和水准联测，GPS 网点一般应设在视野开阔和易到达的地方。

（5）为了便于用经典方法联测或扩展，可在 GPS 网点附近布设一通视良好的方位点，以建立联测方向。方位点与观测站的距离一般要大于 300 m。

3）GPS 测量精度分级

国家测绘局制定的《全球定位系统（GPS）测量规范》（GB/T 18314—2009）将 GPS 的测量精度分为 A、B、C、D、E 五级。其中 A、B 两级一般是国家 GPS 控制网；

C、D、E 三级是针对局部性 GPS 网规定的，具体见表 7-11 和表 7-12。

表 7-11　A 级 GPS 测量精度

级　别	坐标年变化率中误差		相对精度	地心坐标各分量年平均中误差/mm
	水平分量/（mm/a）	垂直分量/（mm/a）		
A	2	3	1×10^{-4}	0.5

表 7-12　B、C、D 和 E 级 GPS 测量精度

级　别	相邻点基线分量中误差		相邻点间平均距离/km
	水平分量/mm	垂直分量/mm	
B	5	10	50
C	10	20	20
D	20	40	5
E	20	40	3

为了适应生产建设的需要，有关部门制定了《卫星定位城市测量技术规范》（CJJ/T 73—2010），按城市或工程 GPS 网中相邻点的平均距离和精度划分为二、三、四等和一、二级，在布网时可以逐级布网、越级布网或布设同级全面网。主要技术要求见表 7-13。

表 7-13　各等级 GPS 网技术要求

项　目	观测方法	等　级				
		二　等	三　等	四　等	一　级	二　级
卫星高度角/（°）	静态	≥15	≥15	≥15	≥15	≥15
有效观测同类卫星数	静态	≥4	≥4	≥4	≥4	≥4
平均重复设站数	静态	≥2.0	≥2.0	≥1.6	≥1.6	≥1.6
时段长度/min	静态	≥90	≥60	≥45	≥45	≥45
数据采样间隔/s	静态	10～30	10～30	10～30	10～30	10～30
PDOP 值	静态	<6	<6	<6	<6	<6

4）GPS 网形设计

GPS 网图形的基本形式，见表 7-14。

表 7-14 GPS 网图形的基本形式

形　　式	示意图
点连式	
边连式	
网连式	
边点混合连接式	
星形网	
导线网	
环形网	

各等级 GPS 相邻点间弦长精度为：

$$\sigma = \sqrt{a^2 + (bd)^2} \tag{7-13}$$

式中　　σ——GPS 基线向量的弦长中误差（mm）；

　　　　a——接收机标称精度中的固定误差（mm）；

　　　　b——接收机标称精度中的比例误差系数（$10^{-6} \times D$）；

　　　　d——GPS 网中相邻点间的距离（km）。

5）选点和埋石

GPS 测量各点之间不要求通视，所以点位的选择相对要灵活一些，但是 GPS 测量有其自身的特点，在选点时需要注意以下问题。

（1）控制点应视野开阔，而且易于安装接收机设备。

（2）视场周围 15°以上范围内不应有过多的障碍物，以减少 GPS 信号被遮挡或障碍物吸收。

（3）点位应远离大功率无线电发射源（如电视机、微波炉等），其距离应不少于200 m，远离高压输电线，其距离应不少于 50 m，以避免强电磁场对 GPS 信号的干扰。

（4）点位附近不应有大面积水域或其他强烈干扰卫星信号接收的物体，以减少对多路径效应的影响。

（5）点位应选在交通方便，有利于其他观测手段扩展与连测的地方。

（6）地面基础稳定，易于点的保存。

（7）选点人员应按技术设计进行踏勘，在实地按要求选定点位。

（8）网形应有利于同步观测及边、点连接。

（9）当所选点位需要进行水准连测时，选点人员应实地踏勘水准路线，提出有关建议。

（10）当利用旧点时，应对旧点的稳定性、完好性以及觇标是否安全可用进行检查，符合要求方可利用。

GPS 点一般应埋设永久性标石，由于 GPS 控制点之间不必通视，所以 GPS 点不用建立高大的觇标。点位标石埋设完成后，应填写点之记、GPS 网的选点网图、土地占用批准文件与测量标志委托保管书、选点与埋石工作技术总结等资料。

6）坐标系统和起算数据

GPS 测量得到的是基线向量，属于 WGS-84 坐标系的三维坐标差，而实际工程上需要国家坐标或工程独立坐标，因此在 GPS 网技术设计中必须指明所采用的坐标系统和起算数据。

2. 外业组织

1）选择作业模式

为了保证 GPS 测量的精度，在测量上常采用载波相位相对定位的方法。GPS 测量作业模式与 GPS 接收设备的硬件和软件有关，有静态相对定位模式、快速静态相对定位模式、伪动态相对定位模式、动态相对定位模式四种。

2）GPS 卫星预报和观测调度计划

为保证观测工作顺利进行，提高工作效率，在进行外业观测前，需编制 GPS 卫星可见性预报图表和外业调度计划表，卫星可预见表可利用相关软件计算。

3）天线安置

测站应选在反射能力较差的粗糙地面，以减少多路径误差，并尽量减少周围建筑物和地形对卫星信号的遮挡。天线安置后，应在各观测时段的前后各量取一次仪器高。

4）观测作业

外业观测是 GPS 测量的关键工作之一，根据测量方案的不同，观测方法也有所差别。观测时应注意以下问题。

（1）将接收机天线架设在三脚架上，并安置在标志中心的上方，利用基座进行对中，并利用基座上的圆水准器进行整平。

（2）在接收机天线的上方及附近不应有遮挡物，以免影响接收机接收卫星信号。

（3）将接收机天线电缆与接收机进行连接，检查无误后，接通电源启动仪器。

（4）根据采用的测量模式选择适当的观测时长，接收机开始记录数据后，注意查看卫星数量、卫星序号、相位测量残差、实时定位精度、存储介质记录等情况。

（5）观测过程中要注意仪器的供电情况，注意及时更换电池。

（6）接收机在观测过程中要远离对讲机等无线电设备，同时在雷雨季节要注意防止雷击。

（7）观测工作完成后要及时将数据导入计算机，以免造成数据丢失。

5）观测记录与测量手簿

观测记录由 GPS 接收机自动形成，测量手簿在观测过程中由观测人员填写。

3. 数据处理及成果检核

1）GPS 基线向量的计算及检核

GPS 测量外业观测过程中，必须将每天观测的数据输入计算机，并计算基线向量。计算工作是用随机软件或其他研制的软件完成的。计算过程中要对同步环闭合差、异步环闭合差及重复边闭合差进行检查计算，闭合差应符合相关规范的要求。

2）GPS 网平差

GPS 控制网是由 GPS 基线向量构成的测量控制网。GPS 网平差可以以构成 GPS 向量的 WGS-84 坐标系的三维坐标差作为观测值进行无约束平差，也可以在国家坐标系或地方坐标系中进行约束平差，在无约束平差和约束平差过程中均要对基线向量的改正数进行检核，保证结果满足相关规范的要求。

3）提交成果

在完成外业观测和内业数据处理后，需提交有关测量成果。包括技术设计说明书、卫星可见性预报表和观测计划、GPS 网示意图、GPS 观测数据、GPS 基线解算结果、GPS 基点的 WGS-84 坐标、GPS 基点的国家坐标中的坐标或地方坐标中的坐标。

习题与思考

7-1　全站仪的应用范围有哪些？

7-2　全站仪使用的注意事项中仪器的维护要求有哪些？

7-3　GPS 定位技术的特点是什么？

7-4　GPS 卫星主体及功能是什么？

第八章 地形的测量

内容提要

掌握：地形图的基本知识；地形图测绘的基本原理与方法。

了解：工程建设中地形图的应用。

第一节 地形图的基本知识

一、地形图的概念

地球表面的形体繁杂多样，一般可归纳为地物、地貌两类。凡地面上各种有固定的形状和位置，由自然生成或人工建筑而成的物体，称为地物，如道路、房屋、江河、森林、草地等。反映地球表面各种高低起伏变化的形体称为地貌，如山丘、山谷、沟壑、峭壁和冲沟等。地形图是将地表的地物与地貌经过综合取舍，按比例缩小后，用规定的符号和一定的表示方法描绘在图纸上的正投影图。

地形图的内容丰富，归纳起来大致可分为三类：

（1）数学要素。如比例尺、坐标网等。

（2）地形要素。即各种地物、地貌。

（3）注记和整饰要素。包括各类注记、说明资料和辅助图表。

二、地形图的特征

地形图的特征，见表8-1。

表 8-1 地形图的分类特征

特　征	分　类	
	数字地形图	纸质地形图
信息载体	适合计算机存取的介质等	纸质
表达方法	计算机可识别的代码系统和属性特征	画线、颜色、符号、注记等
数学精度	测量精度	测量及图解精度
测绘产品	各类文件：原始文件、成果文件、图形信息数据文件等	纸质，必要时附细部点成果表
工程应用	借助计算机及其外部设备	几何作图

三、地形类别

(1) 平坦地：$\alpha < 3°$。

(2) 丘陵地：$3° \leqslant \alpha < 10°$。

(3) 山地：$10° \leqslant \alpha < 25°$。

(4) 高山地：$\alpha \geqslant 25°$。

四、地形图比例尺

1. 地形图比例尺的表示方法

地形图上任意一线段的长度 d 与地面上相应线段的实际水平距离 D 之比，称为地形图比例尺。地形图比例尺常用分子为 1 的分数式 $1/M$ 来表示，M 称为比例尺的分母。显然有：

$$\frac{d}{D} = \frac{1}{M} = \frac{1}{D/d} \tag{8-1}$$

式中　M 越小，比例尺越大，图中所表示的地物、地貌越详尽；相反，M 越大，比例尺越小，图上所表示的地物、地貌越粗略。

2. 地形图比例尺的分类

(1) 数字比例尺。数字比例尺是在地形图上直接用数字表示的比例尺，如上所述，用 $1/M$ 表示的比例尺。数字比例尺一般注记在地形图下方中间部位。

(2) 图式比例尺。图式比例尺绘制在地形图的下方，直接测量图内直线的水平距离，根据测量精度可分为直线比例尺和复式比例尺，直线比例尺如图 8-1 所示。

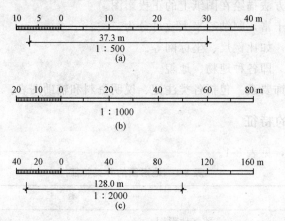

图 8-1　直线比例尺

3. 地形图比例尺的精度

地形图比例尺的精度，见表 8-2。

表 8-2　地形图的比例尺精度

比例尺	1：500	1：1000	1：2000	1：5000
比例尺精度	0.05	0.10	0.20	0.50

4. 地形图比例尺的选用

地形图比例尺的选用，见表 8-3。

表 8-3　测图比例尺的选用

比例尺	用　　　途
1：5000	可行性研究、总体规划、厂址选择、初步设计等
1：2000	可行性研究、初步设计、矿山总图管理、城镇详细规划等
1：1000	初步设计、施工图设计，城镇、工矿总图管理，竣工验收等
1：500	

五、地形图基本等高距

地形图的基本等高距，见表 8-4。

表 8-4　地形图的基本等高距

地形类别	比例尺/m			
	1：500	1：1000	1：2000	1：500
平坦地形	0.5	0.5	1	2
丘陵地形	0.5	1	2	5
山地	1	1	2	5
高山地形	1	2	2	5

六、地形测量的精度要求

（1）地形图图上地物点的点位中误差，见表 8-5。

表 8-5　地形图图上地物点的点位中误差

区域类型	点位中误差/mm
一般地区	0.8
城镇建筑区、工矿区	0.6
水域	1.5

注：1. 隐蔽或施测困难的一般地区测图，可放宽 50%；

　　2. 1：500 比例尺水域测图，其他比例尺的大面积平坦水域或水深超出 20 m 的开阔水域测图，根据具体情况，可放宽至 2.0 mm。

（2）等高（深）线插求点或数字高程模型格网点的高程中误差，见表 8-6。

表 8-6　等高（深）线插求点或数字高程模型格网点的高程中误差

	地形类型	平坦地形	丘陵地形	山地	高山地形
一般地区	高程中误差/m	$\frac{1}{3}h_d$	$\frac{1}{2}h_d$	$\frac{2}{3}h_d$	$1h_d$
水域	水底地形倾角 α	$\alpha<3°$	$3°\leqslant\alpha<10°$	$10°\leqslant\alpha<25°$	$\alpha\geqslant25°$
	高程中误差/m	$\frac{1}{2}h_d$	$\frac{2}{3}h_d$	$1h_d$	$\frac{3}{2}h_d$

注：h_d 为地形图的基本等高距（m）。

（3）工矿区细部坐标点的点位和高程中误差，见表8-7。

表 8-7　细部坐标点的点位和高程中误差

地物类别	点位中误差/mm	高程中误差/cm
主要建（构）筑物	5	2
一般建（构）筑物	7	3

（4）地形点的最大点位间距，见表8-8。

表 8-8　地形点的最大点位间距　　　　　　　　（单位：m）

比例尺		1：500	1：1000	1：2000	1：5000
一般地区		15	30	50	100
水域	断面间	10	20	40	100
	断面上测点间	5	10	20	50

七、地形图的分幅和编号

（1）地形图的分幅，可采用正方形或矩形。

（2）图幅的编号，宜采用图幅西南角坐标的千米数表示。

（3）带状地形图或小测区地形图可采用顺序编号。

（4）对于已施测过地形图的测区，可沿用原有的分幅和编号。

八、数字地形测量软件的选用

（1）适合工程测量作业特点。

（2）满足相关规范的精度要求、功能齐全、符号规范。

（3）操作简便、界面清晰。

（4）采用常用的数据、图形输出格式。对软件特有的线型、汉字及符号，应提供相应的文件库。

（5）具有用户开发功能。

（6）具有网络共享功能。

第二节　地形图的常用符号

一、地物符号

地物符号，见表8-9。

表 8-9　地物符号

符号名称	1：500　1：1000　1：2000
高程点及其注记	0.5 ·　｜ 63.2　♟ 75.4

（续表）

符号名称			1∶500　1∶1000　1∶2000
山洞	依比例尺的		
	不依比例尺的		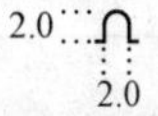 2.0 2.0
地类界			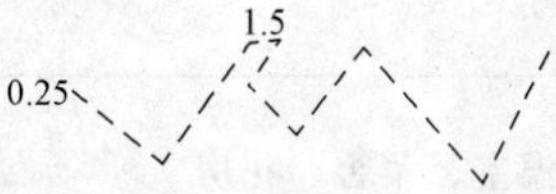 1.5 0.25
独立树	阔叶		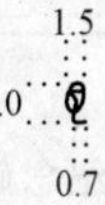 1.5 3.0 0.7
	针叶		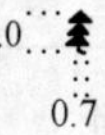 3.0 0.7
行树			10.0 1.0
耕地	水稻田		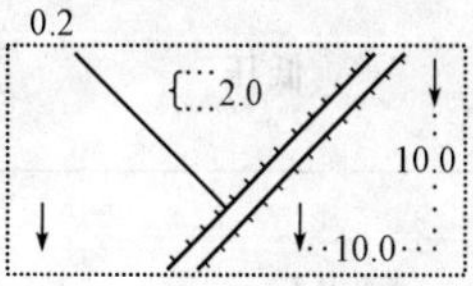 0.2 2.0 10.0 10.0
	旱地		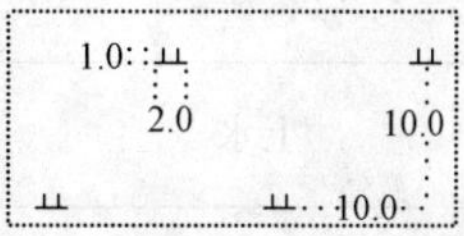 1.0 2.0 10.0 10.0
	菜地		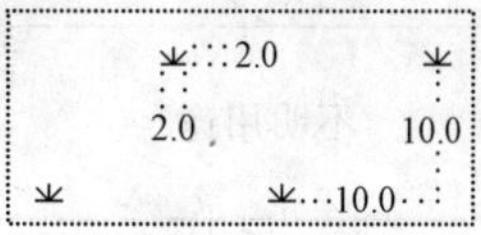 2.0 2.0 10.0 10.0
三角点	凤凰山-点名 394.468-高程		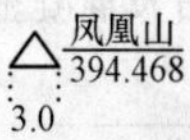 凤凰山 394.468 3.0
小三角点	横山-点名 95.93-高程		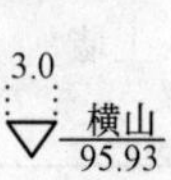 3.0 横山 95.93
图根点	埋石的	N16-点号 84.46-高程	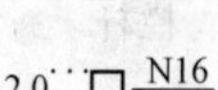 2.0 N16 84.46
	不埋石的	25-点号 62.74-高程	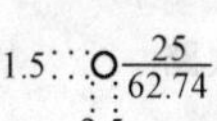 1.5 25 62.74 2.5

（续表）

符号名称		1：500　1：1000　1：2000
水准点	Ⅱ京石 5-点名 32.804-高程	2.0⊗ Ⅱ京石5 ／ 32.804
	台阶	0.5 ... 0.5
	温室、菜窖、花房	▷—温—◁
	纪念像、纪念碑	1.5 4.0 · 1.5 3.0
	烟囱	⊕ 2.0
电力线	高压	4.0 ←○→→
	低压	4.0 ←○→
	消火栓	1.5 1.5 Ⱶ 2.0
管线—地下检修井	上水	⊖ 2.0
	下水	⊕ 2.0
	不明用途	○ 2.0
围墙	砖、石及混凝土墙	⊢ 10.0 ⊣　　　　0.5 　　　　　　　　●—0.3 　　　　　　　10.0
	土墙	10.0 0.5
	栅栏、栏杆	1.0 ○──○──○ 10.0
	铁路	0.2　10.0 0.2 0.5　0.5　　　　0.8 ▬▬ 10.0

二、地貌符号

1. 等高线

等高线是地面上高程相等的各相邻点连成的闭合曲线，如图 8-2 所示。一高地被等间距的水平面 H_1、H_2 和 H_3 所截，各水平面与高地相应的截线，就是等高线。将各水平面上的等高线沿铅垂方向投影到一个水平面上，并按规定的比例尺缩绘到图纸上，便可得到用等高线表示的该高地的地貌图。等高线的形状是根据高地表面形状确定的，用等高线表示地貌是一种很形象的方法。

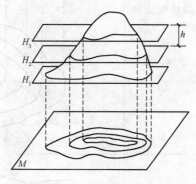

图 8-2　等高线示意图

2. 等高距与等高线平距

相邻两条等高线之间的高差，称为等高距，用 h 表示。在同一幅图内，等高距应是相同的。等高距的大小是根据地形图的比例尺、地面坡度及用图目的而选定的。等高线的高程必须是采用等高距的整数倍，如某幅图采用的等高距为 3 m，则该幅图的高程必定是 3 m 的整数倍，如 30 m、60 m 等。

相邻等高线之间的水平距离，称为等高线平距，用 d 表示。在不同地区，等高线平距不同，取决于地面坡度的大小，地面坡度越大，等高线平距越小，相反，坡度越小，等高线平距越大；若地面坡度均匀，则等高线平距相等，如图 8-3 所示。

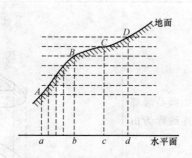

图 8-3　等高距与地面坡度的关系

3. 典型等高线的形式

典型等高线的形式，见表 8-10。

表 8-10　典型等高线的形式

名　称	内　容	示意图
山头	等高线上所注明的高程，内圈等高线比外圈等高线所注的高程大时，表示山头	
洼地	内圈等高线比外圈等高线所注高程小时，表示洼地	
山脊	山脊是从山顶到山脚凸起部分。山脊最高点的连线称为山脊线或分水线	

（续表）

名　　称	内　　容	示意图
山谷	两山脊之间延伸而下降的凹棱部分称为山谷。山谷内最低点的连线称为山谷线或合水线	
鞍部	相邻两个山头之间的低凹处形似马鞍状的部分，称为鞍部。鞍部既是山谷的起始高点，又是山脊的终止低点	
峭壁	峭壁是山区的坡度极陡处，如果用等高线表示非常密集，故采用峭壁符号来代表这一部分等高线。垂直的陡坡称为断崖，这部分等高线几乎重合在一起，因此在地形图上通常用锯齿形的符号来表示。山头上部向外凸出，腰部凹进的陡坡称为悬崖，其上部的等高线投影在水平面上与下部的等高线相交，下部凹进的等高线用虚线来表示	

4. 等高线的分类

等高线的分类，见表 8-11。

表 8-11　等高线的分类

类　型	内　容
基本等高线	基本等高线是按基本等高距测绘的等高线（或首曲线），在地形图中用细实线描绘
加粗等高线	为计算高程方便，每隔 4 条基本等高线（每 5 倍基本等高距），加粗描绘一条等高线，叫做加粗等高线，又称计曲线
半距等高线	当基本等高线不足以显示局部地貌特征时，可按 1/2 基本等高距描绘等高线，叫做半距等高线（或间曲线），以长虚线表示，描绘时可不闭合
辅助等高线	当基本等高线和半距等高线仍不足以显示局部地貌特征时，可按 1/4 基本等高距描绘等高线，叫做辅助等高线，又称助曲线，以短虚线表示，描绘时可不闭合

5. 等高线的特性

（1）同一条等高线上各点的高程相等。

（2）等高线为闭合曲线，如不在本幅图内闭合，则在相邻的其他图幅内闭合。但半距等高线和辅助等高线作为辅助线，可在图幅内中断。

（3）除悬崖、峭壁外，不同高程的等高线不能相交。

（4）山脊与山谷的等高线与山脊线和山谷线成正交关系，即过等高线与山脊线或山谷线的交点做等高线的切线，与山脊线或山谷线垂直。

（5）同一幅图内，等高线平距的大小与地面坡度成反比。平距大，地面坡度缓；平距小，地面坡度陡；平距相等，坡度相同，倾斜地面上的等高线是间距相等的平行直线。

第三节　地形图的测绘

一、地形图测图前的准备工作

1. 图纸准备

由于测绘地形图时是将地形情况按比例缩绘在图纸上，使用地形图时也是按比例在图上量出相应地物之间的关系，因此测图用纸的质量要高，伸缩性要小。否则，图纸的变形会使图上地物、地貌及其相互位置产生变形。测图用纸多采用聚酯薄膜，其主要优点是透明度好、伸缩性小、不怕潮湿和牢固耐用，可直接在底图上着墨复晒蓝图，加快出图速度。

2. 绘制坐标网格

为了把控制点准确地展绘在图纸上，应在图纸上精确绘制 10 cm×10 cm 的直角坐标方格网，根据直角坐标方格网展绘控制点。坐标格网的绘制常用对角线法，如图 8-4 所示。

坐标格网绘成后，应立即进行检查，各方格网实际长度与名义长度之差不应超过 0.2 mm，图廓对角线长度与理论长度之差不应超过 0.3 mm。如超过限差，应重新绘制。

3. 控制点展绘

坐标格网绘好后，可按测区所分图幅，将坐标格网线的坐标标注在相应格网边线的外侧，如图 8-5 所示。展点时，根据控制点 A 的坐标（$x_A = 5.665$，$y_A = 8.640$）确定其在方格内的位置并展绘在图纸上，如图 8-5 所示，把各控制点都展绘在图纸上后，用尺量取各相邻控制点之间的距离，与相应的实地距离比较是否符合，其差值不得超过图上距离的 0.3 mm。

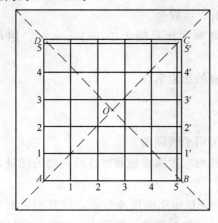

图 8-4 绘制坐标格网示意图

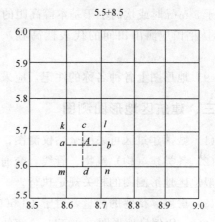

图 8-5 展点示意图

二、一般地区地形图的测图

（1）一般地区可采用全站仪或 GPS-RTK 测图，亦可采用平板测图。

（2）各类建（构）筑物及其主要附属设施均应进行测绘。居民区可根据测图比例尺大小或用图需要，对测绘内容和取舍范围适当综合。临时性建筑可不测绘。建（构）筑物宜用其外轮廓表示，房屋外廓以墙角为准。当建（构）筑物轮廓凹凸部分在 1：500 比例尺的图上小于 1 mm 或在其他比例尺图上小于 0.5 mm 时，可用直线连接。

（3）独立性地物的测绘，能按比例尺表示的，应实测外廓，填绘符号；不能按比例尺表示的，应准确表示其定位点或定位线。

（4）管线转角部分，均应实测。线路密集或居民区的低压电力线和通信线，可选择主干线测绘；当管线直线部分的支架、线杆和附属设施密集时，可适当舍弃；当多种线路在同一杆柱上时，应选其主要内容表示。

（5）交通及附属设施，均应按实际形状测绘。铁路应测注轨面高程，在曲线段应测注内轨面高程；涵洞应测注洞底高程。

1：2000 及 1：5000 比例尺地形图，可适当舍去车站范围内的附属设施，小路可选择测绘。

（6）水系及附属设施，宜按实际形状测绘。水渠应测注渠顶边高程；堤、坝应测注顶部及坡脚高程；水井应测注井台高程；水塘应测注塘顶边及塘底高程。当河沟、水渠在地形图上的宽度小于 1 mm 时，可用单线表示。

（7）地貌宜用等高线表示。崩塌残蚀地貌、坡、坎和其他地貌，可用相应符号表示。山顶、鞍部、洼地、山脊、谷底及倾斜变换处，应测注高程点。露岩、独立石、土堆、陡坎等，应注记高程或比高。

（8）植被的测绘，应按其经济价值和种植面积的大小适当取舍，且应符合下列规定：

① 农业用地的测绘按稻田、旱地、菜地、经济作物地等进行区分，并配置相应符号。

② 地类界与线状地物重合时，只绘线状地物符号。

③ 梯田坎的坡面投影宽度在地形图上大于 2 mm 时，应实测坡脚；小于 2 mm 时，可量注比高。当两坎间距在 1∶500 比例尺地形图上小于 10 mm、在其他比例尺地形图上小于 5 mm 时或坎高小于基本等高距的 1/2 时，可取舍。

④ 稻田应测出田间的代表性高程，当田埂宽在地形图上小于 1 mm 时，用单线表示。

（9）地形图上各种名称的注记，应采用现有的法定名称。

三、建筑区地形图测图

（1）城镇建筑区可采用全站仪测图，也可采用平板测图。

（2）各类建（构）筑物、管线、交通等及其相应附属设施和独立性地物的测量，应按一般地区地形测图的相关规定执行。

（3）房屋、街巷的测量，对于 1∶500 和 1∶1000 比例尺地形图，应分别实测；对于 1∶2000 比例尺地形图，小于 1 m 宽的小巷，可合并测绘；对于 1∶5000 比例尺地形图，小巷和院落连片的，可合并测绘。

街区凹凸部分的取舍，可根据测图的需求和实际情况确定。

（4）各街区单元的出入口及建筑物的重点部位，应测注高程点；主要道路中心在图上每隔 5 cm 处和交叉、转折、起伏变换处，应测注高程点；各种管线的检修井，电力线路、通信线路的杆（塔），架空管线的固定支架，应测出位置并适当测注高程点。

（5）对于地下建（构）筑物，可只测量其出入口和地面通风口的位置和高程。

四、仪器测图

1．经纬仪测图

1）碎部点的选择

碎部点的选择是否正确，是保证成图质量和提高测图效率的关键。碎部点应尽量选在地物、地貌的特征点上。

测量地貌时，碎部点应选择在最能反映地貌特征的山脊线、山谷线等地形线上，根据这些特征点的高程勾绘等高线，可得到与地貌最为相似的地形图。

测量地物时，碎部点应选择在决定地物轮廓线上的转折点、交叉点、弯曲点及独立地物的中心点等，如房的角点、道路的转折点、交叉点等。这些点测定之后，将其连接起来，即可得到与地面物体相似的轮廓图形。由于地物的形状极不规则，因此一般规定主要地物凹凸部分在图上大于 0.4 mm 的均应表示出来。在地形图上小于 0.4 mm 的，可用直线连接。

在平坦或坡度均匀地段，碎部点的最大间距和最大视距，见表 8-12。

表 8-12　碎部点的最大间距和最大视距

测图比例尺	最大间距/m	最大视距/m			
		一般地区		城镇地区	
		地物	地形	地物	地形
1：500	15	60	100	—	70
1：1000	30	100	150	80	120
1：2000	50	180	250	150	200
1：5000	100	300	350	—	—

2）测绘步骤

（1）安置仪器，如图 8-6 所示，在测站点 A 上安置经纬仪（包括对中、整平），测定竖盘指标差 x（一般应小于 $1'$），量取仪器高 i。

将图板安置在测站近旁，目估定向，以便对照实地绘图。连接图上相应控制点 A、B，并适当延长，得出图上起始方向线 AB。用小针通过量角器圆心的小孔插在 A 点，使量角器原心固定在 A 点上。

（2）定向。设置水平度盘读数为 $0°00'00''$，后视另一控制点 B，即起始方向 AB 的水平度盘读数为 $0°00'00''$（水平度盘的零方向），此时复测器扳手在上或将度盘变换手轮盖扣紧。

（3）立尺。立尺员将标尺依次立在地物或地貌特征点上（如图 8-6 中的 l 点）。立尺前，应根据测区范围和实地情况，立尺员、观测员与测绘员共同商定跑尺路线，选定立尺点，做到不漏点、不废点，同时立尺员在现场应绘制地形点草图，对各种地物、地貌应分别指定代码，供绘图员参考。

（4）观测、记录与计算。观测员将经纬仪瞄准碎部点上的标尺，使中丝读数 v 在 i 值附近，读取视距间隔 KL，使中丝读数 v 等于 i 值；再读竖盘读数 L 和水平角 β，记入测量手簿，并依据下列公式计算水平距离 D 与高差 h：

$$D = KL\cos^2\alpha \tag{8-2}$$

$$h = \frac{1}{2}KL\sin 2\alpha + i - v \tag{8-3}$$

（5）展绘碎部点，如图 8-6 所示。将量角器底边中央小孔精确对准图上测站 a 点处，用小针穿过小孔固定量角器圆心位置。转动量角器，使量角器上等于 β 角值的刻画线对准图上的起始方向 ab（相当于实地的零方向 AB），此时量角器的零方向即为碎部点 l 的方向，根据测图比例尺，按所测得的水平距离 D 在该方向上定出点 l 的位置，在点的右侧注明其高程。地形图上高程点的注记，字头应朝北。

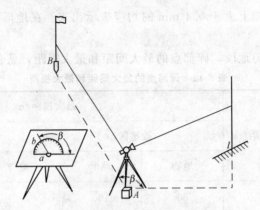

图 8-6　经纬仪测绘法示意图

2. 全站仪测图

（1）全站仪测图所使用的仪器和应用程序，应符合下列规定：

① 宜使用 6″级全站仪，其测距标称精度，固定误差不应大于 10 mm，比例误差系数不应大于 5 ppm。

② 测图的应用程序，应满足内业数据处理和图形编辑的基本要求。

③ 数据传输后，宜将测量数据转换为常用数据格式。

（2）全站仪测图的方法，可采用编码法、草图法或内外业一体化的实时成图法等。

（3）当布设的图根点不能满足测网需要时，可采用极坐标法增设少量测站点。

（4）全站仪测图的仪器安置及测站检核，应符合下列要求：

① 仪器的对中偏差不应大于 5 mm，仪器高和反光镜高的量取应精确至 1 mm。

② 应选择较远的图根点作为测站定向点，并施测另一图根点的坐标和高程，作为测站检核。检核点的平面位置较差不应大于图上 0.2 mm，高程较差不应大于基本等高距的 1/5。

③ 作业过程中和作业结束前，应对定向方位进行检查。

（5）全站仪测图的最大测距长度，见表 8-13。

表 8-13　全站仪测图的最大测距长度

比例尺	最大测距长度/m	
	地物点	地形点
1：500	160	300
1：1000	300	500
1：2000	450	700
1：5000	700	1000

（6）数字地形图测绘，应符合下列要求：

① 采用草图法作业时，应按测站绘制草图，对测点进行编号。测点编号应与仪器的记录点号一致。草图的绘制，应简化标示地形要素的位置、属性和相互关系等。

② 采用编码法作业时，可采用通用编码格式，也可使用软件的自定义功能和扩展

功能建立用户的编码系统进行作业。

③ 采用内外业一体化的实时作图法作业时，应实时确立测点的属性、连接和逻辑关系等。

④ 在建筑物密集的地区作业时，对于全站仪无法直接测量的点位，可采用支距法、线交会法等几何作图方法进行测量，并记录相关数据。

（7）采用手工记录时，观测的水平角和垂直角宜读、记至秒，距离宜读、记至厘米，坐标和高程的计算（或读记）宜精确至 1 cm。

（8）全站仪测图，可按图幅施测，也可分区施测。按图幅施测时，每幅图应测出图轮廓线外 5 mm；分区施测时，应测出区域界线外图上 5 mm。

（9）对采集的数据应进行检查处理，删除或标注出作废数据、重测超限数据、补测错漏数据。对检查修改后的数据，应及时与计算机联机，生成原始数据文件并备份。

3. GPS 测图

（1）作业前，应搜集下列资料：

① 测区的控制点成果及 GPS 测量资料。

② 测区的坐标系统和高程基准的参数。包括：参考椭球参数；中央子午线经度；纵、横坐标的加常数；投影面正常高；平均高程异常等。

③ WGS-84 坐标系与测区地方坐标系的转换参数及 WGS-84 坐标系的大地高基准与测区的地方高程基准的转换参数。

（2）转换关系的建立，应符合下列规定：

① 基准转换，可采用重合点求定参数（七参数或三参数）的方法进行。

② 坐标转换参数和高程转换参数的确定宜分别进行；坐标转换位置基准应一致，重合点的个数不应少于 4 个，且应分布在测区的周边和中部；高程转换可采用拟合高程测量的方法。

③ 坐标转换参数也可直接应用测区 GPS 网二维约束平差所计算的参数。

④ 对于面积较大的测区，需要分区求解转换参数时，相邻分区应不少于 2 个重合点。

⑤ 转换参数宜采取多种点组合方式分别计算，进行优选。

（3）转换参数的应用，应符合下列规定：

① 转换参数的应用，不应超越原转换参数的计算所覆盖的范围，且输入参考站点的空间直角坐标，应与求取平面和高程转换参数（或似大地水准面）时所使用的原 GPS 网的空间直角坐标成果相同。否则，应重新求取转换参数。

② 使用前，应对转换参数的精度、可靠性，进行分析和实测检查。检查点应分布在测区的中部和边缘。检测结果，平面较差的不应大于 5 cm，高程较差的不应大于 $30\sqrt{D}$ mm（D 为参考站到检查点的距离，单位为 km）；超限时，应分析具体原因并重新建立转换关系。

③ 对于地形趋势变化明显的大面积测区，应绘制高程异常等值线图，分析高程异常的变化趋势是否同测区的地形变化一致。当局部差异较大时，应加强检查；超限时，应进一步精确求定高程拟合方程。

（4）参考站点位的选择，应符合下列规定：

① 应根据测区面积、地形地貌和数据链的通信覆盖范围，均匀布设参考站。

② 参考站站点的地势应相对较高，周围无高度角超过 15°的障碍物和强烈干扰接收卫星信号或反射卫星信号的物体。

③ 参考站的有效作业半径，不应超过 10 km。

（5）参考站的设置，应符合下列规定：

① 接收机天线应精确对中、整平。对中误差不应大于 5 mm；天线高的量取应精确至 1 mm。

② 正确连接天线电缆、电源电缆和通信电缆等；接收机天线与电台天线之间的距离，不宜小于 3 m。

③ 正确输入参考站的相关数据。包括：点名、坐标、高程、天线高、基准参数、坐标高程转换参数等。

④ 电台频率的选择，不应与作业区其他无线电通信频率冲突。

（6）流动站的作业，应符合下列规定：

① 流动站作业的有效卫星数不宜少于 5 个，PDOP 值应小于 6，并应采用固定成果。

② 正确设置和选择测量模式、基准参数、转换参数和数据链的通信频率等，其设置应与参考站一致。

③ 流动站的初始化，应在比较开阔的地点进行。

④ 作业前，应检测 2 个以上不低于图根精度的已知点。检测结果与已知结果的平面较差不应大于图上 0.2 mm，高程较差不应大于基本等高距的 1/5。

⑤ 作业中，若出现卫星信号失锁，应重新初始化，并经重合点测量检查合格后，方可继续作业。

⑥ 结束前，应进行已知点检查。

⑦ 每日观测结束，应及时转存测量数据至计算机，并做好数据的备份。

（7）分区作业时，应测出界线外图上 5 mm。

（8）不同参考站作业时，流动站应检测一定数量的地物重合点。点位较差不应大于图上 0.6 mm，高程较差不应大于基本等高距的 1/3。

（9）对采集的数据应进行检查处理，删除或标注作废数据、重测超限数据、补测错漏数据。

五、数字地形图的处理

（1）数字地形图编辑处理软件的应用，应符合下列规定：

① 首次使用前，应对软件的功能、图形输出的精度进行全面测试。待满足要求和工程需要后，方可投入使用。

② 使用时，应严格按照软件的操作要求作业。

（2）观测数据的处理，应符合下列规定：

① 观测数据应采用与计算机联机的方式，转存至计算机并生成原始数据文件；数据量较少时也可采用键盘输入，但应加强检查。

② 应采用数据处理软件，将原始数据文件中的控制测量数据、地形测量数据和检测数据进行分离（类），并进行处理。

③ 对地形测量数据的处理，可增删和修改测点的编码、属性和信息排序等，但不

得修改测量数据。

④ 生成等高线时，应确定地性线的走向和断裂线的封闭。

（3）地形图要素应分层表示。分层的方法和图层的命名对同一工程宜采用统一格式，也可根据工程需要对图层部分属性进行修改。

（4）使用数据文件自动生成的图形或使用处理软件生成的图形，应对其进行必要的人机交互式图形编辑。

（5）数字地形图中各种地物、地貌符号、注记等的绘制、编辑，可按纸质地形图的相关要求进行。当不同属性的线段重合时，可同时绘出，并采用不同的颜色分层表示（对于打印输出的纸质地形图可择其主要表示）。

（6）数字地形图的分幅，除满足前述相关规定外，还应满足下列要求：

① 分区施测的地形图，应进行图幅裁剪。分幅裁剪时（或自动分幅裁剪后），应对图幅边缘的数据进行检查、编辑。

② 按图幅施测的地形图，应进行接图检查和图边数据编辑；图幅接边误差应符合相关规定的要求。

③ 图廓及坐标格网绘制，应用成图软件自动生成。

（7）数字地形图的编辑检查，应包括下列内容：

① 图形的连接关系是否正确，与草图是否一致、有无错漏等。

② 各种注记的位置是否适当，是否避开地物、符号等。

③ 各种线段的连接、相交或重叠是否恰当、准确。

④ 等高线的绘制是否与地性线协调、注记是否适宜、断开部分是否合理。

⑤ 对间距小于图上 0.2 mm 不同属性的线段的处理是否恰当。

⑥ 地形、地物的相关属性信息值是否正确。

六、地形图的绘制

（1）轮廓符合的绘制，应符合下列规定：

① 按比例尺绘制的轮廓符号，应保持轮廓位置的精度。

② 半依比例尺绘制的线状符号，应保持主线位置的几何精度。

③ 不依比例尺绘制的符号，应保持其主点位置的几何精度。

（2）居民地的绘制，应符合下列规定：

① 城镇和农村的街区、房屋，均应按外轮廓线准确绘制。

② 街区与道路的衔接处，应留出 0.2 mm 的间隔。

（3）水系的绘制，应符合下列规定：

① 水系应先绘桥、闸，其次绘双线河、湖泊、渠、海岸线、单线河，然后绘堤岸、陡岸、沙滩和渡口等。

② 当河流遇桥梁时应中断；单线沟渠与双线河相交时，应将水涯线断开，弯曲交于一点。当两双线河相交时，应互相衔接。

（4）交通及附属设施的绘制，应符合下列规定：

① 当绘制道路时，应先绘铁路，其次绘公路及大车路等。

② 当实线道路与虚线道路、虚线道路与虚线道路相交时，应实部相交。

③ 当公路遇桥梁时，公路和桥梁应留出 0.2 mm 的间隔。

（5）等高线的绘制，应符合下列规定：

① 应保证精度，画线均匀、光滑自然。

② 当图上的等高线遇双线河、渠和不依比例尺绘制的符号时，应中断。

（6）境界线的绘制，应符合下列规定：

① 绘制有国界线的地形图，必须符合国务院批准的有关国境界线的绘制规定。

② 境界线的转角处，不得有间断，并应在转角上绘出点或曲折线。

（7）各种注记的配置，应符合下列规定：

① 文字注记，应使所指示的地物能明确判读。一般情况下，字头应朝北。道路河流名称，可随现状弯曲的方向排列。各字侧边或底边，应垂直或平行于线状物体。各字间隔尺寸应在 0.5 mm 以上；远间隔的不宜超过字号的 8 倍。注字应避免遮断主要地物和地形的特征部分。

② 高程的注记，应注于点的右方，离点位的间隔应为 0.5 mm。

③ 等高线的注记字头，应指向山顶或高地，字头不应朝向图纸的下方。

（8）外业测绘的纸质原图，宜进行着墨或映绘，其成图应墨色黑实光润、图面整洁。

（9）每幅图绘制完成后，应进行图面检查和图幅接边等的检查，发现问题应及时修改。

七、地形图的修测

（1）地形图的修测，应符合下列规定：

① 新测地物与原有地物的间距中误差，不得超过图上 0.6 mm。

② 地形图的修测方法，可采用全站仪测图法和支距法等。

③ 当原有地形图图式与现行图式不符时，应以现行图式为准。

④ 地物修测的连接部分，应从未变化点开始施测；地貌修测的衔接部分应施测一定数量的重合点。

⑤ 除对已变化的地形、地物修测外，还应对原有地形图上已有地物、地貌的明显错误或粗差进行修正。

⑥ 修测完成后，应按图幅将修测情况做记录，并绘制略图。

（2）纸质地形图的修测，宜将原图数字化后再进行修测；如在纸质地形图上直接修测，应符合下列规定：

① 修测时宜用实测原图或与原图等精度的复制图。

② 当纸质图图廓伸缩变形不能满足修测的质量要求时，应予以修正。

③ 局部地区地物变化不大时，可利用经过校核，位置准确的地物点进行修测。使用图解法修测后的地物不应再作为修测新地物的依据。

八、地形图的编绘

（1）地形图的编绘，应选用内容详细、现实性强、精度高的已有资料，包括图纸、数据文件、图形文件等进行编绘。

（2）编绘图应以实测图为基础进行编绘，各种专业图应以地形图为基础结合专业要求进行编绘；编绘图的比例尺不应大于实测图的比例尺。

（3）地形图编绘作业，应符合下列规定：

① 原有资料的数据格式应转换成同一数据格式。

② 原有资料的坐标、高程系统应转换成编绘图所采用的系统。

③ 地形图要素的综合取舍，应根据编绘图的用途、比例尺和区域特点合理确定。

④ 编绘图应采用现行图式。

⑤ 编绘完成后，应对图的内容、接边进行检查，发现问题应及时修改。

第四节　地形图的应用

一、地形图的识读

（1）图廓外的注记识读。根据图外的注记，了解图名、编号、图的比例尺、所采用的坐标和高程系统、图的施测时间等内容，确定图幅所在位置，图幅所包括的长、宽和面积等，根据施测时间可以确定该图幅是否能全面反映现实状况，是否需要修测与补测等。

（2）地貌和地物的识读。地物和地貌是地形图阅读的重要事项。读图时应先了解和记住部分常用的地形图图式，熟悉各种符号的确切含义，掌握地物符号的分类；要能根据等高线的特性及表示方法判读各种地貌，将其形象化、立体化；读图时应当纵观全局，仔细阅读地形图上的地物，如控制点、居民点、交通路线、通信设备、农业状况和文化设施等，了解这些地物的分布、方向、面积及性质。

二、在图上确定某点的坐标

在大比例尺地形图上画有 10 cm×10 cm 的坐标方格网，并在图廓西、南边上注有方格的纵横坐标值，如图 8-7 所示，要求 p 点的平面直角坐标（x_p，y_p），可先将 p 点所在坐标方格网用直线连接，得到正方形 $abcd$，过 p 点分别做平行于 x 轴和 y 轴的两条直线 mn 和 kl，用分规截取 ak 和 an 的图上长度，依比例尺算出 ak 和 an 的实地长度值。

为了检核，还应量出 dk 和 bn 的长度。如考虑到图纸伸缩性的影响，可按内插法计算：

$$x_p = x_n + (10/ad) \times ak \tag{8-4}$$

$$y_p = y_a + (10/ad) \times an \tag{8-5}$$

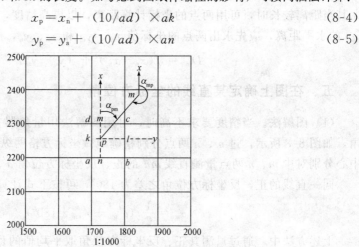

图 8-7　地形基本应用示意图（一）

三、在图上确定某点的高程

地形图上任一点的高程，可以根据等高线及高程标记来确定，如图 8-8 所示，如果某点 A 正好在等高线上，则其高程与所在的等高线高程相同。如果某点 B 不在等高线上，如图 8-8 所示 B 点位于 106 m 和 108 m 两条等高线之间，则过 B 点作一条尽量垂直于这两条等高线的线段 mn，量取 mn 的长度，同时量取 mB 的长度，可知等高距 $h=$ 2 m，则 B 点高程为：

$$H_B = H_m = \frac{h_{mB}}{h_{mn}} \cdot h \tag{8-6}$$

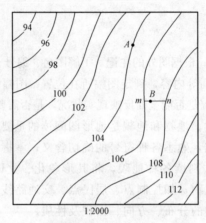

图 8-8　地形图基本应用示意图（二）

四、在图上确定两点之间的距离

（1）直接量测。用卡规在图上直接量出线段长度，与图示比例尺比量，即可得其水平距离；也可用毫米尺量取图上长度并按比例尺换算为水平距离，但后者会受图纸伸缩的影响，误差相对较大，但图纸上绘有图示比例尺时，用此方法较为理想。

（2）根据直线两端点的坐标计算水平距离。为了消除图纸变形和量测误差的影响，尤其当距离较长时，可用两点的坐标计算距离，以提高精度，如图 8-7 所示，欲求直线 mn 的水平距离，应先求出两点的坐标值 x_m、y_m 和 x_n、y_n，按下式计算水平距离：

$$D_{mn} = \sqrt{(x_n - x_m)^2 + (y_n - y_m)^2} \tag{8-7}$$

五、在图上确定某直线的坐标方位角

（1）图解法。当精度要求不高时，可用图解法用量角器在图上直接量取坐标方位角，如图 8-8 所示，过 m、n 两点分别精确地做坐标方格网纵线的平行线，用量角器的中心分别对中 m、n 两点量测直线 mn 的正、反坐标方位角 a'_{mn} 和 a'_{nm}。

同一直线的正，反坐标方位角之差为 180°，可按下式计算：

$$\alpha_{mn} = \frac{1}{2} (\alpha'_{mn} + \alpha'_{nm} \pm 180°) \tag{8-8}$$

上述方法中，通过量测其正、反坐标方位角取平均值的目的是为了减小量测误差，提高量测精度。若 $\alpha'_{nm} > 180°$，取 $-180°$；若 $\alpha'_{nm} < 180°$；取 $+180°$。

（2）解析法。先求出 m、n 两点的坐标，然后再按下式计算直线 mn 的坐标方位角：

$$\tan\alpha_{mn}=\frac{\Delta y_{mn}}{\Delta x_{mn}}=\frac{y_n-y_m}{x_n-x_m} \tag{8-9}$$

当直线较长时，解析法可取得较好的结果。

六、在图上确定直线的坡度

在各种工程建设中，常常需要了解地面的坡度以确定施工方案。若在图上求得直线的长度以及两端点的高程，则可按下式计算该直线的平均坡度 i：

$$i=\frac{h}{dM}=\frac{h}{D} \tag{8-10}$$

式中　i——直线的平均坡度；

d——图上量得的长度；

h——直线两端点的高差；

M——地形图比例尺分母；

D——直线的实地水平距离。

坡度通常用千分率或百分率表示，"＋"为上坡，"－"为下坡。

习题与思考

8-1　地形图的分类是什么？

8-2　等高线的定义是什么？典型等高线的形式有哪些？

8-3　地形图测图前的准备工作有哪些？

8-4　地形图的应用有哪些？

第九章 测设的基本工作

内容提要

掌握：水平角和水平距离；点位测设；高程测设。

第一节 测设前的工作

一、测设水平距离

1. 一般方法

当测设精度要求已知方向在现场已用直线标定，且测设的已知水平距离小于钢卷尺的长度时，水平距离测设的一般方法很简单，只需将钢尺的零端与已知始点对齐，沿已知方向水平拉紧钢尺，在钢尺上读数等于已知水平距离的位置定点即可。为了校核和提高测设精度，可将钢尺移动 10～20 cm，用钢尺始端的另一个读数对准已知始点，再测设一次，定出另一个端点，若两次点位的相对误差在限差（1/3000～1/5000）以内，则取两次端点的平均位置作为端点的最后位置，如图 9-1 所示，M 为已知起点，M 至 N 为已知方向，D 为已知水平距离，P' 为第一次测设定的端点，P'' 为第二次测设定的端点，则 P' 和 P'' 的中点 P 即为最后所定的点，MP 即为所要测设的水平距离 D。

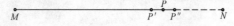

图 9-1 用测距仪测设水平距离

若已知方向在现场已用直线标定，已知水平距离大于钢尺的长度，沿已知方向依次水平丈量若干个尺段，在尺段读数之和等于已知水平距离处定点即可。为了校核和提高测设精度，应进行两次测设，取中，方法同上。

当已知方向没有在现场标定出来，只是在较远处给出的另一定向点时，则要先定线再量距。对建筑工程来说，若始点与定向点的距离较短，可用拉一条细线绳的方法定线；若始点与定向点的距离较远，则应用经纬仪定线，方法是将经纬仪安置在 A 点上，对中整平，照准远处的定向点，固定照准部，望远镜视线即为已知方向，沿此方向定线、量距，使终点至始点的水平距离等于要测设的水平距离，并位于望远镜的视线上。

2. 精密方法

由于电磁波测距仪的普及，目前水平距离的测设，尤其是长距离的测设多采用电磁波测距仪或全站仪，如图 9-2 所示，测距仪安置在 M 点，瞄准 MN 方向，指挥装在对中杆上的棱镜前后移动，使仪器显示值略大于测设的距离，定出 N' 点。在 N' 点安置反光棱镜，测出竖直角及斜距 L（必要时加测气象改正），计算水平距离 $D'=L\cos\alpha$，求出 D' 与应测设的水平距离 D 之差 $\Delta D=D-D'$。根据 ΔD 的符号，在实地用钢尺沿测

设方向将 N' 改正至 N 点，并用木桩标定其点位。为了检核，应将反光镜安置于 N 点，实测 MN 的距离，其不符值应在限差之内，否则应再次进行改正，直至符合限差为止。若用全站仪测设，仪器可直接显示水平距离，则更为简便。

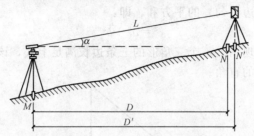

图 9-2　用测距仪测设水平距离

二、测设水平角

1. 一般方法

如图 9-3 所示，设 O 为地面上的已知点，OA 为已知方向，顺时针方向测设已知水平角 β，测设方法如下：

（1）在 O 点安置经纬仪，对中整平。

（2）盘左状态瞄准 A 点，调水平度盘配置手轮，使水平度盘读数为 $0°0'00''$，旋转照准部，当水平度盘读数 β 时，固定照准部，在此方向上合适的位置定出 B' 点。

（3）倒转望远镜成盘右状态，用上述方法测设 β 角，定出 B'' 点。

（4）取 B' 和 B'' 的中点 B，则 $\angle AOB$ 就是要测设的水平角。

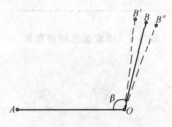

图 9-3　直接测设法示意图

2. 精密方法

当测设水平角的精度要求较高时，应采用做垂线改正的方法，如图 9-4 所示。在 O 点安置经纬仪，先用一般方法测设 β 角值，在地面上定出 C' 点，再用测回法观测 $\angle AOC$ 几个测回（测回数由精度要求决定），取各测回平均值为 β_1，即 $\angle AOC' = \beta_1$，当 β 和 β_1 的差值 $\Delta\beta$ 超过限差（$\pm 10''$）时，则需进行改正。根据 $\Delta\beta$ 和 OC' 的长度计算出改正值 CC'，即：

$$CC' = OC' \times \tan\Delta\beta = OC' \times \frac{\Delta\beta}{\rho} \tag{9-1}$$

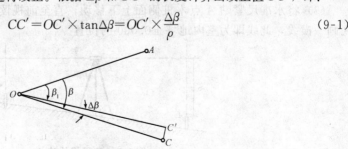

图 9-4　精确测设水平角

三、简易方法测设直角

（1）勾股定理法测设直角，如图 9-5 所示，勾股定理指直角三角形斜边（弦）的平方等于对边（股）与底边（勾）的平方和，即：

$$c^2 = a^2 + b^2 \tag{9-2}$$

据此原理，只要使现场上一个三角形的三条边长满足上式，该三角形即为直角三角形，从而得到想要测设的直角。

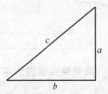

图 9-5　勾股定理法测设直角

（2）中垂线法测设直角，如图 9-6 所示，AB 是现场上已有的一条边，过 P 点测设与 AB 成 $90°$ 的另一条边，用钢尺在直线 AB 上定出与 P 点距离相等的两个临时点 A' 和 B'，分别以 A' 和 B' 为圆心，以大于 PA' 的长度为半径，画圆弧相交 C 点，则 PC 为 A' 和 B' 的中垂线，即 PC 与 AB 成 $90°$。

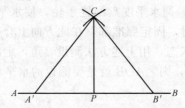

图 9-6　中垂线法测设直角

四、测设高程

1．一般方法

1）高程视线法

如图 9-7 所示，根据某水准点的高程 H_R，测设 A 点，使其高程为设计高程 H_A。则 A 点尺上应读的前视读数为

$$b_应 = (H_R + a) - H_A \tag{9-3}$$

测设方法如下。

（1）安置水准仪在 R 与 A 中间，整平仪器。

（2）后视水准点 R 上的立尺，读得后视读数为 a，则仪器的视线高 $H_i = H_R + a$。

（3）将水准尺紧贴 A 点木桩侧面上下移动，直至前视读数为 $b_应$ 时，在桩侧面沿尺底画一横线，此线即为室内地坪 ± 0.000 的位置。

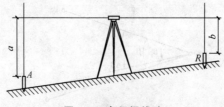

图 9-7　高程视线法

2）高程传递法

如图 9-8 所示，为深基坑的高程传递，将钢尺悬挂在坑边的木杆上，下端挂 10 kg 重锤，在地面上和坑内各安置一台水准仪，分别读取地面水准点 A 和坑内水准点 P 的水准尺读数 a_1 和 a_2，并读取钢尺读数 b_1 和 b_2，则可根据已知地面水准点 A 的高程 H_A，按下式求得临时水准点 P 的高程的 H_P：

$$H_P = H_A + a_1 - (b_1 - b_2) - a_2 \tag{9-4}$$

为了进行检核，可将钢尺位置变动 10～20 cm，用上述方法再次读取这四个数，两次高程相差不得大于 3 mm。

从低处向高处测设高程的方法与此类似，如图 9-9 所示，已知低处水准点 A 的高程 H_A，需测设高处 P 的设计高程 H_P，应在低处安置水准仪，读取读数 a_1 和 b_1，在高处安置水准仪，读取读数 a_2，则高处水准尺的读数 b_2 为：

$$b_2 = H_A + a_1 + (a_2 - b_1) - H_P \tag{9-5}$$

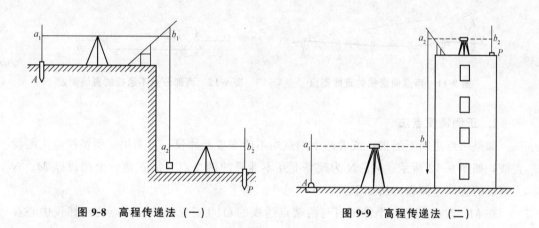

图 9-8 高程传递法（一）　　　　　图 9-9 高程传递法（二）

2. 简易测设方法

如图 9-10 所示，设墙上有一个高程标志 M，其高程为 H_M，要在附近的另一面墙上，测设另一个高程标志 P，其设计高程为 H_P。将装有水的透明胶管的一端放在 A 点处；另一端放在 P 点处，两端同时抬高或者降低水管，使 M 端水管水面与高程标志对齐，在 P 处与水管水面对齐的高度做一临时标志 P'，则 P' 高程等于 H_M。根据设计高程与已知高程的差 $d_h = H_P - H_M$，以 P' 为起点垂直往上（d_h 大于 0 时）或往下（d_h 小于 0 时）量取 dh，做标志 P，则此标志的高程为设计高程。

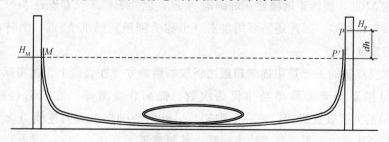

图 9-10 简易高程测设法示意图

五、两点间测设直线的方法

1. 一般测设法

如果两点之间能通视，且在其中一个点上安置经纬仪，故可用经纬仪定线法进行测设。在其中一个点上安置经纬仪，照准另一个点，固定照准部，根据需要，在现场合适的位置立测钎，用经纬仪指挥测钎左右移动，直到与望远镜竖丝重合时定点，该点即位于 AB 直线上，同法依次测设出其他直线点，如图 9-11 所示。如有需要，可在每两个相邻直线点之间用拉白线、弹墨线和撒灰线的方法，在现场将此直线标绘出来，作为施工的依据。

如果经纬仪与直线上的部分点不通视，如图 9-12 所示中深坑下面的 P_1、P_2 点，则可先在与 P_1、P_2 点通视的地方（如坑边）测设一点 C，再迁站到 C 点测设 P_1、P_2 点。

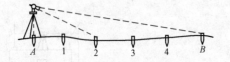

图 9-11　两点间通视的直线测设　　　　**图 9-12　两部分点不通视的直线测设**

2. 正倒镜投点法

如果两点之间不通视，或者两个端点均不能安置经纬仪，可采用正倒镜投点法测设直线，如图 9-13 所示。M、N 为现场上互不通视的两个点，需在地面上测设以 M、N 为端点的直线，测设方法如下：

在 M、N 之间选一个能同时与两端点通视的 O 点安置经纬仪，应使经纬仪中心在 M、N 的连线上，应与 M、N 的距离大致相等。盘左（也称为正镜）瞄准 M 点并固定照准部，再倒转望远镜观察 N 点，若望远镜视线与 N 点的水平偏差为 $MN'=l$，则根据距离 ON 与 MN 的比，计算经纬仪中心偏离直线的距离 d：

$$d=l\frac{ON}{MN} \tag{9-6}$$

将经纬仪从 O 点往直线方向移动距离 d；重新安置经纬仪并重复上述步骤的操作，使经纬仪中心逐次向直线方向接近。

当瞄准 M 点，倒转望远镜便正好瞄准 N 点，但并不等于仪器就在 MN 直线上，这是因为仪器存在误差。因此还需要用盘右（也称为倒镜）瞄准 M 点，倒转望远镜，看是否也正好瞄准 N 点。

正倒镜投点法的关键是用逐渐趋近法将仪器精确安置在直线上，在实际工作中，为了减少通过搬动脚架来移动经纬仪的次数，提高作业效率，在安置经纬仪时，如图 9-14 所示的方式安置脚架，使一个脚架与另外两个脚架中点的连线与所要测设的直线垂直。当经纬仪中心需要往直线方向移动的距离不大（10～20 cm 以内）时，可通过伸缩脚架用以移动经纬仪；当移动的距离更小（2～3 cm 以内）时，只需在脚架头上移动仪器即可。

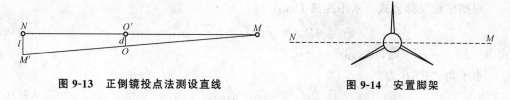

图 9-13 正倒镜投点法测设直线   图 9-14 安置脚架

第二节 点位的测设

一、直角坐标法

直角坐标法是根据直角坐标原理,利用纵横坐标之差测设点的平面位置。直角坐标法适用于施工控制网为建筑方格网或建筑基线的形式,且量距方便的建筑施工场地。如图 9-15 所示,A、B、C、D 点是建筑方格网顶点,坐标值已知。Q、P、S、R 为拟测设的建筑的四个角点,测设程序如下:

(1) 根据 A 点和 P 点的坐标计算测设数据 a 和 b,其中 a 是 P 到 AB 的垂直距离,b 是 P 到 AC 的垂直距离,其计算式为:

$$a = x_P - x_A \tag{9-7}$$

$$b = y_P - y_A \tag{9-8}$$

(2) 现场测设 P 点。

① 如图 9-15(b)所示,安置经纬仪于 A 点,照准 B 点,沿视线方向测设距离 b 定出点 1。

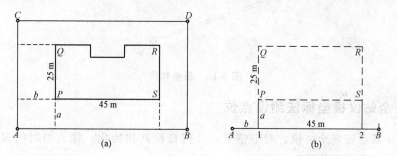

图 9-15 直角坐标法

(a) 拟测建筑;(b) 测设图

② 安置经纬仪于点 1,照准 B 点,逆时针方向测设 $90°$,沿视线方向测设距离 a,即可定出 P 点。也可根据现场情况,选择从 A 向 C 方向测设距离 a 定点,在该点测设 $90°$,测设距离 b,在现场定出 P 点。如要要同时测设多个坐标点,只需综合应用上述测设距离和测设直角的操作步骤,即可完成。

二、极坐标法

如图 9-16 所示,A、B 点是现场已有的测量控制点,其坐标为已知,P 点为待测设的点,其坐标为已知的设计坐标,测设方法如下:

(1) 根据 A、B 点和 P 点来计算测设数据 D_{AP} 和 β,测站为 A 点,其中 D_{AP} 是 A、

P 之间的水平距离，β 是 A 点的水平角 $\angle PAB$。

根据坐标反算公式，水平距离 D_{AP}：

$$D_{AP} = \sqrt{\Delta x_{AP}^2 + \Delta y_{AP}^2} \tag{9-9}$$

式中　$\Delta x_{AP} = x_P - x_A$，$\Delta y_{AP} = y_P - y_A$。

水平角 $\angle PAB$ 为：

$$\beta = \alpha_{AP} - \alpha_{AB} \tag{9-10}$$

式中　α_{AB}——AB 的坐标方位角；

α_{AP}——AP 的坐标方位角。其计算式为：

$$\alpha_{AB} = \arctan \frac{\Delta y_{AB}}{\Delta x_{AB}} \tag{9-11}$$

$$\alpha_{AP} = \arctan \frac{\Delta y_{AP}}{\Delta x_{AP}} \tag{9-12}$$

（2）现场测设 P 点。安置经纬仪于 A 点，瞄准 B 点；顺时针方向测设 β 角定出 AP 方向，由 A 点沿 AP 方向用钢尺测设水平距离 D 即得 P 点。

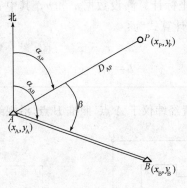

图 9-16　极坐标法

三、全站仪极坐标法测设点位

（1）在某点安置全站仪，对中整平，开机自检并初始化，输入当时的温度和气压，将测量模式切换到"放样"。

（2）输入某点坐标作为测站坐标，照准另一个控制点，输入另一点坐标作为后视点坐标，或直接输入后视方向的方位角。

（3）输入待测设点的坐标，全站仪自动计算测站至该点的设计方位角和水平距离，转动照准部时，屏幕上显示出当前视线方向与设计方向之间的水平夹角，当该夹角接近 0°时，制动照准部，转动水平微动螺旋使夹角为 $0°00'00''$，此时视线方向即为设计方向，如图 9-17 所示。

（4）指挥棱镜立于视线方向上，按"测设"键，全站仪即测量出测站至棱镜的水平距离，并计算出该距离与设计距离的差值，在屏幕上显示出来。一般差值为正表示棱镜立得偏远了，应向测站方向移动，差值为负表示棱镜立的偏近，应向远离测站方向移动。

（5）观测员通过对讲机将距离偏差值通知持镜员，持镜员按此数据向近处或远处移动棱镜，并立于全站仪望远镜视线方向上，观测员按"测设"键重新观测。

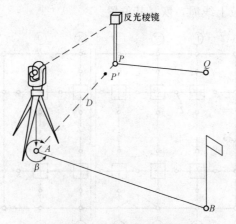

图 9-17　全站仪测设示意图

四、角度交会法

如图 9-18 所示，A，B，C 为已知测量控制点，P 为待测设点，其坐标均为已知，测设方法如下：

(1) 根据 A、B 点和 P 点的坐标计算测设数据 β_A、β_B，即水平角 $\angle PAB$ 和 $\angle PBA$，其中：

$$\beta_A = \alpha_{AB} - \alpha_{AP} \tag{9-13}$$

$$\beta_B = \alpha_{BP} - \alpha_{BA} \tag{9-14}$$

(2) 现场测设 P 点。在 A 点安置经纬仪，照准 B 点，逆时针测设水平角 β_A，定出一条方向线，在 B 点安置另一台经纬仪，照准 A 点，顺时针测设水平角，定出另一条方向线，两条方向线的交点位置就是 P 点。在现场立一根测钎，由两台仪器指挥，前后左右移动，直到两台仪器的纵丝能同时照准测钎，在该点设置标志得到 P 点。

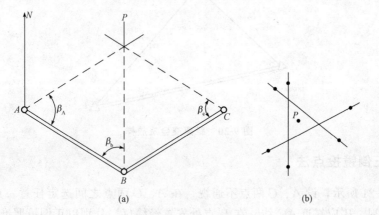

图 9-18　角度交会法

(a) 角度交会观测法；(b) 示误三角形

五、方向线交会法

如图 9-19 所示，根据厂房矩形控制网上相对应的柱中心线端点，以经纬仪定向，用方向线交会法测设柱基础中心或柱基础定位桩。在施工过程中，各柱基础中心线则可以随时将相应的定位桩拉上线绳，恢复其位置。

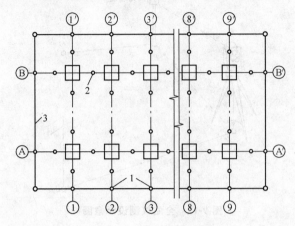

图 9-19　方向线交会图

1—柱中心线端点；2—柱基础定位桩；3—厂房控制网

六、距离交会法

距离交会法是由两个控制点测设两段已知水平距离，交会定出未知点的平面位置。距离交会法适用于待测设点至控制点的距离不超过一尺段长，且地势平坦、量距方便的建筑施工场地。如图 9-20 所示，A、B 为已知测量控制点，P 为放样点，测设过程如下：

（1）根据 P 点的设计坐标和控制点 A、B 的坐标，先计算放样数据 D_{AP} 与 D_{BP}。

（2）放样时，至少需要三人，甲、乙分别拉两根钢尺零端并对准 A 与 B，丙拉两根钢尺使 D_{AP} 与 D_{BP} 长度分划重叠，三人同时拉紧，在丙处插一测钎，即求得 P 点。

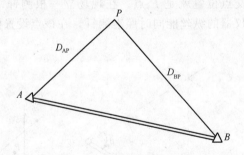

图 9-20　距离交会法放样

七、正倒镜投点法

如图 9-21 所示，设 A、C 两点不通视，在 A、C 两点之间选定任意一点 B'，使之与 A、C 通视，B' 应靠近 AC 线。在 B' 点处安置经纬仪，分别以正倒镜照准 A，倒转望远镜前视 C。由于仪器误差的影响，十字丝交点不落于 O 点，而落于 O'、O''。为了将仪器移置于 AC 线上，取 $O'O''/2$ 定出 O 点，若 O 点在 C 点左边，则将仪器由 B' 点向右移动 $B'B$ 距离，反之亦然。$B'B$ 按下式计算：

$$B'B = \frac{AB}{AC} \times CO \qquad\qquad (9\text{-}15)$$

重复上述操作，直到 O' 和 O'' 点落于 C 点的两侧，且 $CO'=CO''$ 时，仪器就恰好位于 AC 直线上了。

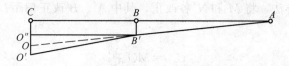

图 9-21　正倒镜投点法

第三节　建筑基线的测设

一、建筑基线的布置形式

建筑基线的布设形式，如图 9-22 所示。

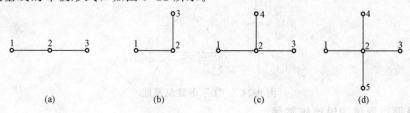

图 9-22　建筑基线的布设形式

（a）三点直线形；（b）三点直角形；（c）四点丁字形；（d）五点十字形

二、建筑基线的测设方法

1. 根据控制点测设

如图 9-23 所示，测设一条由 M、O、N 三个点组成的"一"字形建筑基线，根据邻近的测图控制点 1、2，采用极坐标法将三个基线点测设到地面上，得到 M'、O'、N' 三点，在 O' 点安置经纬仪，观测 $\angle M'O'N'$，检查其值是否为 $180°$，如果角度误差大于 $\pm10''$，说明不在同一直线上，应进行调整。调整时将 M'、O'、N' 沿与基线垂直的方向，移动相等的距离 l，得到位于同一直线上的 M、O、N 三点，，设 M、O 距离为 m，N、O 距离为 n，$\angle M'O'N'=\beta$，则 l 的计算如下：

$$l=\frac{mn}{m+n}\left(90°-\frac{\beta}{2}\right)''\frac{1}{\rho''}$$

(9-16)

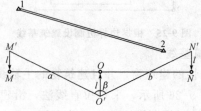

图 9-23　"一"字形建筑基线

待调整到一条直线后，用钢尺检查 M、O 和 N、O 的距离与设计值是否一致；若偏差大于 1/10 000，则以 O 点为基准，按设计距离调整 M、N 两点。

如图 9-24 所示的"L"形建筑基线，测设 M'、O、N' 三点后，在 O 点安置经纬仪，并检查 $\angle M'ON'$ 是否为 $90°$，如果偏差值 $\Delta\beta$ 大于 $\pm20''$，则保持 O 点不动，按精密角度测设时的改正方法，将 M' 和 N' 各改正，其中 A'、B' 改正偏距 L_M、L_N 的计算式分别为：

$$\begin{cases} L_M = MO\dfrac{\Delta\beta}{2\rho''} \\ L_N = NO\dfrac{\Delta\beta}{2\rho''} \end{cases} \tag{9-17}$$

M' 和 N' 沿直线方向上的距离检查与改正方法同"一"字形建筑基线。

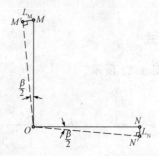

图 9-24 "L"形建筑基线

2. 根据边界桩测设建筑基线

在城市中，建筑用地的边界线，是由城市测绘部门根据经审准的规划图测设的，又称为"建筑红线"其界桩可作为测设建筑基线的依据。

如图 9-25 所示的 1、2、3 点为建筑边界桩，1—2 线与 2—3 线互相垂直，根据边界线设计"L"形建筑基线 MON。测设时采用平行线法，以距离 d_1 和 d_2，将 M、O、N 三点在实地标定出来，用经纬仪检查基线的角度是否为 $90°$，用钢尺检查基线点的间距是否等于设计值，必要时对 M、N 进行改正，即可得到符合要求的建筑基线。

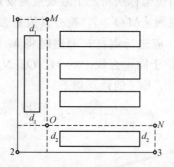

图 9-25 根据边界桩测设建筑基线

3. 根据建筑物测设建筑基线

在建筑基线附近有永久性的建筑物，并且建筑物的主轴线平行于基线时，可以根据建筑物测设建筑基线，如图 9-26 所示，采用拉直线法，沿建筑物的四面外墙延长一定的距离，得到直线 ab 和 cd，延长直线 ab 和 cd 得其交点 O，将经纬仪安置在 O 点，分别延长 ab 和 cd，使其符合设计长度，得到 M 和 N 点，用上述所讲方法对 M 和 N 进行调整便得到两条互相垂直的基线。

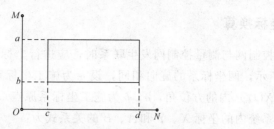

图 9-26　根据建筑物测设建筑基线

第四节　施工场地控制测量

一、建筑施工坐标系

施工坐标系统在设计总平面图上，建筑物的平面位置是用施工坐标系统的坐标来表示的。坐标轴的方向与主建筑物轴线的方向平行，坐标原点应虚设在总平面图的西南角，使所有建筑物坐标皆为正值。施工坐标系统与测量坐标系统之间关系的数据应由设计书中给出。某些厂区建筑物因受地形限制，不同区域建筑物的轴线方向不同，因此应布设相应区域的不同施工坐标系统。

二、建筑方格网建立原则

（1）等级。当厂区面积超过 1 km² 而又分期施工时，可分两级布网。其首级可以采用"田"字形、"口"字形或"十"字形，首级网下可采用Ⅱ级方格网分区加密。不超过 1 km² 的厂区应布设成Ⅱ级全面方格网，网中相邻点应连接，组成矩形；个别地方有困难时，可不连接，允许组成六边形。

（2）方格网的密度。每个方格网的大小，应根据建筑物的实际情况确定。方格的边长一般在 100～200 m 为宜。若边长大于 300 m 以上，中间加以补点。

（3）点位布置。便于方格网测量和施工定线需要来考虑，宜布设在建筑物周围、次要通道上或空隙处；坐标数值应是 5 或 10 的整倍数，不应有零数。

（4）方格点的标桩应能长期保存。方格点不要落在开挖的基础、埋设管线的范围内，或靠近建筑物处。一般应选在建筑物附近的空隙区，这样才能长期保存。

（5）点的埋设要方便，造价合理。

三、主轴线设计满足的要求

（1）主轴线应位于场地中央、狭长场地，亦可在场地的一边。主轴线的定位点（主轴点）不应少于 3 个（包括轴线交点）。

（2）纵、横轴线要互相垂直。若纵轴线较长时，横轴线应适当加密，纵、横轴线的长度应能控制整个建筑场地的范围。

（3）主轴线中，纵、横轴各个端点应布置在场区的边界上。为了便于恢复施工过程中损坏的轴线点，必要时可将主轴线的各个端点布置在场区外的延长线上。

（4）为了便于定线，量距和标石保护，轴线点不应落在建筑物上、各种管线上和道路中。

四、坐标换算

当施工控制网与测量控制网发生联系时，应进行坐标换算，以使其坐标系统统一，如图 9-27 所示，两坐标系的旋向相同，设 α 为施工坐标系（$AO'B$）的纵轴 $O'A$ 在测量坐标系（XOY）内的方位角，a、b 为施工坐标系原点 O' 在测量系内的坐标值，则 P 点在两坐标系统内的坐标 X、Y 和 A、B 的关系式为：

$$\begin{cases} X = a + A\cos\alpha \mp B\sin\alpha \\ B = b + A\sin\alpha \mp B\cos\alpha \end{cases} \tag{9-18}$$

$$\begin{cases} A = (X-a)\cos\alpha + (Y-b)\sin\alpha \\ Y = \mp(X-a)\sin\alpha \mp (Y-b)\cos\alpha \end{cases} \tag{9-19}$$

如图 9-28 所示，设 P_1、P_2 两点在两坐标系内的坐标值为已知，则可按下列公式计算出 α、a、b：

$$\alpha = \tan^{-1}\frac{Y_2 - Y_1}{X_2 - X_1} \mp \tan^{-1}\frac{B_2 - B_1}{A_2 - A_1} \tag{9-20}$$

$$a = X_2 - A_2\cos\alpha \pm B_1\sin\alpha$$
$$b = Y_2 - A_2\sin\alpha \mp B_2\cos\alpha \tag{9-21}$$

式（9-21）可作复核之用：

$$a = X_1 - A_1\cos\alpha \pm B_1\sin\alpha$$
$$b = Y_1 - A_1\sin\alpha \mp B_1\cos\alpha \tag{9-22}$$

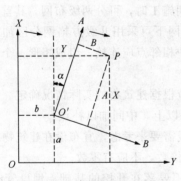

图 9-27　坐标值换算示意图

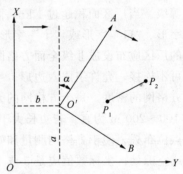

图 9-28　α 角换算示意图

如果两坐标系统的旋向不同，如图 9-29 所示，其坐标换算公式与上列各式形式相同，只有相关项要取下面的符号。

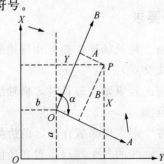

图 9-29　不同旋向坐标值换算示意图

五、建筑方格网设计

1. 建筑方格网的设计准备

（1）建筑方格网的建立原则需满足下列几点：

① 收集绘有设计的和已有的全部建（构）筑物、交通线路的平面图及管线位置的综合平面图，应是技术或施工图设计的总平面图，在图上还应附有坐标和高程。

② 收集建筑场地的测量控制网资料。

③ 收集施工坐标和测量坐标系统的换算数据。

当整个建筑场地有几个施工坐标系时，如图 9-30 所示，还应获得各坐标系的坐标轴和整个建筑场地的主坐标轴 MN 的交角 Q_1、Q_2，交点 P_1、P_2 在施工坐标系中的坐标。

④ 了解定线的精度要求。

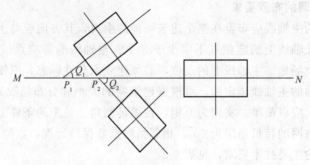

图 9-30　三个不同方向的轴线组成的施工坐标系统

（2）布设建筑方格网应注意以下几点：

① 建筑方格网的主轴线与主要建筑物的基本轴线平行，并使控制点接近测设对象。

② 建筑方格网的边长一般为 100～200 m，边长相对精度一般为 1/10 000～1/20 000，为了便于设计和使用，方格网的边长尽可能为 50 m 的整数倍。

③ 相邻方格点必须保持通视，各桩点均应能长期保存。

④ 选点时应注意便于测角、量距，点数应尽量少。

2. 建筑方格网定线精度

施工定位误差与建筑方格网的精度关系式应为：

$$m_u \leqslant \pm 0.45 m_0 \tag{9-23}$$

式中　m_u——方格网的精度；

　　　m_0——施工定位的误差。

建筑方格网与主轴线的精度关系式为：

$$m \leqslant \pm 0.89 m_u \tag{9-24}$$

式中　m——主轴线的精度。

主轴线和方格网的测设精度见表 9-1。

表 9-1　主轴线和方格网的测设精度　　　　　　　　　　　（单位：m）

定线的精度要求	0.10	0.20	0.40
方格网的点位中误差	0.045	0.09	0.18
主轴线的点位中误差	0.040	0.08	0.16

3. 建筑方格网的布置类型

建筑方格网的布置类型，如图 9-31 所示。

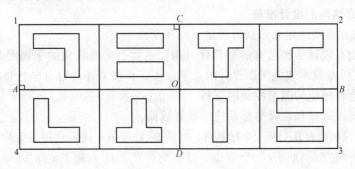

图 9-31　建筑方格网

4. 建筑方格网的布置要求

（1）方格网的主轴线应布设在整个建筑场地的中央，其方向应与主要建筑物的轴线平行或垂直，且长轴线上的定位点不应少于 3 个。主轴线的各端点应延长到场地的边缘，以便控制整个场地。主轴线上的点位，必须建立永久性标志，以便长期保存。

（2）当方格网的主轴线选定后，可根据建筑物的大小和分布情况适当加密方格网。在选定格网点时，应以简单、实用为原则，在满足测角、量距的条件下，格网点的点数应尽量减少。方格网的转折角应为 90°，相邻格网点要保持通视，点位要能长期保存。

建筑方格网的主要技术要求，见表 9-2。

表 9-2　建筑方格网的主要技术要求

等　　级	边长/m	测角中误差/ (″)	边长相对中误差
Ⅰ 级	100～300	5	≤1/30 000
Ⅱ 级	100～300	8	≤1/20 000

5. 建筑方格网的测设方法

1）建筑方格网点的定位

建筑方格网测量之前，应以主轴线为基础，将方格点的设计位置进行初步放样。要求初步放样的点位误差不得大于 5 cm。初步放样的点位设临时木桩标定，埋设永久性标桩。如设计点所在位置地面标高与设计标高相差很大，应在方格点设计位置附近的方向线上埋设临时木桩。

2）导线测量法

（1）中心轴线法。在建筑场地不大，布设一个独立的方格网就可满足施工定线要求时，则应先立方格网中心轴线，如图 9-32 所示，AB 为纵轴，CD 为横轴，中心交点为 O，轴线测设调整后，测设方格网，从轴线端点定出 N_1、N_2、N_3 和 N_4 点，组成大方格，通过测角、量边、平差、调整后构成一个四个环形的 Ⅰ 级方格网。根据大方格边上点位，定出边上的内分点和交会出方格中的中间点，作为网中的 Ⅱ 级点。

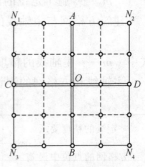

图 9-32　中心轴线方格网图

（2）附合于主轴线法。如果建筑场地面积较大，各生产连续的车间可以按其不同精度要求建立方格网，则可以在整个建筑场地测设主轴线，在主轴线下分部建立方格网，如图 9-33 所示为在一条三点直角形主轴线下建立由许多分部构成的一个整体建筑方格网。

（3）一次布网法。一般小型建筑场地和在开阔地区中建立方格网，可以采用一次布网。测设方法有两种情况：一是不测设纵横主轴线，尽量布成Ⅱ级全面方格网，如图 9-34 所示，可以将长边 $N_1 \sim N_5$ 先行定出，再从长边做垂直方向线定出其他方格点 $N_6 \sim N_{15}$，构成八个方格环形，通过测角、量距、平差、调整后构成一个Ⅱ级全面方格网；二是只布设纵横轴线作为控制，不构成方格网形。

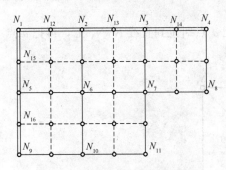

图 9-33　附合于主轴线方格网图

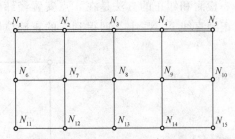

图 9-34　一次布设方格网图

3）三角测量法

采用三角测量法建立方格网有两种形式：一是附合于主轴线上的三角网，如图 9-35 所示，为中心六边形的三角网附合于主轴线 AOB 上；二是将三角网或三角锁附合于起算边上。

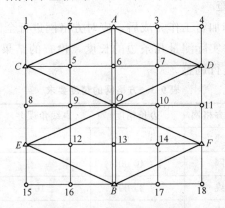

图 9-35　附合三角网方格网图

6. 建筑方格网的加密

1）直线内分点法

在一条方格边上的中间点加密方格点时，如图 9-36 所示，从已知点 A 沿 AB 方向线按设计要求精密丈量定出 M 点，由于定线偏差得 M'。置经纬仪于 M'，测定 $AM'B$ 的角值 β，按下式求得偏差值 δ：

$$\delta = \frac{S\Delta\beta}{2\rho} \tag{9-25}$$

式中　S——AM 的距离；

$$\Delta\beta \text{——} \Delta\beta = 180° - \beta.$$

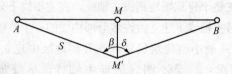

图 9-36　直线内分点加密方格点示意

2）方向线交会法

如图 9-37 所示，在方格点 N_1 和 N_2 上置经纬仪瞄准 N_4 和 N_3，此两方向线相交，得到 a 点，即方格网加密点。

检测和纠正的方法是在 a 点安置经纬仪，先把 a 点纠正到直线 $N_1 N_4$ 上，再把 a 点纠正到直线 $N_2 N_3$ 上，即得到 a 的正确位置。

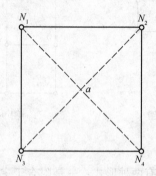

图 9-37　方向线法加密方格点示意

7. 建筑方格网的检查

建筑方格网的改正和加密工作完成后，应对方格网进行全面的实地检查测量。检查时可隔点设站测量角度并实际测量几条边的长度，检查的结果，应符合表 9-3 的要求。若有个别超出规定，应进行调整。

表 9-3　方格网的精度要求

等　　级	主轴线或方格网	边长精度	直线角误差	主轴线交角或直角误差
Ⅰ	主轴线	1∶50 000	±5″	±3″
	方格网	1∶40 000	—	±5″
Ⅱ	主轴线	1∶25 000	±10″	±6″
	方格网	1∶20 000	—	±10″
Ⅲ	主轴线	1∶10 000	±15″	±10″
	方格网	1∶8 000	—	±15″

六、主轴线的测设

1. 主轴线点初步位置的测定方法

（1）角度交会法。根据预先计算出的放样元素（交会轴线点的角度），在现场用两台经纬仪直接交会出点位，并到第三点上进行检查。交会法定点有两种方法，一种是两点前方交会定点，如图 9-38（a）所示，交会点相邻方向线交角 δ 宜为 $90°$；另一种为三点交会法，在三角形内交会时宜为 $120°$，如图 9-38（b）所示，允许在 $90°\sim150°$ 之间。在三个站上或三角形外交会时应在 $30°\sim120°$ 之间，如图 9-38（c）所示，以三角形内交会点精度最高。

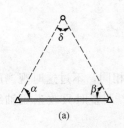
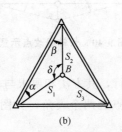
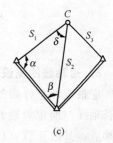

（a）　　　　　　　　　（b）　　　　　　　　　（c）

图 9-38　角度交会定点法

（2）极坐标法。如图 9-39 所示，将测量控制点 1、2、3 的坐标换算成建筑坐标系的坐标，并计算放样元素 φ_1、S_1、φ_2、S_2 和 φ_3、S_3。置经纬仪于测量控制点上，定出主轴线点 A、B、C 的位置，测定点位的精度。

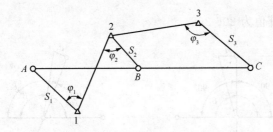

图 9-39　极坐标定点法

2．主轴线点初步位置的实地标定

主轴线点初步位置的实地标定是整个场地的坚强控制，无论采用何种方法测定，都必须在实地埋设永久性标桩。同时在设点埋设标桩时，务必使初步点位居桩顶的中部，以便设点时有较大活动余地。此外在选定主轴点的位置和实地埋设标桩时，应掌握桩顶的高程。

一般的桩顶面高于地面设计高程 0.3 m。否则可先埋设临时木桩，到场地平整以后，进行改点时，再换成永久性标桩。

3．主轴线点精确位置的测定

按极坐标法或角度交会法所测定的主轴线点初步位置，不会正好符合设计位置，因而必须将其联系在测量控制点上，并构成简单的典型图形，如三角形中插入一点、固定角插入一点等。然后进行三角测量和平差计算，求得主轴线点实测坐标值，并将其与设计坐标进行比较，根据其坐标差，将实测点与设计点相对位置展绘于透明纸上，在实地以测量控制点定向，改正至设计位置。一般要求主轴线定位点的点位中误差不得大于 5 cm（相对于测量控制点而言）。

4．主轴线方向的调整

主轴线点放到实地上，并非严格在一条直线上。通过调整的方法，可在轴线的交点上测定轴线的交角 β，如图 9-40 所示。测角中误差不应超过 $\pm2.5''$。若交角不为 $180°$，则应按下列公式计算改正值 δ：

$$\delta = -\frac{ab}{a+b}\left(90° - \frac{\beta}{2}\right)\frac{1}{\rho} \qquad (9\text{-}26)$$

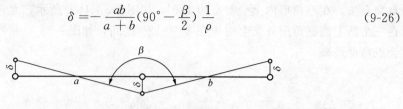

图 9-40　长轴线改点示意图

5. 短轴线的测设

应根据调整好后的长轴线进行，其方法和要求与长轴线所述相同，不过这时观测的是长轴线与所定短轴方向线在交点处两个夹角，如图 9-41 所示。调整时只改正短轴线的端点。其改正数 d 的计算式为：

$$d = l\frac{\delta}{\rho} \qquad (9\text{-}27)$$

式中　l——轴线交点至短轴线端点的距离；

δ——设计角为直角时 $\delta = \dfrac{\beta' - \alpha'}{2}$；设计角为倾斜角时 $\delta = \alpha - \left(90° - \dfrac{\beta' - \alpha'}{2}\right)$。

ρ——常数，其值为 206 265。

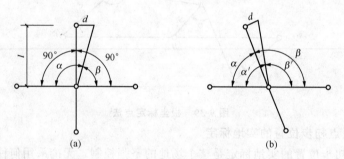

图 9-41　短轴线改点示意图

6. 主轴线长度的精度要求

(1) 量距相对误差。大型企业为 1∶50 000，中型企业为 1∶25 000，小型企业或民用建筑场地为 1∶10 000。

(2) 主轴线实量长度与附合测量控制点系统设计长度的差与全长之比不得大于 1∶10 000，以保证厂内外运输线路和管道的连接。

7. 主轴线点坐标的确定

主轴线经实际测量，若达到上述要求，则主轴线上点位坐标误差，应按实量长度推算改正。推算坐标的起算点，可任意决定一点（该点应选在建筑物定位精度要求较高的区域之内）。向其他方向推算，求出主轴线上各点施工坐标。

8. 注意事项

(1) 施工控制网应具有唯一的起始方向。施工控制网的起始坐标和起始方向，应根据测量控制点来测定。当测定好主轴线或长方向线后，以其作为施工平面控制网的起始方向。在控制网加密或建筑物定位时，不应再利用测量控制点来定向，否则将会使建筑物产生不同的位移和偏转，影响建筑工程的质量。

（2）通过一点测定主轴线。当主轴线定位不能通过三点来确定时，可只测定一点，在精测调整后，通过该点测出主轴线的设计方向。定位点的点位中误差（对五等测量控制点而言），不得大于 5 cm。主轴线的方向要根据三个后视点来测定。测角中误差不得大于 ±3″，由各后视点测得的同一方向的误差不得大于 ±15″。满足限差后取平均值，作为最后的结果，并按该结果将方向加以改正。

（3）根据地物测定施工控制网的起始方向。当建筑场地没有测量控制点或距离建筑场地较远不便应用时，则可根据总平面图及其设计要求，从某一地物出发用图解法取得测设施工控制网起始方向的数据，其施工坐标系统坐标轴的方向应与地物的中心线平行或垂直，坐标原点虚设在总平面图西南角某点，使所有建筑物的坐标皆为正值。

（4）轴线网测设的精度掌握。轴线网的测设精度，可以根据建筑物定位精度的不同要求灵活掌握。整个轴线网甚至同一条轴线的不同地段，不得强求用同一精度来测设。这样有利于加快工作进度而且能够达到施工定位的精度要求。

习题与思考

9-1　建筑基线的测设方法有哪些根据？

9-2　建筑方格网建立原则有哪些？

9-3　主轴线设计满足的要求是什么？

9-4　建筑方格网设计准备工作有哪些？

第十章 建筑施工测量

内容提要

　　掌握：建筑物的定位及放线；民用建筑施工测量；工业建筑施工测量；高层建筑施工测量；其他建筑施工测量。
　　了解：施工测量内容、特点和原则。

第一节 建筑施工测量基础

一、施工测量的工作内容

　　施工测量是施工的先导，贯穿于建筑物、构筑物施工的全过程。内容包括从施工前的场地平整、施工控制网的建立，到建（构）筑物的定位和基础放线，施工中各道工序的细部测设，构件与设备安装的测设工作；在工程竣工后，为了便于管理、维修和扩建，还需进行竣工测量，绘制竣工平面图；有些高大和特殊的建（构）筑物在施工期间和建成后还需定期进行变形观测，掌握变形规律，为工程设计、维护和使用提供资料。

二、施工测量的特点

1. 测量精度要求高

　　为了达到较高的施工测量精度要求，应使用经过检核的测量仪器和工具进行测量作业。测量方法和精度应符合相关的测量规范和施工规范的要求。对同类建（构）筑物来说，测设整个建（构）筑物的主轴线，以便确定其相对其他地物的位置关系时，测量精度要求可相对低一些；而测设建（构）筑物内部有关联的轴线，以及进行构件安装放样时，测量精度要求则相对高一些；如要对建（构）筑物进行变形观测，为了发现位置和高程的微小变化量，测量精度要求则更高。

2. 测量与施工进度关系密切

　　施工测量直接为工程的施工服务，每道工序施工前均要进行放样测量。为了不影响施工的正常进行，应按施工进度及时完成相应的测量工作。特别是现代工程项目，规模大，机械化程度高，施工进度快，对放样测量的密切配合提出了更高的要求。在施工现场，各工序常交叉作业，运输频繁，并有大量土方填挖和材料堆放，使测量作业的场地条件受到限制，视线被遮挡，测量桩点被破坏等。因此各种测量标志必须埋设稳固，并应设在不易破坏和碰动的位置，还应经常检查，如有损坏，应及时恢复，以满足施工现场测量的需要。

三、施工测量的原则

为了保证施工能够达到设计要求，施工测量与地形测量一样，也应遵循"由整体到局部，先控制后细部"的原则。即在施工之前，应先在施工现场建立统一的施工平面控制网和高程控制网，以此为基础，放样建筑物的细部位置。采取这一原则，可减少误差的累积，保证放样的精度，避免因建筑物众多而引起放样工作的混乱。

施工测量的另一原则是"步步有校核"，以防止差、错、漏的发生。施工测量不同于地形测量，施工测量责任重大，应使用经过检核的测量仪器和工具进行施工测量作业。在施工测量中出现的任何差错都可能造成严重的工程事故和经济损失。因此，测量人员应严格执行质量管理规定，仔细复核放样数据，内业计算和外业测量时均应认真操作，注意复核，避免出错，测量方法和精度应符合有关的测量规范和施工规范的要求。

四、施工测量的精度

施工测量的精度取决于工程的性质、规模、材料、施工方法等因素。如施工控制网的精度要求一般高于测图控制网的精度要求，高层建筑物的测设精度要求高于低层建筑物的测设精度，钢结构测设精度要求高于钢筋混凝土结构的测设精度，装配式建筑物测设精度要求高于非装配式建筑物的测设精度。

对于具体工程，施工测量的精度包括两种不同的要求：第一种是各建筑物主轴线相对于场地主轴线或其相互间位置的精度要求，即整体放样精度；第二种是建筑物本身各细部之间或各细部对建筑物主轴线相对位置的放样要求，即细部放样精度。总体来说，工程的细部放样精度要求往往高于整体放样精度。

第二节　建筑物的定位与放线

一、建筑物的定位

1．根据控制点定位

如果待定位建筑物的定位点设计坐标是已知的，且附近有高级控制点可以利用，则可根据实际情况选用极坐标法、角度交会法或距离交会法来测设定位点。三种方法中，极坐标法的适用性最强，因此是最常用的一种定位方法。

2．根据建筑方格网和建筑基线定位

如果待定位建筑物的定位点设计坐标是已知的，且建筑场地已设有建筑方格网或建筑基线，可利用直角坐标法测设定位点，也可用极坐标法等其他方法进行测设。其中直角坐标法所需要的测设数据的计算较为方便，在用经纬仪和钢尺实地测设时，建筑物总尺寸和四大角的精度容易控制和检核。

3．根据与原有建筑物和道路关系定位

（1）根据与原有建筑物的关系定位。

① 如图 10-1（a）所示，拟建建筑物的外墙边线与原有建筑物的外墙边线在同一条

直线上，两栋建筑物的间距为 15 m，拟建建筑物长轴为 54 m，短轴为 20 m，轴线与外墙边线间距为 0.15 m 时，可按下述方法测设其四个轴线交点：

A. 沿原有建筑物的两侧外墙拉线，用钢尺沿线从墙角往外量一段较短的距离（此处设为 3 m），在地面上定出 C_1 和 C_2 两个点，C_1 和 C_2 的连线为原有建筑物的平行线。

B. 在 C_1 点安置经纬仪，照准 C_2 点，用钢尺由 C_2 点沿视线方向量 15 m+0.15 m，在地面上定出 C_3 点，从 C_3 点沿视线方向量 54 m，在地面上定出 C_4 点，C_3 和 C_4 的连线即为拟建建筑物的平行线，其长度等于长轴尺寸。

C. 在 C_3 点安置经纬仪，照准 C_4 点，逆时针测设 90°，在视线方向上量 3 m+0.15 m，在地面上定出 D_1 点，从 D_1 点沿视线方向量 20 m，在地面上定出 D_4 点。同理，在 C_4 点安置经纬仪，照准 C_3 点，顺时针测设 90°，在视线方向上量 3 m+0.15 m，在地面上定出 D_2 点，从 D_2 点沿视线方向量 20 m，在地面上定出 D_3 点。则 D_1、D_2、D_3 和 D_4 点即为拟建建筑物的四个定位轴线点。

D. 在 D_1、D_2、D_3 和 D_4 点上安置经纬仪，检核四个大角是否为 90°，检核长轴是否为 54 m，短轴是否为 20 m。

② 如图 10-1（b）所示，则得到原有建筑物的平行线并延长到 C_3 点后，应在 C_3 点测设 90°并量距，定出 D_1 和 D_2 点，得到拟建建筑物的一条长轴；分别在 D_1 和 D_2 点测设 90°并量距，定出另一条长轴上的 D_4 和 D_3 点（注意不能先定短轴的两个点如 D_1 和 D_4 点，再在这两个点上设站测设另一条短轴上的两个点如 D_2 和 D_3 点，否则误差容易超限）。

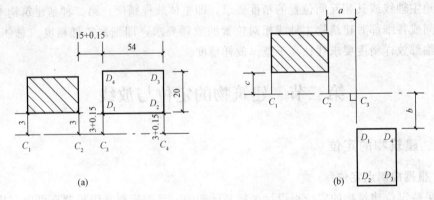

图 10-1　根据与原有建筑物的关系定位

(a) 拟建建筑物；(b) 测设图

（2）根据与原有道路的关系定位，如图 10-2 所示。拟建建筑物的轴线与道路中心线平行，轴线与道路中心线的距离如图所示，测设方法如下：

① 在每条道路上选两个合适的位置，分别用钢尺测量该处道路宽度，其宽度的 1/2 处即为道路中心点，得到路一中心线的两个点 D_1 和 D_2，同理得到路二中心线的两个点 D_3 和 D_4。

② 分别在路一的两个中心点上安置经纬仪，测设 90°，用钢尺测设水平距离 20 m，在地面上得到路一的平行线 A_1—A_2，同理做出路二的平行线 A_3—A_4。

③ 用经纬仪内延或外延这两条线，其交点即为拟建建筑物的第一个定位点 C_1。从 C_1 点沿长轴方向量 60 m，得到第二个定位点 C_2。

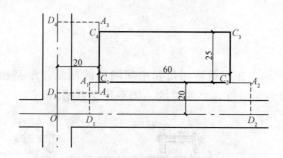

图 10-2　根据与原有道路的关系定位

④ 分别在 C_1 和 C_2 点安置经纬仪，测设直角和水平距离 25 m，在地面上定出 C_3 和 C_4 点。在 C_1、C_2、C_3 和 C_4 点上安置经纬仪，检核角度是否为 90°，用钢尺量四条轴线的长度，检核长轴是否为 60 m，短轴是否为 25 m。

二、测设细部轴线的交点

如图 10-3 所示，1 轴、5 轴、A 轴和 G 轴是建筑物的四条外墙主轴线，其交点 A1、G1、A5 和 G5 是建筑物的定位点，并已在地面上测设完毕、打好桩点，各主次轴线间隔见图，其次要测设轴线与主轴线的交点。

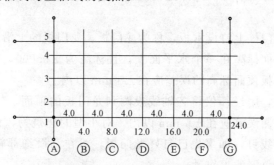

图 10-3　测设细部轴线交点

在 A1 点安置经纬仪，照准 G1 点，把钢尺的零端对准 A1 点，沿视线方向拉钢尺，在钢尺上读数等于 A 轴和 B 轴间距（4.0 m）的地方打下木桩，打桩的过程中要经常用仪器检查桩顶是否偏离视线方向，并应经常拉一下钢尺，检查钢尺读数是否还在桩顶上，如有偏移应及时调整。打好桩后，用经纬仪视线指挥在桩顶上画一条纵线，拉好钢尺，在读数等于轴间距处面一条横线，两线交点即 1 轴与 B 轴的交点。

在测设 1 轴与 C 轴的交点 C1 时，方法同上，注意要将钢尺的零端对准 A1 点，并沿视线方向拉钢尺，而钢尺读数应为 A 轴和 C 轴间距（8.0 m），这种做法可以减小钢尺对点误差，避免轴线总长度增长或减短。如此依次测设 1 轴与其他有关轴线的交点。测设完最后一个交点后，用钢尺检查各相邻轴线桩的间距是否等于设计值，误差应小于 1/3000。

测设完 1 轴上的轴线点后，用同样的方法测设 5 轴、A 轴和 G 轴上的轴线点。如果建筑物尺寸较小，也可用拉细线绳的方法代替经纬仪定线，沿细线绳拉钢尺量距。

三、引测轴线

1. 龙门板法

（1）如图 10-4 所示，在建筑物四角和中间隔墙的两端，距基槽边线约 2 m 处，牢固地埋设大木桩，称为龙门桩，并使桩的一侧平行于基槽。

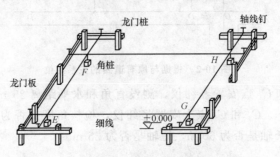

图 10-4　龙门桩示意图

（2）根据附近水准点，用水准仪将 ±0.000 标高测设在每个龙门桩的外侧上，并画出横线标志。如果现场条件不允许，也可测设比 ±0.000 高或低一定数值的标高线，同一建筑物宜只用一个标高。如因地形起伏大用两个标高时，应标注清楚，以免使用时发生错误。

（3）在相邻两龙门桩上钉设木板，称为龙门板。龙门板的上沿应与龙门桩上的横线对齐，使龙门板的顶面标高在一个水平面上，且标高为 ±0.000，也可比 ±0.000 高或低一定的数值，龙门板顶面标高的误差应在 ±5 mm 以内。

（4）根据轴线桩，用经纬仪将各轴线投测到龙门板的顶面，钉上小钉作为轴线标志，称为轴线钉，投测误差应在 ±5 mm 以内。对小型的建筑物，也可用拉细线绳的方法延长轴线，钉上轴线钉，如事先已打好龙门板，可在测设细部轴线的同时钉设轴线钉，可减少重复安置仪器的工作量。

（5）用钢尺沿龙门板顶面检查轴线钉的间距，其相对误差不应超过 1/3000。

2. 轴线控制桩法

由于龙门板需用较多的木料，且占用场地，使用机械开挖时容易被破坏，因此也可在基槽或基坑外各轴线的延长线上测设轴线控制桩，作为恢复轴线的依据。即使采用了龙门板，为了防止被碰动，也应对主要轴线测设轴线控制桩。

轴线控制桩的引测主要采用经纬仪法，当引测到较远的地方时，要注意采用盘左和盘右两次投测取中法来引测，以减少引测误差和避免错误的出现。

3. 确定开挖边线

先按基础剖面图给出的设计尺寸，计算基槽的开挖宽度，如图 10-5 所示。

$$L = A + nh \tag{10-1}$$

式中　A——基底宽度，可由基础剖面图查取（m）；

　　　h——基槽深度（m）；

　　　n——边坡坡度的分母。

根据计算结果，在地面上以轴线为中线往两边各量出 $L/2$，拉线并撒上白灰，即为

154

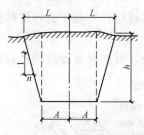

图 10-5　基槽开挖

开挖边线。如果是基坑开挖，则只需按最外围墙体基础的宽度及放坡确定开挖边线。

第三节　民用建筑施工测量

一、基槽开挖深度测量

基础开挖前，按照基本图（即基础大样图）上的基槽宽度，并顾及基础挖深应放坡的尺寸，计算出基础开挖边线的宽度。为了控制基槽开挖深度，当基槽挖到接近槽底设计高程时，应在槽壁上测设一些水平桩，具体位置在离坑底设计高程 0.3～0.5 m 处、每隔 2～3 m 和拐点位置。使水平桩的上表面离槽底设计高程为某一整分米数，用以控制挖槽深度，也可作为槽底清理和打基础垫层时掌握标高的依据。

水平桩可以是木桩，也可以是竹桩。测设时，以画在龙门板或周围固定地物的 ±0.000 标高线为已知高程点，用水准仪进行测设。小型建筑物也可用连通水管法进行测设。水平桩上的高程误差应在 ±10 mm 以内。

二、垫层标高控制测量

垫层面标高的测设应以水平桩为依据在槽壁上弹线，也可在槽底打入垫层标高桩，使桩顶标高等于垫层面的标高。如果垫层需安装模板，可以直接在模板上弹出垫层面的标高线。

如果是机械开挖，一般是一次挖到设计槽底或坑底的标高。因此要在施工现场安置水准仪，边挖边测，随时指挥挖土机调整挖土深度，使槽底或坑底的标高略高于设计标高（一般为 10 cm，留给人工清土）。挖完后，为了给人工清底和打垫层提供标高依据，还应在槽壁或坑壁上打水平桩，水平桩的标高一般为垫层面的标高。当基坑底面积较大时，为便于控制整个底面的标高，应在坑底均匀地打一些垂直桩，使桩顶标高等于垫层面的标高。

三、基础标高测设

在垫层之上、±0.000 以下的砖墙统称为基础墙。基础墙的标高一般是用基础皮数杆控制的。皮数杆是用一根木杆做成，杆上注明 ±0.000 的位置，按照设计尺寸将砖和灰缝的厚度、分皮从上往下画出来，还应注明防潮层和预留洞口的标高位置，如图 10-6 所示。立皮数杆时，可先在立杆处打一木桩，用水准仪在木桩侧面测设一条高于垫层设计标高某一数值（如0.2 m）的水平线，将皮数杆上标高相同的一条线与木桩上的水平线对齐，用铁钉把皮数杆和木桩钉在一起。立好皮数杆后，即可作为砌筑基础墙的标高依据。

对于采用钢筋混凝土的基础，可用水准仪将设计标高测设于模板上。

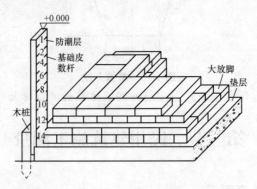

图 10-6　基础皮数杆

四、垫层上测设中心线

垫层打好后，根据龙门板上的轴线钉或轴线控制桩，用经纬仪或用拉线挂吊锤的方法，把轴线投测到垫层面上，并用墨线弹出基础中心线和边线，以便砌筑基础或安装基础模板。

五、楼房墙体轴线测设

1. 首层楼房墙体轴线测设

基础工程结束后，应对龙门板或轴线控制桩进行检查复核，防止基础施工期间发生碰动、位移。复核无误后，可根据轴线控制桩或龙门板上的轴线钉，用经纬仪法或拉线法，把首层楼房的墙体轴线测设到防潮层上，并弹出墨线，用钢尺检查墙体轴线的间距和总长是否等于设计值，用经纬仪检查外墙轴线四个主要交角是否等于90°。符合要求后，把墙轴线延长到基础外墙侧面上并弹线和做出标志，作为向上投测各层楼房墙体轴线的依据。门、窗和其他洞口的边线，也可在基础外墙侧面上做出标志。

墙体砌筑前，根据墙体轴线和墙体厚度，弹出墙体边线，照此进行墙体砌筑。砌筑到一定高度后，用吊锤线将基础外墙侧面上的轴线引测到地面以上的墙体上，以免基础覆土后看不见轴线标志。如果轴线处是钢筋混凝土柱，亦可在拆柱模后将轴线引测到桩身上。

2. 二层及以上楼房墙体轴线测设

每层楼面建好后，为了保证继续往上砌筑墙体时墙体轴线均与基础轴线在同一铅垂面上，应将基础或首层墙面上的轴线投测到楼面上，并在楼面上重新弹出墙体的轴线，经检查无误后，以此为依据弹出墙体边线，往上砌筑。从下往上进行轴线投测是关键，一般多层建筑常用吊锤线。

将较重的垂球悬挂在楼面的边缘，慢慢移动，使垂球尖对准地面上的轴线标志，或使吊锤线下部沿垂直墙面方向与底层墙面上的轴线标志对齐，吊锤线上部在楼面边缘的位置就是墙体轴线位置，在此画一条短线作为标志，便在楼面上得到轴线的一个端点，同法投测另一端点，两端点的连线即为墙体轴线。

应将建筑物的主轴线投测到楼面上，并弹出墨线，用钢尺检查轴线间的距离，其相对误差不得大于 1/3000。符合要求之后，以这些主轴线为依据，用钢尺内分法测设其他细部轴线。在困难的情况下至少应测设两条垂直相交的主轴线，检查交角合格后，用经纬仪和钢尺测设其他主轴线，根据主轴线测设细部轴线。

六、楼房墙体标高测设

1. 首层楼房墙体标高测设

墙体砌筑时，其标高用墙身皮数杆控制。在皮数杆上根据设计尺寸，按砖和灰缝厚度画线，并标明门、窗、过梁、楼板等的标高位置。杆上标高注记从 ±0.000 向上增加。

墙身皮数杆一般立在建筑物的拐角和内墙处，固定在木桩或基础墙上。为便于施工，当采用里脚手架时，皮数杆应立在墙的外边；当采用外脚手架时，皮数杆应立在墙的里边。立皮数杆时，应用水准仪在立杆处的木桩或基础墙上测设出 ±0.000 标高线，测量误差应在 ±3 mm 以内。把皮数杆上的 ±0.000 标高线与该线对齐，用吊锤校正并用钉钉牢，必要时可在皮数杆上加两根斜撑，以保证皮数杆的稳定。

2. 二层及以上楼房墙体标高测设

（1）利用皮数杆传递标高。一层楼房墙体砌完并建好楼面后，把皮数杆移到二层继续使用。为了使皮数杆立在同一水平面上，应用水准仪测定楼面四角的标高，取其平均值作为二楼的地面标高，并在立杆处绘出标高线。立杆时将皮数杆的 ±0.000 标高线与该线对齐，以皮数杆为标高的依据进行墙体砌筑，逐层往上传递高程。

（2）利用钢尺传递标高。在标高精度要求较高时，可用钢尺从底层的 +50 cm 标高线起往上直接丈量，把标高传递到第二层。根据传递上来的高程测设第二层的地面标高线，以此为依据立皮数杆。在墙体砌筑到一定高度后，用水准仪测设该层的 +50 cm 标高线，往上一层的标高以此为准用钢尺传递，逐层传递标高。

第四节 高层建筑施工测量

一、高层建筑施工测量基础

1. 高层建筑施工测量的特点

在高层建筑的施工测量中，由于地面施工部分测量精度要求较高，高层施工部分场地较小，测量工作条件受到限制，并且容易受到施工干扰，所以施工测量的方法和所用的仪器与一般建筑施工测量有所不同。具体特点包括以下几点：

（1）由于建筑物层数多、高度高，结构竖向偏差直接影响工程受力情况，因此施工测量中要求竖向投点精度高，所选用的仪器和测量方法要适应结构类型、施工方法和现场情况。

（2）由于建筑物结构复杂，设备和装修标准较高，特别是电梯的安装等，对施工测量精度要求更高。一般情况下在设计图纸中标注有总允许偏差值，由于施工时会有误差产生，因此测量误差只能控制在总允许偏差值范围内。

（3）由于建筑平面、立面造型复杂多变，因此要求开工前应制定施工测量方案，进行仪器配备、测量人员的分工，并经工程指挥部组织有关专家论证后方可实施。

2. 高层建筑施工测量的原则

（1）遵守国家法令、政策和规范，明确为工程施工服务的宗旨。

（2）遵守先整体后局部和高精度控制低精度的工作程序。

（3）有严格审核制度。

（4）建立一切定位、放线工作要经自检、互检合格后，方可申请主管部门验收的工作制度。

二、高层建筑施工方格网的测设

根据设计给出的定位依据、条件，进行高层建筑的定位放线，是确定建筑物平面位置和进行基础施工的关键环节。施测时必须保证精度，故宜采用测设专用的施工方格网的形式来定位。

施工方格网是测设在基坑开挖范围以外一定距离，平行于建筑物主要轴线方向的矩形控制网，如图 10-7 所示，M、N、P、Q 为拟建高层建筑的四大角轴线交点，A、B、C、D 是施工方格网的四个角点。施工方格网在总平面布置图上进行设计，应根据现场情况确定其各条边线与建筑轴线的间距，确定四个角点的坐标。在现场根据城市测量控制网或建筑场地上测量控制网，用极坐标法或直角坐标法，在现场测设出来并打桩。应在现场检核方格网的四个内角和四条边长，并按设计角度和尺寸进行相应的调整。

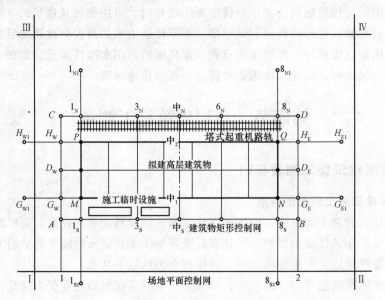

图 10-7　高层建筑定位测量

三、高层建筑主轴线控制桩的测设

在施工方格网的四边上，根据建筑物主要轴线与方格网的间距，测设主要轴线的控制桩，如图 10-7 所示，1_S、1_N 为轴线 MP 的控制桩，8_S、8_N 为轴线 NQ 的控制桩，G_W、G_E 为轴线 MN 的控制桩，H_W、H_E 为轴线 PQ 的控制桩。测设时以施工方格网各边的两端控制点为准，用经纬仪定线，用钢尺拉通尺量距，打桩定点。测设好这些轴线控制桩后，施工时可方便准确地在现场确定建筑物的四个主要角点。

除了四廓的轴线外，建筑物的中轴线等重要轴线也应在施工方格网边线上测设出来，与四廓的轴线一起，称为施工控制网中的控制线，一般要求控制线的间距为 30～50 m。控制线的增多，可为日后测设细部轴线带来条件，也便于校核轴线偏差。如果高层建筑是分期、分区施工，为满足某局部区域定位测量的需要，应把对该局部区域有控制意义的轴线在施工方格网边线测设出来。施工方格网控制线的测距精度不低于 1/10 000，测角精度不低于 ±10″。

四、高层建筑基坑开挖边线的测设

高层建筑一般均有地下室，因此要进行基坑开挖。开挖前，应根据建筑物的轴线控制桩确定角桩及建筑物的外围边线，还应考虑边坡的坡度和基础施工所需工作面的宽度，测设出基坑的开挖边线并撒出灰线。

五、高层建筑基础放线

（1）直接做垫层，做箱形基础或筏板基础。要求在垫层上测设基础的各条边界线、梁轴线、墙宽线和柱位线等。

（2）在基坑底部打桩或挖孔，做桩基础。要求在坑底测设各条轴线和桩孔的定位线，桩做完后，还应测设桩承台和承重梁的中心线。

（3）做桩，在桩上做箱形基础或筏板基础，组成复合基础。此时的测量工作是前两种情况的结合。

六、高层建筑基础标高的测设

基坑完成后，应用水准仪根据地面上的 ±0.000 水平线，将高程引测到坑底，并在基坑护坡的钢板或混凝土桩上做好标高为负的整米数的标高线。由于基坑较深，引测时可多转几站观测，也可用悬吊钢尺代替水准尺进行观测。在施工过程中，如果是桩基础，应控制好各桩的硬面高程；如果是箱形基础或筏板基础，则可直接将高程测设到竖向钢筋和模板上，作为安装模板、绑扎钢筋和浇筑混凝土的标高依据。

七、高层建筑轴线投测的方法

1. 经纬仪投测法

当施工场地比较宽阔时，多使用此法进行竖向投测，将经纬仪安置在轴线控制桩上，对中、整平，盘左照准建筑物底部的轴线标志，往上转动望远镜，用其竖丝指挥在施工层楼面边缘上画一点；盘右再次照准建筑物底部的轴线标志，同法在该处楼面边缘上画出另一点，取两点的中间点作为轴线的端点。其他轴线端点的投测与此法相同。

当建筑楼层较高时，经纬仪投测时的仰角较大，操作不方便，误差也较大。因此应将轴线控制桩用经纬仪引测到远处（大于建筑物高度）稳固的地方后，再继续往上投测。如果周围场地有限，也可引测到附近建筑物的屋面上，如图 10-8 所示，在轴线控制桩 M_1 上安置经纬仪，照准建筑物底部的轴线标志，将轴线投测到楼面上 M_2 点处，在 M_2 上安置经纬仪，照准 M_1 点，将轴线投测到附近建筑物屋面上 M_3 点处，在 M_3 点处安置经纬仪，投测更高楼层的轴线。注意上述投测工作均采用盘左盘右取中法进行，以减少投测的误差。

所有主轴线投测后，应进行角度和距离的检核。经检核合格后，以此为依据测设其他轴线。

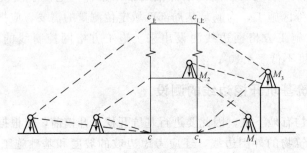

图 10-8　经纬仪投测法

2. 吊线坠法

当周围建筑密集，施工场地窄小，无法在建筑物以外的轴线上安置经纬仪时，可采用此法进行竖向投测。吊线坠法与吊锤线法的原理是一样的，只是线坠的重量更大，吊线（细钢丝）的强度更高。为减少风力的影响，还应将线坠的位置放在建筑物内部。

3. 铅直仪法

（1）垂准经纬仪，如图 10-9 所示。该仪器的特点是在望远镜的目镜位置上配有弯曲成 90°的目镜，使仪器铅直指向正上方时，测量人员能方便地进行观测。该仪器的中轴是空心的，使仪器也能观测正下方的目标。

使用时，将仪器安置在首层地面的轴线点标志上，严格对中、整平，由弯管目镜观测。当仪器水平转动一周时，若视线一直指向一点，说明视线方向处于铅直状态，可以向上投测。投测时，视线通过楼板上预留的孔洞，将轴线点投测到施工层楼板的透明板上定点。为提高投测精度，应将仪器照准部水平旋转一周，在透明板上投测多个点，构成一个小圆，取小圆的中心作为轴线点的位置。同法用盘右位置再投

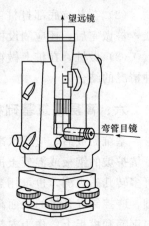

望远镜

弯管目镜

图 10-9　垂准经纬仪

测一次，取两次的中点作为最后结果。由于投测时仪器安置在施工层下面，因此在施测过程中应对仪器和工作人员采取安全保护措施，防止坠物伤人。

（2）激光经纬仪。激光经纬仪用于高层建筑轴线竖向投测，其方法与垂准经纬仪是相同的，特点是用可见激光代替人眼观测。投测时，在施工层预留孔中央设置用透明聚酯膜片绘制的接收靶，在地面轴线点处对中、整平仪器，启动激光器，调节望远镜调焦

螺旋，使投射在接收靶上的激光束光斑最小，水平旋转仪器，检查接收靶上光斑中心是否在同一点，或画出一个很小的圆圈，以保证激光束铅直。移动接收靶使其中心与光斑中心或小圆圈中心重合，将接收靶固定，则靶心即为要投测的轴线点。

（3）激光铅直仪。激光铅直仪用于高层建筑轴线竖向投测时，其原理和方法与激光经纬仪基本相同，主要区别在于对中方法。激光经纬仪是用光学对中器进行对中，而激光铅直仪是用激光管尾部射出的光束进行对中。

八、高层建筑的高程传递

在高层建筑的施工过程中，要从地坪层测设的 1 m 标高线逐层向上传递高程（标高），使上层的楼板、窗台、梁、柱等构件符合设计标高。高程传递通常用以下两种方法。

1. 钢卷尺垂直丈量法

用水准仪将底层 1 m 标高线连测至可向上层直接丈量的竖直墙面或柱面，用钢卷尺沿墙面或柱面直接向上至某一层，量取两层之间的设计标高差，得到该层的 1 m 标高线（离该层地板的设计结构标高的高差为 +1.000 m），如图 10-10 所示。然后再在该层上用水准仪测设 1 m 标高线于需要设置之处，以便于该层各种建筑结构物的设计标高的测设。

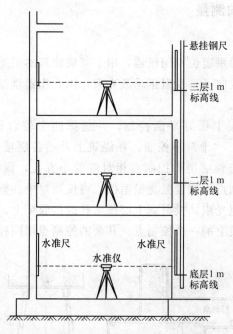

图 10-10　钢卷尺垂直丈量法传递高程

2. 全站仪天顶测距法

高层建筑中的垂准孔（或电梯井等）为光电测距提供了一条从底层至顶层的垂直通道，利用此通道在底层架设全站仪，将望远镜指向天顶，在各层的垂直通道上安置反射棱镜，即可测得仪器横轴至棱镜横轴的垂直距离，加仪器高，减棱镜常数，即可算得高差，如图 10-11 所示。

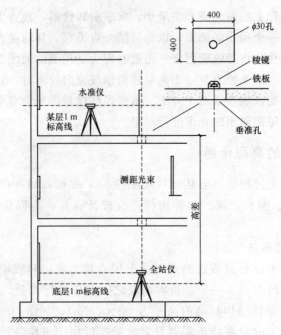

图 10-11　全站仪天顶测距法传递高程

九、高层建筑竖向测量

1. 激光铅垂仪法

激光铅垂仪是一种铅垂定位专用仪器，用于高层建筑的铅垂定位测量。激光铅垂仪可以从两个方向（向上或向下）发射铅垂激光束，用其作铅垂基准线，精度较高，操作也比较简便。

此法必须在首层面层上做好平面控制，并选择四个较合适的位置作控制点，如图 10-12 所示，或用中心"十"字控制，在浇筑上升的各层楼面时，应在相应的位置预留200 mm×200 mm 与首层层面控制点相对应的小方孔，保证能使激光束垂直向上穿过预留孔。在首层控制点上架设激光铅垂仪，将仪器对中、整平后启动电源，使激光铅垂仪发射出可见的红色光束，投射到上层预留孔的接收靶上，查看红色光斑点离靶心最小点，此点即为第二层上的一个控制点。其余的控制点用同样方法做向上传递。

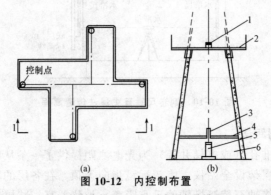

(a)　　　　　　　　　(b)

图 10-12　内控制布置

（a）控制点设置；（b）垂向预留孔设置

1—中心靶；2—滑模平台；3—通光管；4—防护棚；5—激光铅垂仪；6—操作间

2．天顶垂准测量

（1）标定下标志和中心坐标点位，在地面设置测站，将仪器对中、整平，装上弯管棱镜，在测站天顶上方设置目标分划板，位置大致与仪器垂直或设置在已标出的位置上。

（2）将望远镜指向天顶，固定后调焦，使目标分划板呈现清晰，置望远镜十字丝与目标分划板上的参考坐标 X、Y 轴相互平行，分别置横丝和纵丝读取 x 和 y 的格值 GJ 和 CJ 或置横丝与目标分划板 Y 轴重合，读取 x 格值 GJ。

（3）转动仪器照准架 $180°$，重复上述步骤，分别读取 x 格值 $G'J$ 和 y 格值 $C'J$。调动望远镜微动手轮，将横丝与 $\dfrac{GJ+G'J}{2}$ 格值重合，将仪器照准架旋转 $90°$，置横丝与目标分划板 x 轴平行，读取 y 格值 $C'J$，略调微动手轮，使横丝与 $\dfrac{CJ+C'J}{2}$ 格值重合。

所测得 $x_J=\dfrac{GJ+G'J}{2}$；$y_J=\dfrac{CJ+C'J}{2}$ 的读数为一个测回，记入手簿作为原始依据。在数据处理及精度评定时应按下列公式进行计算：

$$m_x \text{ 或 } m_y = \pm\sqrt{\frac{\sum_1^4\sum_{i+1}^{10}v_{ij}^2}{N(n-1)}} \tag{10-2}$$

$$m=\pm\sqrt{m_x^2+m_y^2} \tag{10-3}$$

$$r=\frac{m}{n} \tag{10-4}$$

$$r''=\frac{m}{n}\rho'' \tag{10-5}$$

式中　v——改正数；

$\quad\quad N$——测站数；

$\quad\quad n$——测回数；

$\quad\quad m$——垂准点位中误差；

$\quad\quad r$——垂准测量相对精度；

$\quad\quad \rho''$——常数，其值为 206 265。

3．天底垂准测量

（1）根据工程的外形特点及现场情况，拟定测量方案，并做好观测前的准备工作。定出建筑物底层控制点的位置及在相应各楼层留设俯视孔，一般孔径为 150 mm，各层俯视孔的偏差 $\leqslant\phi 8$ mm。

（2）把目标分划板放置在底层控制点上，使目标分划板中心与控制点标志的中心重合。

（3）开启目标分划板附属照明设备。

（4）在俯视孔位置上安置仪器。

（5）基准点对中。

（6）当垂准点标定在所测楼层面十字丝目标上后，用墨线弹在俯视孔边上。

（7）利用标定出来的楼层上十字丝作为测站，即可测角放样，测设高层建筑物的轴线。数据处理和精度评定与天顶垂准测量相同。

十、滑膜施工测量

1．铅直度观测

滑模施工的质量关键是保证铅直度。可采用经纬仪投测法或激光铅垂仪投测法。

2．标高测设

首先在墙体上测设+1.00 m 的标高线，用钢尺由标高线沿墙体向上测量，将标高测设在滑模的支撑杆上。为减少逐层读数误差的影响，可采用数层累计读数的测量方法。

3．水平度观测

在滑升过程中，若施工平台发生倾斜，则倾斜的结构就会发生偏扭，将直接影响建筑物的垂直度，因此施工平台的水平度是十分重要的。应在每层停滑间歇时，用水准仪在支撑杆上独立进行两次抄平，互为检核，标注红三角，再利用红三角，在支撑杆上弹设一分划线，以其控制各支撑点滑升的同步性，从而保证施工平台的水平度。

第五节　工业建筑施工测量

一、工业厂房控制网建立前的准备工作

1．制定厂房矩形控制网的测设方案及计算测设数据

厂房矩形控制网的测设方案是根据厂区的总平面图、厂区控制网、厂房施工图和现场地形情况等资料制定的。其主要内容为：确定主轴线位置、矩形控制网位置、距离指标桩的点位、测设方法和精度要求。在确定主轴线点及矩形控制网位置时，考虑到控制点要长期保存，应避开地上和地下管线；位置应距厂房基础开挖边线以外 1.5～4 m。距离指标桩即沿厂房控制网各边每隔若干柱间距埋设一个控制桩，故其间距一般为厂房柱距的倍数，且不应超过所用钢尺的整尺长。

2．绘制测设略图

根据厂区的总平面图、厂区控制网、厂房施工图等资料，按一定比例绘制测设略图，为测设工作做准备。

二、工业厂房控制网建立方法

1．单一的厂房矩形控制网的测设方法

（1）基线（长边线）的测设。根据厂区控制网定出一条边长，如图 10-13 所示，*A—B*，作为基线推出其余三边。

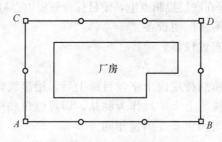

图 10-13　矩形控制网图

□—矩形控制网图角桩；○—距离指标桩

（2）矩形控制网的测设。与一般民用建筑相比，工业厂房的柱子多、轴线多，且施

工精度要求高。因此，在基线的两端 A 与 B 测设直角，设置矩形的两条短边，并定出 C、D 点，并在 C、D 点安置仪器检查角度，并丈量 CD 的边长进行检查。在丈量矩形网各边长时，应同时测出距离指标桩。矩形控制网只适用于一般中小型厂房。

2. 柱列轴线的测设方法

在厂房控制网测设后，可根据柱列轴线间距及跨距的设计尺寸从靠近的距离指标桩量起将各柱列轴线测设于实地，如图 10-14 中所注明的ⒶⒶ、ⒷⒷ、①①、②②等柱列轴线。这些轴线是基坑放样和构件安装的依据。

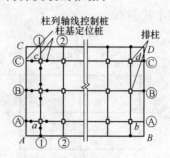

图 10-14　柱列轴线

三、不同形式工业厂房控制网建立

1. 中小型厂房控制网的建立

如图 10-15 所示，根据测设方案与测设略图，将经纬仪安置在建筑方格网点 E 上，分别精确照准 D、H 点。自 E 点沿视线方向分别量取 $Eb=35.00$ m 和 $Ec=28.00$ m，定出 b、c 两点。将经纬仪分别安置于 b、c 点上，用测设直角的方法分别测出 bⅣ、cⅢ方向线，沿 bⅣ方向测设出Ⅰ、Ⅳ两点，沿 cⅢ方向测设出Ⅱ、Ⅲ两点，在Ⅰ、Ⅱ、Ⅲ、Ⅳ四点上钉上木桩，做好标志。检查控制桩Ⅰ、Ⅱ、Ⅲ、Ⅳ各点的直角是否符合精度要求，一般情况下其误差不应超过 $\pm10''$，各边长度相对误差不应超过 1/10 000～1/25 000。

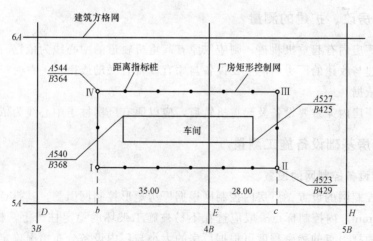

图 10-15　矩形控制网示意图

2. 大型工业厂房控制网的建立

对于大型或设备基础复杂的厂房，由于其施测精度要求较高，为保证后期测设的精度，其矩形厂房控制网的建立一般分两步进行，应先依据厂区建筑方格网精确测设出厂房控制网的主轴线及辅助轴线（可参照建筑方格网主轴线的测设方法进行），当检核达到精度要求后，再根据主轴线测设厂房矩形控制网，并测设各边上的距离指示桩，一般距离指示桩位于厂房柱列轴线或主要设备中心线方向上。最后应进行精度校核，直至达到精度要求。大型厂房的主轴线的测设精度，边长的相对误差不应超过 1/30 000，角度偏差不应超过 ±5″。

如图 10-16 所示，主轴线 *MON* 和 *HOG* 分别选定在厂房柱列轴线ⓒ和③轴上，Ⅰ、Ⅱ、Ⅲ、Ⅳ为控制网的四个控制点。

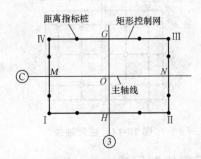

图 10-16 大型厂房矩形控制网的测设

测设时，首先按主轴线测设方法将 *MON* 测设于地面上，以 *MON* 轴为依据测设短轴 *HOG*，并对短轴方向进行方向改正，使轴线 *MON* 与 *HOG* 正交，限差为 ±5″。主轴线方向确定后，以 *O* 点为中心，用精密丈量的方法测定纵、横轴端点 *M*、*N*、*H*、*G* 位置，主轴线长度相对精度为 1/5000。主轴线测设后，可测设矩形控制网，测设时分别将经纬仪安置在 *M*、*N*、*H*、*G* 四点，瞄准 *O* 点测设 90°方向，交会定出Ⅰ、Ⅱ、Ⅲ、Ⅳ四个角点，精密丈量 *M*Ⅰ、*M*Ⅱ、*N*Ⅱ、*N*Ⅳ、*H*Ⅰ、*H*Ⅳ、*G*Ⅳ、*G*Ⅲ长度，精度要求同主轴线，不满足精度要求时应进行调整。

四、厂房改、扩建的测量

（1）若厂房内有起重机轨道，则应以原有起重机轨道的中心线为依据。

（2）扩建与改建的厂房内的主要设备与原有设备有联动或衔接关系时，应以原有设备中心线为依据。

（3）若厂房内无重要设备及起重机轨道，应以原有厂房柱子中心线为依据。

五、厂房基础设备施工测量

1. 基础设备控制网的设置

（1）内控制网的设置。厂房内控制网根据厂房矩形控制网引测，其投点允许偏差应为 ±2～±3 mm，内控制标点一般应选在不易被施工破坏的稳定柱子上，标高应一致，以便量距及通视。点的稀密程度可根据厂房的大小与厂内设备分布情况确定，在达到施工定线的要求下，尽可能少布点，减少工作量。

① 中小型设备基础内控制网的设置。内控制网的标志一般采用在柱子上预埋标板，如图 10-17 所示，将柱中心线投测于标板之上，以构成内控制网。

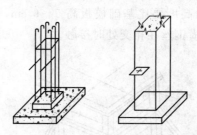

图 10-17　柱子标板设置

② 大型设备基础内控制网的设置。大型连续生产设备基础中心线段地脚螺栓组中心线很多，为便于施工放线，将槽钢水平的焊接设在厂房钢柱上，根据厂房矩形控制网，将设备基础主要中心线的端点，投测于槽钢上，以建立内控制网。

在设置内控制网的厂房钢柱上引测相同高程的点，其高度以便于量距为原则，用边长为 50 mm×100 mm 的槽钢或 50 mm×50 mm 的角钢，将其水平的焊牢于柱子上。为使其牢固，可加焊角钢在钢柱上。柱间跨距大时，钢材会发生挠曲，可在中间加一木支撑。内控制网立面布置，如图 10-18 所示。

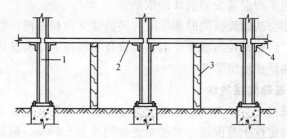

图 10-18　内控制网立面布置

（2）线板架设。大型设备基础与厂房基础同时施工时，不能设置内控制网，而应采用在靠近设备基础的周围架设钢线板或木线板的方法。根据厂房控制网，将设备基础的主要中心线投测于线板上，根据主要中心线用精密量距的方法，在线板上定出其他中心线和螺栓组中心的位置，由此拉线来安装螺栓。

① 钢线板的架设。以预制钢筋混凝土小柱子作固定架，在浇筑混凝土垫层时，将小柱埋设在垫层内，如图 10-19 所示。在混凝土柱上焊以角钢斜撑（须先将混凝土表面凿开露出钢筋，将斜撑焊在钢筋上），再于斜撑上铺焊角钢作为线板。架设钢线板时，应靠近设备基础的外模板，这样可依靠外模的支架顶托，以增加稳固性。

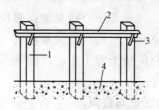

图 10-19　钢线板的架设

1—钢筋混凝土预制小柱子；2—角钢；3—角钢斜撑；4—垫层

② 木线板的架设。木线板可直接支架在设备基础的外模支撑上，支撑必须牢固稳定。在支撑上铺设截面 5 cm×10 cm 表面刨光的木线板，如图 10-20 所示。为便于施工

人员拉线安装螺栓，线板的高度要比基础模板高 5～6 cm，纵横两方向的高度应相差 2～3 cm，以免挂线时纵、横钢丝在相交处时接触。

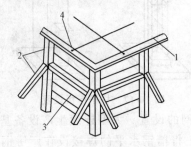

图 10-20　木线板架设

1—5 cm×10 cm 木线板；2—支撑；3—模板；4—地脚螺栓组中心线点

2．基础设备施工程序

（1）在厂房柱子基础和厂房部分建成后方可进行基础设备施工。若采用这种施工方法，必须将厂房外面的控制网在厂房砌筑砖墙之前，引进厂房内部，布设一个内控制网，作为基础设备施工和设备安装放线的依据。

（2）厂房柱基础与基础设备同时施工时，不需建立内控制网，宜将基础设备主要中心线的端点测设在厂房矩形控制网上。当基础设备支模板或地脚螺栓时，局部的架设木线板或钢线板，以测设螺栓组芯线。

3．基坑开挖和基础底层放线

当基坑采用机械挖土时，测量工作及允许偏差按下列要求进行：根据厂房控制网或场地上其他控制点测定挖土范围线，其测量允许偏差为±5 cm；标高根据附近水准点测设，允许偏差为±3 cm。在基坑挖土中应配合检查挖土标高，挖土竣工后，实测挖土面标高，测量允许偏差为±2 cm。

4．基础定位

（1）中小型设备基础定位的测设方法与厂房基础定位相同。在基础平面图上，如设备基础的位置是以基础中心线与柱子中心线关系来表示，此时测设数据，需将设备基础中心线与柱子中心线关系，换算成与矩形控制网上距离指标桩的关系尺寸。在矩形控制网的纵横对应边上测定基础中线的端点。对于采用封闭式施工的基础工程（即先厂房而后进行设备基础施工），则根据内控制网进行基础定位测量。

（2）大型设备基础中心线较多，为了便于施测，防止产生错误，在定位前，须根据设计原图，编绘中心线测设图。将全部中心线及地脚螺栓组中心线统一编号，并将其与柱子中心线和厂房控制网上距离指标桩的尺寸关系注明。定位放线时，按照中心线测设图，在厂房控制网或内控制网对应边上测出中心线的端点，在距离基础开挖边线约 1～1.5 m 处，定出中心桩，以便开挖。

5．基础设备中心线标板的埋设与投点

中心线标板可采用小钢板下面加焊两锚固脚的形式，如图 10-21（a）所示；或用 18～22 mm 的钢筋制成卡钉，如图 10-21（b）所示。在基础混凝土未凝固前，将其埋设在中心线的位置，如图 10-21（c）所示。埋标时应使顶面露出基础面 3～5 mm，距基础的边缘为 50～80 mm。若主要设备中心线通过基础凹形部分或地沟时，则应埋设

50 mm×50 mm 的角钢或 100mm×50mm 的槽钢，如图 10-21（d）所示。

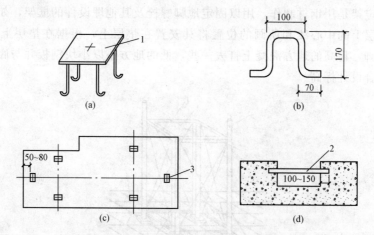

图 10-21　设备基础中心线标桩的埋设

1—60 mm×80 mm 钢板加焊钢筋脚；2—角钢或槽钢；3—中线标板

（1）联动设备基础的生产轴线，应埋设一定数量的中心线标板。

（2）重要设备基础的主要纵横中心线。

（3）结构复杂的工业炉基础纵横中心线、环形炉及烟囱的中心位置等。

中线投点的方法与柱基础中线投点法相同，即以控制网上中线端点为后视点，采用正倒镜法，将仪器移置于中线上，而后投点；或将仪器置于中线一端点上，照准另一端点，进行投点。

六、钢柱基础施工测量

1. 垫层中线投点和抄平

垫层混凝土凝固后，应在垫层面上投测中线点，并根据中线点弹出墨线，绘出地脚螺栓固定架的位置，如图 10-22 所示，以便下一步安置固定架并根据中线支立模板。投测中线时经纬仪必须安置在基坑旁，照准矩形控制网上基础中心线的两端点。用正倒镜法，将经纬仪中心导入中心线内，进行投点。

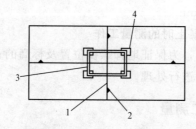

图 10-22　地脚螺栓固定架位置

1—墨线；2—中线点；3—螺栓固定架；4—垫层抄平位置

螺栓固定架位置在垫层上绘出后，即在固定架外框四角处测出四点标高，以便用来检查并整平垫层混凝土面，使其符合设计标高，便于固定架的安装。如基础过深，从地面上引测基础底面标高，标尺不够长时，可采取挂钢尺法。

2. 固定架中线投点与抄平

（1）固定架是用钢材制作，用以固定地脚螺栓及其他埋设件的框架，如图 10-23 所示。根据垫层上的中心线和所画的位置将其安置在垫层上，根据在垫层上测定的标高点，找平地脚，将高的地方混凝土打去一些，低的地方垫以小块钢板并与底层钢筋网焊牢，使其符合设计标高。

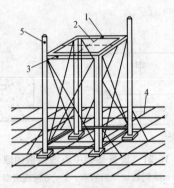

图 10-23　固定架的位置

1—固定架中线投点；2—拉线；3—横梁抄平位置；4—钢筋网；5—标高点

（2）将固定架安置好，用水准仪测出四根横梁的标高，并检查固定架标高是否符合设计要求，允许偏差为−5 mm，且不应高于设计标高。固定架标高满足要求后，将固定架与底层钢筋网焊牢，并加焊钢筋支撑。若为深坑固定架，需在其脚下浇筑混凝土，使其稳固。

（3）在投点前，应对矩形边上的中心线端点进行检查，根据相应两端点，将中线投测在固定架横梁上，并刻绘标志。其中线投点偏差（相对于中线端点）为±1～±2 mm。

3. 地脚螺栓的安装与标高测量

根据垫层上和固定架上投测的中心点，将地脚螺栓安放在设计位置。为了测定地脚螺栓的标高，在固定架的斜对角处焊两角钢，在两角钢上引测同一数值的标高点，并刻绘标志，其高度应比地脚螺栓的设计高度稍低一些。在角钢上两标点处拉一细钢丝，定出螺栓的安装高度。待螺栓安好后，测出螺栓第一螺纹的标高。地脚螺栓不应低于设计标高，允许偏高±5～±25 mm。

4. 支立模板与浇筑混凝土时的测量工作

重要基础在浇筑过程中，为保证地脚螺栓位置及标高的正确，应进行观测。若发现变动，应立即通知施工人员进行处理。

七、混凝土杯形施工测量

1. 柱基础定位

在矩形控制网边上测定基础中心线的端点（基础中心线与矩形边的交点），如图 10-24 所示的 A、A′和 1′等点。端点应根据矩形边上相邻两个距离指标桩，以内分法测定，用两台经纬仪分别置于矩形网上端点 A 和 2，分别瞄准 A′和 2′进行中心线投点，其交点就是②号柱基础的中心。根据基础图、进行柱基础放线，用灰线把基坑开挖边线在实地标出。在离开挖边线约 0.5～1.0 m 处方向线上打入四个定位木桩，钉上小钉标示中线方向，以供修整坑底、立模板用。

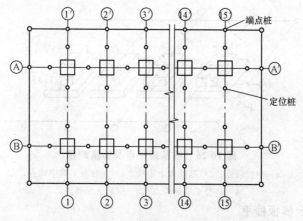

图 10-24 基础定位控制网

2. 基坑抄平

基坑开挖后，当基坑快要挖到设计标高时，应在基坑的四壁或者坑底边沿及中央打入小木桩，在木桩上引测同一高程的标高，以便根据标点拉线修整坑底和铺设垫层。

3. 支立模板测量工作

铺设垫层后，根据柱基础定位桩在垫层上放出基础中心线，并弹墨线标明，以其作为支模板的依据。支模上口还可由坑边定位桩直接拉线，用吊垂球法检查其位置是否正确。在模板的内表面用水准仪引测基础面的设计标高，并画线标明。在支杯底模板时，应使实际浇筑出来的杯底顶面比原设计的标高略低 3～5 cm，以便拆模后填高修平杯底。

4. 杯口中线投点与抄平

在柱基础拆模以后，根据矩形控制网上柱中心线端点，用经纬仪把柱中线投到杯口顶面，并刻绘标志，以备吊装柱子时使用，如图 10-25 所示。中线投点有两种方法：一种是将仪器安置在柱中心线的一个端点，照准另一端点，将中线投到杯口上；另一种是将仪器置于中线上的适当位置，照准控制网上柱基础中心线两端点，采用正倒镜法进行投点。

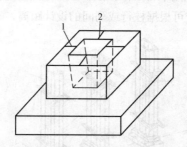

图 10-25 桩基中线投点与抄平

1—桩中心线；2—标高线

八、混凝土柱施工测量

1. 中线投点及标高测量

基础混凝土凝固拆模以后，根据控制网上的柱子中心线端点，将中心线投测在靠近柱底的基础面上，并在露出的钢筋上抄出标高点，以供在支柱模板时定柱高及对正中心用，如图 10-26 所示。

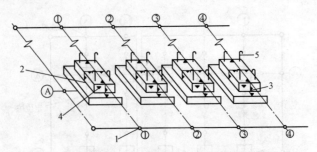

图 10-26　柱基础投点及标高测量

1—中线端点；2—基础面上中线点；3—柱身下端中线点；

4—柱身下端标高点；5—钢筋上标高点

2．柱顶及平台模板抄平

柱子模板校正以后，应选择不同行列的 2、3 根柱子，从柱子下面已测好的标高点，用钢尺沿柱身向上量距，引测 2、3 个同一高程的点于柱子上端模板上。在平台模板上设置水准仪，以引上的任意一标高点作后视，施测柱顶模板标高，闭合于另一标高点以资校核。平台模板支好后，应用水准仪检查平台模板的标高和水平情况，其操作方法与柱顶模板抄平相同。

3．柱子垂直度测量

柱身模板支好后，应用经纬仪检查柱子垂直度。由于现场通视困难，一般采用平行线投点法来检查柱子的垂直度，并将柱身模板校正。其施测步骤如下：在柱子模板上端根据外框量出柱中心点，和柱下端的中心点相连弹以墨线，如图 10-27 所示。根据柱中心控制点 A、B 测设 AB 的平行线 $A'B'$，其间距为 $1\sim1.5$ m。将经纬仪安置在点 B'，照准点 A'。由一人在柱上持木尺，并将木尺横放，使尺的零点水平的对正模板上端中心线。纵转望远镜仰视木尺，若十字丝正好对准 1 m 或 1.5 m 处，则柱子模板正好垂直。否则应将模板向左或向右移动，直至十字丝对准 1 m 或 1.5 m 处为止。

若由于通视困难，不能应用平行线法投点校正时，则可先按上述方法校正一排或一列首末两根柱子，中间的其他柱子可根据柱行或列间的设计距离，丈量其长度加以校正。

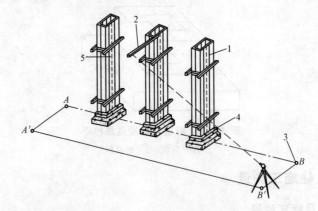

图 10-27　柱身模板校正

1—模板；2—木尺；3—柱中线控制点；4—柱下端中线点；5—柱中线

4. 高层标高引测与柱中心线投点

第一层柱子与平台混凝土浇筑好后，须将中线及标高引测到第一层平台上，以作为施工人员支第二层柱模板和第二层平台模板的依据。以此类推。高层标高根据柱子下面已有的标高点用钢尺沿柱身量距向上引测。向高层柱顶引测中线，方法是将仪器置于柱中心线端点上，照准柱子下端的中线点，仰视向上投点，如图 10-28 所示。若经纬仪与柱子之间距离过短，仰角大不便于投点时，可将中线端点 A 用正倒镜法延长至点 A'，将仪器安置于点 A'，向上投点。标高引测及中线投点的测设允许偏差按下列规定：标高测量允许偏差为 ± 5 mm；纵横中心线投点允许偏差，当投点高度在 5 m 及 5 m 以下时为 ± 3 mm，投点高度在 5 m 以上为 5 mm。

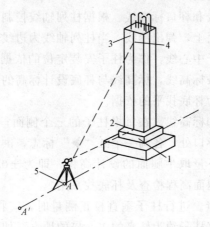

图 10-28　柱子中心线投点

1—柱子下端标高点；2—柱子下端中线点；3—柱上端标高点；

4—柱上端中线投点；5—柱中心线控制点

九、厂房施工测量允许偏差

（1）基础中心线及标高测量的允许偏差，见表 10-1。

表 10-1　基础中心线及标高测量允许偏差　　　　（单位：mm）

项　　目	基础定位	垫层面	模　板	螺　栓
中心线端点测设	± 5	± 2	± 1	± 1
中心线投点	± 10	± 5	± 3	± 2
标高测设	± 10	± 5	± 3	± 3

注：测设螺栓及模板标高时，应考虑预留高度。

（2）基础标高及中心线的竣工测量允许偏差。

① 基础标高的竣工测量允许偏差，见表 10-2。

表 10-2　基础竣工标高测量允许偏差　　　　（单位：mm）

杯口底标高	钢柱、设备基础面标高	地脚螺栓标高	工业炉基础面标高
± 3	± 2	± 3	± 3

② 基础中心线竣工测量的允许偏差应符合下列规定：根据厂房内、外控制点测设基础中心线的端点，其允许偏差为±1mm；基础面中心线投点允许偏差，见表10-3。

表 10-3　基础竣工中心线投点允许偏差　　　　　　　　（单位：mm）

连续生产线上设备基础	预埋螺栓基础	预留螺栓孔基础	杯口基础	烟囱、烟道、沟槽
±2	±2	±3	±3	±5

十、厂房预制构件安装测量

1. 柱子安装前的准备工作

（1）弹出柱基础中心线和杯口标高线。根据柱列轴线控制桩，用经纬仪将柱列轴线投测到每个杯形基础的顶面上，弹出墨线。当柱列轴线为边线时，应平移设计尺寸，在杯形基础顶面上加弹出柱子中心线，作为柱子安装定位的依据。根据±0.000标高，用水准仪在杯口内壁测设一条标高线，标高线与杯底设计标高的差应为一个整分米数，以便从这条线向下量取，作为杯底找平的依据。

（2）弹出柱子中心线和标高线。在每根柱子的三个侧面，用墨线弹出柱身中心线，并在每条线的上端和接近杯口处，各画一个红"▶"标志，供安装时校正使用。从牛腿面起，沿柱子四条棱边向下量取牛腿面的设计高程，即为±0.000标高线，弹出墨线，画上红"▼"标志，供牛腿面高程检查及杯底找平用。

（3）柱子垂直校正测量。进行柱子垂直校正测量时，应将两台经纬仪安置在柱子纵、横中心轴线上，且距离柱子约为柱高的1.5倍的地方，如图10-29所示。照准柱底中线，固定照准部，逐渐仰视到柱顶。若中线偏离十字丝竖丝，表示柱子不垂直，可指挥施工人员采用调节拉绳，支撑或敲打楔子等方法使柱子垂直。经校正后，柱的中线与轴线偏差不得大于±5 mm；柱子垂直度容许误差为 $H/1000$；当柱高在 10 m 以上时，其最大偏差不得超过±20 mm；柱高在 10 m 以内时，其最大偏差不得超过±10 mm。满足要求后，宜立即灌浆，以固定柱子。

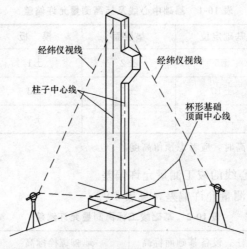

图 10-29　柱子垂直校正测量

2．柱子安装测量的基本要求

（1）柱子中心线应与相应的柱列中心线一致，其允许偏差为±5 mm。

（2）牛腿顶面及柱顶面的实际标高应与设计标高一致，其允许偏差为：当柱高≤5 m时，应不大于±5 m；当柱高＞5 m时，应不大于±8 mm。

（3）柱身垂直允许误差：当柱高≤5 m时，应不大于±5 mm；当柱高 5～10 m时，应不大于±10 mm；当柱高大于 10 m时，限差应为柱高的 1‰，且不得超过 20 mm。

3．柱子安装时的测量工作

柱吊装前先在柱身三个侧面弹出柱轴线，并在轴线上画出标志"▶"，再依牛腿面设计标高用钢尺由牛腿面起在柱身定出±0.000 标高位置，并画出标志"▼"。

柱起吊后，随即将柱插入相应的基础杯口，使柱轴线与±0.000 标高线和杯口上相应的位置对齐，并在四周用木楔初步固定。然后将两台经纬仪安置在互相垂直的位置，如图 10-30所示。瞄准柱底轴线，逐渐抬高望远镜以校正柱顶轴线，直至柱轴线处于竖直位置。

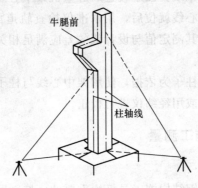

牛腿前

柱轴线

图 10-30 柱轴线测设

4．起重机梁及屋架的安装测量

1）起重机梁安装时的标高测设

在安装前首先应检查居中腿面标高，而且起重机梁顶面标高应符合设计要求。根据±0.000标高线，沿柱子侧面向上量取一段距离，在柱身上定出牛腿面的设计标高点，以其作为修平牛腿面及加垫板的依据。还应在柱子的上端比梁顶面高 5～10 cm处测设一标高点，以此修平梁顶面。梁顶面修平以后，应将水准仪安置在起重机梁上，以柱子牛腿上测设的标高点为依据，检核梁面的标高是否符合设计要求，其容许误差应不超过±3 mm。

2）起重机梁安装的轴线投测

（1）用墨线弹出起重机梁面中心线和两端中心线，如图 10-31 所示。

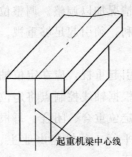

起重机梁中心线

图 10-31 起重机梁中心线

（2）根据厂房中心线和设计跨距，由中心线向两侧量出 1/2 跨距 d，在地面上标出轨道中心线。

（3）分别将经纬仪安置在轨道中心线两个端点上，瞄准另一端点，固定照准部，抬高望远镜，将轨道中心投测到各柱子的牛腿面上。

（4）安装时，根据牛腿面上轨道中心线和起重机梁端头中心线，两线对齐将起重机梁安装在牛腿面上，并用柱子上的高程点，检查起重机梁的高程。

3）起重机轨道测量

安装前先用水准仪检查起重机梁顶的标高，然后在地面上从轨道中心线向厂房内侧量出一定长度（$a=0.5\sim1.0$ m），得到两条平行线，称为校正线。将经纬仪分别安置在两个端点上，瞄准另一端点，固定照准部，抬高望远镜瞄准起重机梁上横放的木尺，移动木尺。当视准轴对准木尺刻画 a 时，木尺零点应与起重机梁中心线重合。如不重合，应予以纠正并重新弹出墨线，以示校正后起重机梁中心线位置。

起重机轨道按校正后中心线就位后，用水准仪检查轨道面和接头处两轨端点高程，用钢尺检查两轨道间跨距，其测定值与设计值的差应满足相关规定的要求。

4）屋架安装测量

屋架安装是以安装后的柱子为依据，使屋架中心线与柱子上相应中心线对齐。为保证屋架竖直，可用吊垂球法或用经纬仪进行校正。

十一、厂房钢结构施工测量

1．平面控制

建立施工控制网对高层钢结构施工是极为重要的。控制网离施工现场不宜太近，应考虑到钢柱的定位、检查、校正。

2．高程控制

高层钢结构工程标高的测设极为重要，其精度要求高，因此施工场地的高程控制网，应根据城市二等水准点来建立一个独立的三等水准网，以便在施工过程中直接应用。进行标高引测时应先对水准点进行检查。三等水准高差闭合差的允许误差为 $\pm\sqrt{3n}$ mm，n 为测站数。

3．轴线位移校正

任意一节框架钢柱的校正，均以下节钢柱顶部的实际中心线为准，使安装的钢柱的底部对准下面钢柱的中心线即可。因此，在安装的过程中，必须随时进行钢柱位移的监测，并根据实测的位移量以实际情况加以调整。调整位移时应特别注意钢柱的扭转，因钢柱扭转对框架钢柱的安装很不利，须引起足够重视。

4．定位轴线检查

定位轴线从基础施工起就应引起重视，应在定位轴线测设前做好施工控制点及轴线控制点。待基础浇筑混凝土后在根据轴线控制点将定位轴线引测到柱基础钢筋混凝土底板面上，预检定位轴线是否同原定位重合、闭合；每根定位线总尺寸误差值是否超过限差值；纵、横网轴线是否垂直、平行。预检应由业主、监理、土建、安装四方联合进行，对检查数据应统一认可、鉴证。

5．标高实测

以三等水准点的标高为依据，对钢柱基础表面进行标高实测，将测得的标高偏差用平面图表示，作为临时支承标高调整的依据。

6．柱间距检查

柱间距检查是在定位轴线被认可的条件下进行的，宜采用检定的钢尺实测柱间距。柱间距离偏差值应控制在±3 mm 范围内，不得超过±5 mm。柱间距超过±5 mm，则必须调整定位轴线。原因是定位轴线的交点是柱基础点，钢柱竖向间距需以此为准，框架钢梁的连接螺孔的直径一般比高强螺栓直径大 1.5～2.0 mm。若柱间距过大或过小，将影响整个竖向框架梁的安装连接和钢柱的垂直，安装中会有安装误差。在结构上检查柱间距时，必须注意安全。

7．单独柱基础中心检查

检查单独柱基础的中心线与定位轴线之间的误差。若超过限差要求，应调整柱基础中心线使其与定位轴线重合，以柱基础中心线为依据，检查地脚螺栓的预埋位置。

第六节　其他建筑施工测量

一、管线测量

1．管道工程测量准备条件

（1）熟悉设计图纸资料，了解管线设置及工艺设计和施工安装要求。

（2）熟悉现场情况，了解设计管线走向，以及管线沿途已有平面和高程控制点分布情况。

（3）根据管道平面图和已有控制点，结合实际地形，做好施测数据的计算整理，并绘制施测草图。

（4）根据管道在生产上的不同要求、工程性质、所在位置和管道种类等因素，以确定施测精度。如厂区内部管道比外部要求精度高；无压力的管道比有压力管道要求精度高。

2．管道中线定位

1）根据控制点进行管线定位

当管道规划设计地形图上已给出管道主点坐标，主点附近又有控制点时，应根据控制点定位。如现场无适宜控制点可以利用时，可沿管线近处布设控制导线。管线定位时，常采用极坐标法与角度交会法。其测角精度一般可采用 $30''$，量距精度为 1/5000，并应分别计算测设点的点位误差。各种管线的定位允许偏差，见表 10-4。管线的起止点、转折点在地面测定后，必须进行检查测量，实测各转折点的夹角，其与设计值的比不得超过±1。还应丈量其间的距离，实量值与设计值比较，其相对误差不得超过1/2000。超过时必须进行调整。

表 10-4　管线定位允许偏差

测设内容	定位允许偏差/mm
厂房内部管线	7

（续表）

测设内容	定位允许偏差/mm
厂区内地上和地下管道	30
厂区外架空管道	100
厂区外地下管道	200
厂区内输电线路	100
厂区外输电线路	300

2）根据地面上已有建筑物进行管线定位

在城建区，管线走向一般都与道路中心线或建筑物轴线平行或垂直。管线是在现场直接选定或在大比例尺地形图上设计时，通常不给出坐标值，而是根据地物的关系来确定主点的位置，按照设计提供的关系数据，即可进行管线定位。

3. 管线高程控制测量

为了便于管线施工时引测高程及管线纵横断面测量，应沿管线敷设临时水准点。水准点应选在原有建筑墙角、台阶和基岩等处。如无合适的地物，应提前埋设临时标桩作为水准点。

临时水准点应根据Ⅲ等水准点敷设，其精度不得低于Ⅳ等水准。临时水准点间距：自流管道和架空管道以 200 m 为宜，其他管线以 300 m 为宜。

4. 管道中线测量

管线起止点及各转折点定出以后从线路起点开始量距，沿管道中线每隔 50 m 钉一木桩（里程桩），如图 10-32 所示。

图 10-32　管道中心线测量

按照不同精度要求，可用钢尺或皮尺量距离，钢尺量距时用经纬仪定线。起点桩编号为 0＋000，如每隔 50 m 钉一中心桩，则以后各桩依次编号为 0＋050，0＋100，…，如遇地形变化的地方应设加桩，如编号为 0＋270。如终点桩为 0＋330，表示此桩离开起点 330 m。桩号用红漆写在木桩侧面。

5. 管道断面测量

1）纵断面测量

根据管线附近敷设的水准点，用水准仪测出中线各里程桩和加桩处的地面高程。根据测得的高程和相应的里程桩绘制纵断面图。纵断面图表示出管道中线上地面的高低起伏和坡度陡缓情况。

管道纵断面水准测量的闭合允许值为 $\pm 5\sqrt{L}$ mm（L 以百米为单位）

2）横断面测量

横断面测量是测出各桩号处垂直于中线两侧一定距离内地面变坡点的距离和高程

后，绘制成横断面图。在管径较小、地形变化不大，埋深较浅时一般不做横断面测量，只依据纵断面估算土方工程量。

6. 地下管线测量

（1）地下管道开挖中心线及施工控制桩的测设是根据管线的起止点和各转折点，测设管线沟的挖土中心线，一般每隔 20 m 测设一点。中心线的投点允许偏差为 ±10 mm。量距的往返相对闭合差不得大于 1/2000。管道中线定出后，可根据中线位置和槽口开挖宽度，在地面上洒灰线标明开挖边界。在测设中线时应同时定出井位等附属构筑物的位置。由于管道中线桩在施工中要被挖掉，为了便于恢复中线和附属构筑物的位置，应在不受施工干扰、易于保存桩位的地方，测设施工控制桩。管线施工控制桩分为中线控制桩和井位等附属构筑物位置控制桩两种。中线控制桩一般是测设在主点中心线的延长线点。井位控制桩则测设于管道中线的垂直线上，如图 10-33 所示。控制桩可采用大木桩，钉好后必须采取相应的保护措施。

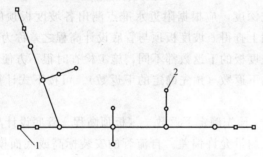

图 10-33　管线控制桩

1—中线控制桩；2—井位控制桩

（2）由横断面设计图查得，左右两侧边桩与中心桩的水平距离，如图 10-34 所示的 a 和 b，施测时在中心桩处插立方向架测出横断面位置。在断面方向上，用皮尺量定 A、B 两点位置各钉立一个边桩。相邻断面同侧边桩的连线，即为开挖边线，用石灰放出灰线，作为开挖的界限。开挖边线的宽度是根据管径大小、埋设深度和土质等情况而定，如图10-35 所示。当地面较平坦时，开挖槽口宽度可用下式计算：

$$d = b + 2mh \qquad (10\text{-}6)$$

式中　　b——槽底宽度；

　　　　h——挖土深度；

　　　　m——边坡率。

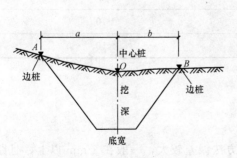

图 10-34　横断面测设示意图

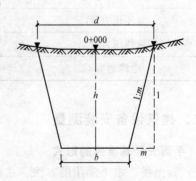

图 10-35　开槽断面图

（3）坡度板，又称龙门板。在每隔 10 m 或 20 m 槽口上设置一个坡度板，如图 10-36所示。作为施工中控制管道中线和位置，掌握管道设计高程的标志。坡度板必须稳定、牢固，其顶面应保持水平。用经纬仪将中心线位置测设到坡度板上，钉上中心钉。安装管道时，可在中心钉上吊垂球，确定管中线位置。以中心钉为准，放出混凝土垫层边线，开挖边线及沟底边线。

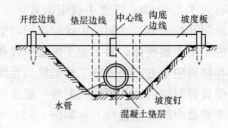

图 10-36　坡度板设置

为了控制管槽开挖深度，应根据附近水准点测出各坡度板顶的高程。管底设计高程，可在横断面设计图上查得。坡度板顶与管底设计高程之差称为下返数。由于下返数往往非整数，而且各坡度板的下返数都不同，施工检查时很不方便。为了使一段管道内的各坡度板具有相同的下返数（预先确定的下返数）。可按下式计算每一坡度板顶向上或向下量取调整数：

$$调整数＝预先确定下返数－（板顶高程－管底设计高程）　　　（10-7）$$

（4）地下管线施工测量允许偏差。自流管的安装标高或底面模板标高，每隔 10 m 测设一点（不足时可加密）；其他管线每隔 20 m 测设一点。管线的起止点、转折点、窨井和埋设件均应加测标高点。各类管线安装标高和模板标高的测量允许偏差，见表 10-5。

管线的地槽标高，可根据施工程序，分别测设挖土标高和垫层面标高，其测量允许偏差为±10 mm。

地槽竣工后，应根据管线控制点投测管线的安装中心线或模板中心线，其投点允许偏差为±5 mm。

表 10-5　管线标高测量允许偏差

管线类别	标高允许偏差/mm
自流管（下水道）	±3
气体压力管	±5
液体压力管	±10
电缆地沟	±10

二、建筑设备安装测量

1. 平面安装基准线的形式

（1）画墨线。木工常用的方法。这种方法误差较大，一般在 2 mm 以上，且距离长时不好画，一般用在精度要求不高的地方。

（2）以点代替线。安装中有时不需要整条线，画点时可先拉一条线，在线上需要的地方画出几点，将线收掉。也可用经纬仪投点，如可画成，以其顶边为准。精度要求高时用中心标板。

（3）以光线代替线。用经纬仪、激光准直仪等光学仪器代替画墨线和拉线等方法。

（4）拉线。这是安装中放平面位置基准线常用的方法。

2．设备标高基准线的设置

（1）将简单的标高基准点作为独立设备安装基准点。可在设备基础或附近墙、柱上适当部位处分别用油漆面上标记，根据附近水准点（或其他标高起点）用水准仪测出各标记具体数值，并标明在标记附近。其标高的测定允许偏差为±3 mm，安装基准点多于一个时，其任意两点间高差的允许偏差为±1 mm。

（2）预埋标高基准点。在连续生产线上安装设备时，应用铜制标高基准点，可用直径为19～25 mm、杆长不小于50 mm的铆钉，埋设在基础表面（应在靠近基础边缘处，不能在设备下面），铆钉的球形头露出基础表面10～14 mm。

埋设位置距离被删除设备上的相关测点越近越好，且应在易测量的地方。相邻安装基准点高差的误差应在0.5 mm以内。

3．机械安装基准线和基准点的确定

（1）检查前一施工单位移交的基础或结构的中心线（或安装基准线）与标高点。

（2）根据已校正的中心线与标高点，测出基准线的端点和基准点的标高。

（3）根据所测的或前一施工单位移交的基准线和基准点，检查基础或结构相关位置、标高和距离等是否符合安装要求。平面位置安装基准线对基础实际轴线（如无基础时则与厂房墙或柱的实际轴线或边缘线）的距离偏差不得超过±20 mm。若核对后需调整基准线或基准点，应根据相关部门的正式决定，进行调整。

4．机械安装中心线与副线的检查

（1）基准线的正交度检查。现场组装和连续生产线上的设备，应检查安装基准线的正交度的允许偏差为$0.4\sqrt{L}$ mm或$83/\sqrt{L''}$。（L为需要调整的基准线自交点起算长度的米数，不足5 m者以5 m计。）

（2）副线间距的检查。设备由若干部分组装时，测设若干副线。副线与基准线间距的测定允许偏差为$0.4\sqrt{L}$ mm（L为间距的米数，不足5 m者以5 m计）。

（3）根据基准线与副线的端点投测中间点或挂线点的允许偏差为±0.5 mm。

5．设备安装沉降观测

（1）起算基点应选择附近牢固的水准点。

（2）每隔适当的距离选定一个基准点（最好每一基础选一点），与起算基点组成水准环线，往、返各测一次，每次环形闭合差不应超过$±0.5\sqrt{n}$ mm（n为测站数），并进行计算。

（3）不组成环线的基准点，应根据相邻两个已测的基准点进行观测，比差应在0.7 mm范围内，并取用其平均值。

（4）对于埋设在基础上的基准点，在埋设之后就开始观测，在设备安装期间应连续进行观测，连续生产线上的安装基准点应进行定期观测（一般每周观测一次），独立设备的基准点，沉降观测由安装工艺设计确定。

三、三角形建筑物施工测量

如图 10-37 所示，为某大楼平面呈三角形点式形状。该建筑物有三条主要轴线，三轴线交点距两边规划红线均为 30 m，其施工放样步骤如下：

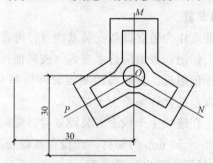

图 10-37　三角形建筑物的施工放样（单位：mm）

（1）根据总设计平面图给定的数据，从两边规划红线分别量取 30 m，得到此点为建筑物的中心点。

（2）测定出建筑物北端中心轴线 OM 的方向，并定出中点位置 M（$OM=15$ m）。

（3）将经纬仪架设于 O 点，先瞄准 M 点，将经纬仪以顺时针方向转动 120°，定出房屋东南方向的中心轴线 ON，并量取 $ON=15$ m，定出 N 点。再将经纬仪以顺时针方向转动 120°，用同样方法定出西南中心点 P。

（4）因房屋的其他尺寸都是直线的关系，根据平面网所给的尺寸，测设出整个楼房的全部轴线和边线位置，并定出轴线桩。

四、抛物线形建筑物施工测量

如图 10-38 所示，因为采用地坐标系不同，因而曲线方程式也不同。建筑工程测量中的坐标系和数学中的坐标系有所不同，即 X 轴和 Y 轴正好相反。建筑工程中用于拱形屋顶大多采用抛物线形式。采用拉线法放抛物线方法如下：

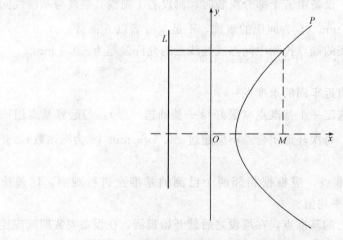

图 10-38　抛物线建筑物的施工放样

（1）用墨斗弹出 X、Y 轴，在 X 轴上定出已知交点 O 和顶点 M、准线 d 的位置，并在 M 点钉铁钉作为标志。

（2）做准线：用曲尺经过准线点做 X 轴的垂线 d，将一根光滑的细钢丝拉紧与准线重合，两端用钉子固定。

（3）将等长的两条线绳搓成一股，一端固定在 M 点的钉子上，另一端用活套环套在准线钢丝上，使线绳能沿准线滑动。

（4）将铅笔夹在两线绳交叉处，从顶点开始往后拖，使搓成的线绳展开，在移动铅笔的同时，应将套在准线上的线头向 Y 轴方向移动，并用曲尺掌握方向，使这股绳与 x 轴保持平行，便可画出抛物线。

五、双曲线形建筑物施工测量

（1）根据总平面图，测设出双曲线平面图形的中心位置点和主轴线方向。

（2）在 x 轴方向上，以中心点为对称点，向上、下分别取相应数值，得出相应点坐标。

（3）将经纬仪分别架设于各点，做 $90°$ 垂直线，定出相应的各弧分点，将各点连接，即可得到符合设计要求的双曲线平面图形。

（4）各弧分点确定后，在相应位置设置龙门桩（板）。

另外，对于双曲线来讲，也可以用直接拉线法来放线。双曲线上任意一点到两个交点的距离的差为一常数。因此，在放样时先找到两个交点，做两根线绳，一根长，一根短，相差为曲线交点的距离，两线绳端点分别固定在两个交点上，作图即可。

六、圆弧形建筑物施工测量

1. 直接拉线法

直接拉线法比较简单，适用于圆弧半径较小的情况。根据设计总平面图，定出建筑物的中心位置和主轴线；根据设计数据，即可进行施工放样操作。

直接拉线法主要根据设计总平面图，实地测设出圆的中心位置，并设置较为稳定的中心桩。由于中心桩在整个施工过程中会被经常使用，因此桩应设置牢固并应妥善保护。同时，为防止中心桩发生碰撞位移或因挖土被挖出，应在四周设置辅助桩，以便对中心桩加以复核或重新设置，确保中心桩位置正确。使用木桩时，应在木桩中心处钉一小钉；使用水泥桩时，在水泥桩中心处应埋设钢筋。将钢尺的零点对准圆心处中心桩上的小钉或钢筋，根据设计半径，画圆弧测设出圆曲线。

2. 坐标计算法

坐标计算法适用于当圆弧形建筑平面的半径尺寸很大，圆心超出建筑物平面以外，无法用直接拉线法时所采用的一种施工放样方法。

坐标计算法是根据设计平面图已知条件建立直角坐标系，进行一系列计算，并将计算结果列成表格后，根据表格进行现场施工放样。因此，坐标计算法的实际现场的施工放样工作比较简单，且能获得较高的施工精度。

第七节　竣工测量

一、竣工测量基础

竣工测量是指各种建设工程竣工、验收时所进行的测绘工作。竣工测量的最终成果是竣工总平面图，包括反映工程竣工时的地形现状、地上与地下各种建（构）筑物、各类管线平面位置与高程的总现状地形图和各类专业图等。

竣工总平面图是设计总平面图在工程施工后实际情况的全面反映和工程验收时的重要依据，也是竣工后工程改建、扩建的重要基础技术资料。因此，工程单位必须十分重视竣工测量。竣工测量包括两项工作，即室外的测量工作和室内的竣工总平面图编绘工作。

二、室外测量

1. 工业厂房及一般建筑物测量

较大的矩形建筑物至少应测三个主要房角坐；小型房屋可测其长边两个房角坐标，量其房宽并标注在图上。圆形建筑物应测其中心坐标，并在图上注明其半径。

2. 架空管线支架测量

架空管线要测出起点、终点、转点支架中心坐标，直线段支架用钢尺量出支架间距及支架本身的长度和宽度，在图上描绘出每一个支架位置。若支架中心不能施测坐标，则可施测支架对角两点的坐标，取其中点来确定，或测出支架一长边的两角坐标，并量出支架宽度标注在图上。若管线在转弯处无支架，则应测出临近两支架中心坐标。

3. 地下管网测量

上水管线应施测起点、终点、弯头三通点和四通点的中心坐标；下水道应施测起点、终点及转点井位的中心坐标；地下电缆及电缆沟应施测其起点、终点、转点中心的坐标；井盖、井底、沟槽和管顶应实测高程。

4. 交通运输线路测量

厂区铁路应施测起点、终点、道路岔心、进厂房点和曲线交点的坐标，还应测出曲线元素：半径 R、偏角 I、切线长 T 和曲线长 L。厂区和生活区主要干道应施测交叉路口中心坐标，公路中心线则按铺装路面量取。生活区的建筑物一般可不测坐标，只在图上注明位置即可。

5. 电信线路测量

高压线、照明线、通信线应测出起点、终点坐标以及转点杆位的中心坐标；高压铁塔应测出一条对角线上两基础的中心坐标，另一对角的基础也应在图上注明；直线部分的电杆可用交会法确定其点位。

三、竣工总平面图的编绘

竣工总平面图是设计总平面图在施工后实际情况的全面反映，所以设计总平面图不能完全代替竣工总平面图。编绘竣工总平面图的目的在于：在施工过程中可能由于设计时没有考虑到的问题而使设计有所变更，这种临时变更设计的情况必须通过测量反映到竣工总平面图上；它将便于进行各种设施的维修工作，特别是地下管道等隐蔽工程的检查与维修工作，同时为企业的改建、扩建提供原有各项建筑物、构筑物、地上和地下各种管线及交通线路的坐标、高程等资料。新建的工程竣工总平面图的编绘，最好是随着工程的陆续竣工相继进行编绘。一面竣工、一面利用竣工测量成果编绘竣工总平面图。如果发现地下管线的位置有问题，可及时到现场查对，使竣工图能真实反映实际情况。边竣工边编绘的优点是：当工程全部竣工时，竣工总平面图也大部分编制完成，既可作为交工验收的资料，又可大大减少实测的工作量，从而节约了人力和物力。

竣工总平面图的编绘，包括室外实测和室内资料编绘两方面的内容。

首先是竣工测量。在每个单项工程完成后，必须由施工单位进行竣工测量，提出工程的竣工测量成果。其内容包括以下各方面：工业厂房及一般建筑物，包括房角坐标，各种管线进出口的位置和高程，以及房屋编号、结构层数、面积和竣工时间等资料；铁路和公路，包括起止点、转折点、交叉点的坐标，曲线元素，桥涵等构筑物的位置和高程；地下管网，窨井、转折点的坐标，井盖、井底、沟槽和管顶等的高程，并附注管道及窨井的编号、名称、管径、管材、间距、坡度和流向；架空管网，包括转折点、结点、交叉点的坐标，支架间距、基础面高程。竣工测量完成后，应提交完整的资料，包括工程名称、施工依据、施工成果，这些作为编绘竣工总平面图的依据。

其次是竣工总平面图的编绘。竣工总平面图上应包括建筑方格网点、水准点、厂房、辅助设施、生活福利设施、架空与地下管线、铁路等建筑物或构筑物的坐标和高程，以及厂区内空地和未建区的地形。厂区地上和地下所有建筑物、构筑物绘在一张竣工总平面图上时，如果线条过于密集而不醒目，则可采用分类编图，如综合竣工总平面图、交通运输竣工总平面图和管线竣工总平面图等。比例尺一般采用1：1000，如不能清楚地表示某些特别密集的地区，也可局部采用1：500的比例尺。

习题与思考

10-1　建筑施工的工作内容、特点及原则是什么？

10-2　建筑物的定位方法有哪些？

10-3　高层建筑施工测量的特点及原则是什么？

10-4　竣工测量的定义及最终成果是什么？

第十一章　线路测量

内容提要

掌握：初测和定测的方法；圆曲线测设；缓和曲线测设；复曲线和回头曲线测设。
了解：线路测量的概念和目的。

第一节　线路测量概述

一、线路测量的概念

线路测量是指在道路的勘察设计、工程施工、道路竣工各阶段所涉及的各种测量工作。其主要内容有初测、定测、中线测量、纵横断面测量、施工测量及竣工测量等。

新线初测是为选择和设计线路中线位置提供大比例尺地形图。新线定测是把图纸上设计好的线路中线测设标定于实地，测绘纵、横断面图，并为施工图设计提供依据。施工测量是为路基、桥梁、隧道、场站施工而进行的测量工作。竣工测量是测绘竣工图，为日后的修建、扩建提供资料。既有线路测量是为既有线路的改造、维修提供的各种测量工作。

二、线路测量的阶段

线路勘测的目的是为线路设计收集所需地形、地质、水文、气象、地震等方面的资料，经过研究、分析和对比，按照经济合理、技术可行、满足国民经济发展和国防建设要求等原则确定线路位置。线路测量一般分阶段进行，由粗到细逐步完成，具体分为以下几个阶段。

1. 方案研究阶段

在中、小比例尺地形图上确定线路可行的路线，应初步选定一些重要技术标准，如线路等级、限制坡度、牵引种类、运输能力等，提出多个初步设计方案。测绘工作为设计方案研究提供中、小比例尺地形图。

2. 初步设计阶段

初步设计阶段的主要任务是根据水文、地质勘察资料在大比例尺带状地形图上确定线路中心线的位置，又称纸上定线；经过经济、技术比较后，在多个初步设计方案中确定一个最佳方案；同时确定线路等级、限制坡度、最小半径等主要技术参数。

初测是为初步设计提供详细的地面资料，其主要任务是沿线建立控制点和测绘大比例尺带状地形图。

3. 施工图设计阶段

施工图设计是根据定测所提供的资料，对线路全线和所有个体工程做出详细设计，并提供工程数量、施工图和施工图预算。施工图设计阶段的主要工作是对道路进行纵断面设计和路基设计，对桥涵、隧道、车站、挡土墙等做出施工图设计。

定测是为施工图设计提供详细的地面资料而进行的测绘工作，其主要任务是把已批准的初步设计方案的线路中线测设到地面，并进行线路纵断面和横断面测量；对个别工点测绘大比例尺地形图。

4. 施工阶段

当施工图设计阶段的设计方案得到批准，同时招标、投标阶段的工作完成后，新建项目进入施工阶段，路基、桥梁、隧道、场站开始全面修建。测量工作在施工阶段为公路、铁路施工提供指导和质量检查，并在竣工前后进行竣工测量，为道路的贯通和修建、改造提供可靠依据。

第二节　新线初测

一、选点插旗

初测是根据踏勘提出的方案进行控制测量、地形测量和进行工程地质、水文资料等调查。为确定最合理的路线方案提供可靠的依据，以便进行定线。根据方案研究阶段在中、小比例尺地形图上所确定的线路位置，在野外用红白旗标出线路的实地走向，并在选定的线路转折点和长直线的转点处用木桩标定点位，用红白旗标明，为导线测量及各专业调查指出行进方向。通常大旗点亦为导线点，选点时应考虑线路的基本走向，且便于测角、量距及地形测绘。

二、导线测量及相关计算

1. 导线测量

初测导线是测绘线路带状地形图和定测放线的基础，导线点位置的选择有以下原则：

（1）尽量接近线路中线位置，且地面稳固、易于保存之处，导线点应定设方桩与标志桩。

（2）大桥及复杂中桥和隧道口附近、严重地质不良地段以及越岭垭口处均应设点。

（3）视野开阔、便于测绘。

（4）导线边长以不短于 50 m、不大于 400 m 为宜。当地形平坦且通视时，导线边长不应大于 500 m。采用光电测距仪和全站仪观测的导线点，导线边长可增至 1000 m，且应在 500 m 左右钉设加点。加点应钉设方桩与标志桩。

导线点的点号自起点起依顺序编写，点号之前加"C"字表示初测导线。如"C_6"，表示第 6 号初测导线点。

2. 导线联测及精度检验

为保证初测导线的方位和检验导线量测精度，应在不长于一定距离处与国家控制点进行联测。有条件时，也可采用 GPS 加密四等以上大地点。当与国家平面控制点联测困难时，应在导线的起点、终点和不远于 30 km 处观测真北点。与国家控制网联测构成附合导线和闭合导线时，水平角的闭合差为：

$$f_\beta = \alpha'_K - \alpha_K \tag{11-1}$$

式中　a'_K——导线推算的坐标方位角；

　　　a_K——联测所得的坐标方位角。

当导线为延伸导线时，应在导线起点和终点测出真方位角，如图 11-1 所示，并设定其无误差，角度闭合差的计算式为：

$$f_\beta = \alpha'_K - \alpha_K = A'_K - A_K$$

$$A'_K = A_N + (n+1)\,180° - \sum_1^{n+1} \beta_i \pm \gamma \tag{11-2}$$

式中　A_K——BC 边实测的真方位角；

　　　A'_K——由 AN 推算出导线 BC 边的真方位角；

　　　A_N——导线 $A1$ 边实测的真方位角；

　　　γ——子午线收敛角（'），$\gamma = (\lambda_B - \lambda_A)\,\sin\varphi$。当 B 点在 A 点的东边时，γ 取正号；反之取负号；

　　λ_A、λ_B——分别为 A、B 的经度；

　　　φ——两真北观测点 A、B 的平均纬度。

导线测量进行精度检核时，应先进行两化改正；还应看已知点之间是否需要进行换带计算。若有需要，则应进行换带计算；最后，才可进行精度检核计算。

使用 GPS 进行线路平面控制测量时，控制点的间距和测量精度，应满足初测导线的精度要求。

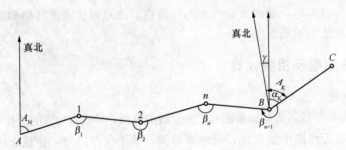

图 11-1　延伸导线的方向检核

3. 导线的两化改正

设导线在地面上的长度为 S，将其改化至大地水准面上的长度 S_0 为：

$$S_0 = S\left(1 - \frac{H_m}{R}\right) \tag{11-3}$$

式中　$S\dfrac{H_m}{R}$——距离改正值；

　　　H_m——导线两端的平均高程（km）；

　　　R——地球平均半径（km）。

将大地水准面上的长度 S_0，再改化到高斯平面上的长度 S_K 为：

$$S_K = S_0\left(1 + \frac{y_m^2}{2R^2}\right) \tag{11-4}$$

式中　$S_0\dfrac{y_m^2}{2R^2}$——距离改正值；

y_{m}——导线两端点横坐标的平均值（距中央子午线的平均距离）；

R——地球平均半径（km）。

由于 S 与 S_0 相差很小，因此常用 S 代替 S_0 将式（11-4）简化计算。由于导线计算都是用坐标增量求闭合差，故只需求出坐标增量总和，将其经过两化改正，求出改正后的坐标增量总和，就能计算坐标闭合差。经过两化改正后的坐标增量总和为：

$$\begin{cases} \sum \Delta x_{\mathrm{s}} = \sum \Delta x + \left(\dfrac{y_{\mathrm{m}}^2}{2R^2} - \dfrac{H_{\mathrm{m}}}{R} \right) \sum \Delta x \\[3mm] \sum \Delta y_{\mathrm{s}} = \sum \Delta y + \left(\dfrac{y_{\mathrm{m}}^2}{2R^2} - \dfrac{H_{\mathrm{m}}}{R} \right) \sum \Delta y \end{cases} \tag{11-5}$$

式中　　$\sum \Delta x_{\mathrm{s}}$、$\sum \Delta y_{\mathrm{s}}$——高斯平面上纵、横坐标增量的总和(m)；

$\sum \Delta x$、$\sum \Delta y$——未改正前导线纵、横坐标增量的总和(m)；

其他符号意义同上所述。

4. 坐标换带计算

初测导线与国家控制点联测进行精度检核时，如果其处于两个投影带中，必须将相邻两带的坐标换算为同一带的坐标，简称坐标换带。包括 6°带与 3°带的坐标换算等。坐标换带是根据地面任意一点 P 在西（东）带的投影坐标（x_1，y_1）与其在东（西）带的投影坐标（x_2，y_2）之间的内在联系，进行坐标统一计算，有严密公式和近似公式。

三、高程测量

1. 线路高程控制测量——基平

线路高程控制测量的目的是沿线路设置水准基点，建立线路高程控制系统，其高程控制点应与国家水准点或相当于国家等级水准点联测。水准点高程测量不大于 30 km 联测一次，构成附合水准路线；水准点应沿线路布设，一般地段每隔约 2 km 设置一个，重点工程地段应根据实际情况增设水准点；水准点宜设在距线路 100 m 范围内，并设在不易风化的基岩或坚固稳定的建筑物上，亦可埋设混凝土水准点；水准点设置后，以"BM"字头加序数编号。线路高程控制测量可用水准测量、光电三角高程测量和 GPS 高程测量方法施测。

1）水准测量

水准点水准测量精度按五等水准测量等级进行测量，见表 11-1。表中 R 为测段长度，L 为附合路线长度，F 为环线长度。单位均为 km。

表 11-1　五等水准测量精度

每公里高差中数的中误差/mm	限差/mm			
	检测已测段高差之差	往返测不符值	附合路线闭合差	环闭合差
≤7.5	$\pm 30\sqrt{R}$	$\pm 30\sqrt{R}$	$\pm 30\sqrt{L}$	$\pm 30\sqrt{F}$

注：每公里高差中数的中误差 $= \sqrt{\dfrac{1}{4n}\left[\dfrac{\Delta\Delta}{R}\right]}$，$\Delta$ 为测段往返测高差不符值，n 为测段数。

189

水准测量应使用精度不低于 DS3 型水准仪的仪器，水准尺宜用整体式标尺。水准测量应采用中丝读数法，可采用一组往返或两组单程进行，高差之差在限差以内时采用平均值。视线长度不应大于 150 m，跨越河流、深谷时可增至 200 m。前后视距应大致相等，其差值不应大于 10 m，且视线离地面不应小于 0.3 m，并应在成像清晰时观测。

当视线跨越大河、深沟长度大于 200 m 时，水准测量应按一定的要求进行，如图 11-2 所示，在河（谷）两岸大致等高处设置转点 A、B 及测站点 C、D，使 $AC \approx BD$，且等于 15～20 m。往测在 C 点置镜，观测完 A、B 点所立的水准尺后，应到河（谷）对岸的 D 点置镜，观测 A 点时不允许调焦。返测与往测程序相反。往返测得的两转点高程不符值在限差范围以内时，取其平均值。

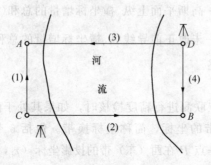

图 11-2　跨河水准测量

2）光电三角高程测量

线路高程控制测量用光电三角高程测量时，可与平面导线测量同时进行。导线点应作为高程转点，高程转点间的距离和竖直角必须进行往返观测，且应在同一气象条件下完成。计算时应加入气象改正、地球曲率改正，其较差在限差内时取其均值。高程测量的闭合差及检测限差，应符合水准测量要求，见表 11-1。

水准点光电三角高程施测的要求，见表 11-2。当竖直角大于 20°或边长小于 200 m 时，应增加测回数以提高观测精度。前后视的棱镜应安置在支架上，仪器高、棱镜高应在测量前后分别量测一次，取位至毫米，两次量测较差小于 2 mm 时，取其平均值。高程测量时视线离地面或障碍物的距离不宜小于 1.3 m。

表 11-2　水准点光电三角高程测量技术要求

距离测回数	竖直角				往返观测高程较差/mm	边长范围/m
	测回数（中丝法）	最大角值/（°）	测回间较差/（″）	指标差互差/（″）		
往返各一测回	往返各两测回	20	10	10	$60\sqrt{D}$	200～600

注：D 为光电测距边长度（km）。

2. 中桩高程测量——中平

1）水准测量

用水准测量进行中桩高程测量，可采用单程观测，所用水准仪应不低于 S10 级。中桩水准测量取位至毫米，中桩高程取位至厘米。从已知水准基点开始，沿导线行进附合到另一个水准点上，构成附合水准路线，闭合差限差为 $\pm 50\sqrt{L}$ mm，L 为路线长度，以 km 为单位。检测已测测段限差为±100 mm。

2）光电三角高程测量

中桩光电三角高程测量可与导线测量、水准点高程测量同时进行。若单独进行中桩光电三角高程测量，其路线必须起闭于已知水准点，并符合中桩水准测量的闭合差限差和检测限差要求。光电三角高程的竖直角可用中丝法往返观测各一测回。

中桩光电三角高程测量要求，见表 11-3，其中距离和竖直角可单向正镜观测两次（两次之间应改变反射镜高度），也可单向观测一测回，两次或半测回之差在限差以内时取平均值。

表 11-3　中桩光电三角高程测量技术要求

类　　别	距离测回数	竖直角			半测回或两次高差较差/mm
		最大竖直角/ (°)	测回数	半测回间较差/ (″)	
高程转点	往返各一测回	30	中丝法往返各一测回	12	—
中桩	单向一测回	40	单向两次	—	100
			单向一测回	30	

四、地形测量

在导线测量、高程测量完成以后，根据勘测设计的要求，沿初测导线测绘比例尺为 1∶500～1∶2000 的带状地形图，为线路设计提供详细的地面资料。

第三节　定测

一、线路的平面组成和标志

公路、铁路线路的平面形状通常由直线段和曲线段共同组成，道路一般在方向改变处用曲线连接相邻两条直线段，以保证行车顺畅安全，这种曲线称为平面曲线。

公路、铁路的平面曲线主要有圆曲线和缓和曲线，如图 11-3 所示。圆曲线是具有一定曲率半径的圆弧；缓和曲线是直线与圆曲线之间加入的过渡曲线，其曲率半径由直线的无穷大逐渐变化为圆曲线半径。低等级公路与铁路可不设缓和曲线，只设圆曲线。

在地面上标定线路中线位置时常用木桩打入地下，线路的交点、主点（直线转点、曲线主点）用方桩，桩顶与地面平齐，并在桩顶面上钉一小钉标志线路的中心位置，在线路前进方向左侧约 0.3 m 处定一标志桩（板桩），在其上写明所标志主桩的名称及里程。里程是指该点距线路起点的距离，通常线路起点里程为 K0＋000.00。交点是直线方向转折点，不是中线上的点，但其是线路重要的控制点，一般也应标明编号和里程。板桩除用作标志桩外，还可用作百米桩、曲线桩，钉设在线路中线上，高出地面 15 cm 左右，标明里程，桩顶不需钉钉。

图 11-3　线路的平面组成

二、中线测量

1. 中线测量概述

中线测量是指将路线中心线的平面位置测设到实地，并实测其里程。中线测量是新线定测阶段的主要工作，其任务是把在带状地形图上设计的线路中线测设到地面上，并用木桩标定出来。

中线测量分为放线和中桩测设两部分工作。放线，是把图纸上设计出的交点测设标定于地面上；中桩测设是在现场沿着直线和曲线详细测设中线桩（百米桩、公里桩、加桩和曲线桩）。

2. 放线

1）拨角法

根据图纸确定的直线交点坐标和导线点坐标，计算两相邻交点间距离及相邻两直线构成的水平角，根据计算资料到现场用极坐标法测设出各个交点，确定直线的位置。拨角法适用于纸上定线的实地放线时，导线与设计线距离太远或不太通视的情况。

（1）计算交点的测设资料

如图 11-4 所示，C_0、C_1…为初测导线点，其坐标已知；JD_0、JD_1…为图纸上设计的线路起点和交点，其坐标可直接从数字地形图上查到，也可在纸质图上求得。在数字地形图上查询或由坐标反算公式计算相邻两直线交点的边长和坐标方位角，求出各交点处的转向角。转向角即为相邻两直线坐标方位角之差（后视边的坐标方位角－前视边的坐标方位角），差值为正则左转，为负则右转。计算得出的距离和转向角应经检查无误后，方可提供给外业放线使用。

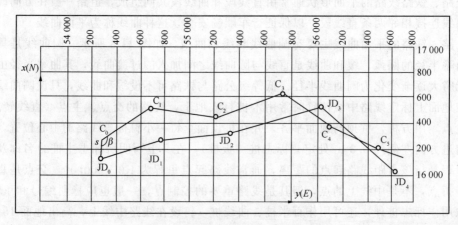

图 11-4　交点与导线点的位置关系

（2）现场放线

根据计算好的测设资料，在 C_0 点置镜后视 C_1 点，拨角定出 $C_0 - JD_0$ 方向，在该方向上测设定出 JD_0；在 JD_0 上置镜后视 C_0 点，拨水平角定出 $JD_0 - JD_1$ 方向，在该方向上测设 JD_0 到 JD_1 的水平距离，即 JD_1；在 JD_1 置镜后视 JD_0，拨该点转向角得 JD_2 方向，在其方向测设 $JD_1 - JD_2$ 的水平距离得 JD_2；依次类推，根据相应的转向角 α_{JD} 及直线长度 s，测设出其他直线交点。

水平角测设应使用 DJ_2 或 DJ_6 级经纬仪，采用盘左、盘右分中法测设；边长可用光电测距仪、钢卷尺测设；其精度要求与初测导线的测量精度相同。

在测设中线交点的同时，应测设百米桩、公里桩、加桩、曲线主点桩和曲线详细测设等。

（3）联测与闭合差调整

拨角法放线速度快，但误差积累明显。为确保测设的中线位置不致与理论值偏差过大，应每隔 5~10 km 与初测导线点、GPS 点等控制点联测一次构成闭合导线，闭合差应不超过有关标准的规定。计算导线全长相对闭合差时，导线全长等于所使用的初测导线点与交点构成闭合环的所有边长之和。当闭合差超限时，应找出原因并予以改正；当闭合差符合精度要求时，则应在联测处截断累积误差，使下一个点回到设计位置。

2）支距法

支距法在导线点上独立测设出中线的直线转点（ZD），将两相邻直线延长相交得交点 JD，不存在拨角法放线所产生的累积误差。支距法适用于地形不太复杂，地面平坦、初测导线与中线相距较近的情况。

（1）准备放线资料

在地形图上选定一些初测导线点或转点，做初测导线边的垂线与中线相交，交点作为测设中线的直线转点，如图 11-5 所示的 ZD_{4-4}、ZD_{4-5} 等点，每一直线上不得少于三个转点，且转点间尽可能通视。直线转点选好后，用比例尺和量角器量出支距和水平角，作为放线时的依据。准备放线资料的过程又称为图上选点、量距。

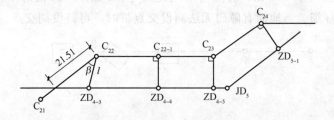

图 11-5　支距法放线

（2）实地放线

① 放点。根据放线资料，到相应的初测导线点上，按已量出的支距和角值，用极坐标法实地放线。测设距离可用皮尺，测设角度用测角仪器；放出的直线转点应打桩、插旗标明其位置。

② 穿线。由于放线资料和实际测设都会产生误差，放出同一直线上的各转点常不在一条直线上，必须用经纬仪将各转点调整到同一直线上，因此这项工作称为"穿线"。

穿线时将经纬仪安置在一个放线点上，照准放出最远的一个转点，由远及近检查各转点的偏差。若偏差不大，可将各点移到视线方向上，打桩、钉钉。

③ 延线。在直线地段，当放出的直线转点不能完全标志出直线时，需要延长直线，如图 11-6 所示。设 AB 线段需延长，在 B 点置经纬仪，盘左瞄准 A 点，倒转望远镜在地面上定出 C_1 点；盘右照准 A 点，倒镜在地面上定出 C_2。当每延长直线 100 m，点 C_1 与点 C_2 间横向距离小于 5 mm 时，可将 C_1 点与 C_2 点间连线分中定出 C 点，BC 段便是 AB 的延长线。当 B、C 点间距大于 400 m 时，正倒镜 C_1 点与 C_2 点的横向差不应大于 20 mm。延长直线时，前、后视距离应大致相等，距离最长不应大于 400 m，且最短不得小于 50 m。对点时，应用测钎或垂球；当距离较远时可用花杆对点，且应瞄准花杆的最下端。

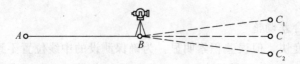

图 11-6 延长直线

（3）交点

在地面上放出相邻两直线上的转点后，应测设两直线的交点，这项工作称为"交点"。交点是确定中线直线方向和测设曲线的控制点。

如图 11-7 所示，A、B、C、D 为地面上不同方向两直线的转点。在 A 点置镜，后视 B 点，延长直线 BA，在估计与 CD 直线相交处的前后位置，打两个"骑马桩" a、b，在 a、b 桩上钉钉、拉上细线；在 C 点安置仪器，后视 D 点，延长直线 DC 与 ab 细线相交，标出 JD 在 ab 线上的垂线位置；在 ab 线上标出的 JD 垂线位置吊垂球，当垂球与地面相交时，在垂球尖处打下木桩；在 ab 线上标出的 JD 垂线位置吊垂球，垂线与仪器竖丝重合且垂球尖与桩接近时，准确地用铅笔在桩顶标出交点位置；用测钎或垂球在桩顶上重新对点，用经纬仪检查，确定点位无误后钉上小钉，标出 JD 位置。

为了保证交点的精度，转点到交点的距离宜在 50～400 m 范围内。当地面平坦且目标清晰时，不宜大于 500 m；若点与点间距短于 50 m，经纬仪对中、照准、对点、钉点等均应尤其仔细。当地面有障碍无法测设交点桩时，可钉设副交点。

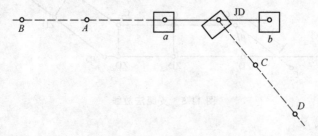

图 11-7 测设交点

3）全站仪法

全站仪法放线是将全站仪安置于导线点上，后视另一导线点，利用极坐标法或直角坐标法测设点位的原理测设 JD 和 ZD。将导线点 JD 和 ZD 的点号及坐标按作业文件输入仪器内，测设时调用放样菜单和作业文件，选用极坐标法或坐标法放样。全站仪法放线的测设数据由微处理器自动求出。全站仪法放线时，一次设站可以测设若干个直线转点或交点，也需要经过穿线来确定直线的位置。全站仪法放线速度快、精度高、测程长，提高了放线效率，应注意检核。

4）GPS-RTK 法

（1）收集测区控制点资料，了解控制点资料的坐标系统，并确定外业作业方案。

（2）将导线点 JD 和 ZD 的点号、坐标和曲线设计要素按作业文件输入 GPS-RTK 手簿存储。

（3）在外业设置基准站，利用公共点坐标计算两坐标系转换参数，并将参数保存。

（4）调出手簿中的有关软件和输入手簿的作业文件，进行 GPS-RTK 放样，同时还可对放样点进行测量，以便进行检核。

GPS-RTK 法适用于视野开阔的地区。事先设置好基准站及其参数后，即可调用作业文件和放样菜单，用流动站测设 JD 和 ZD。GPS-RTK 法放线一次设站可以测设许多交点或直线转点，也需要经过穿线来确定直线的位置。GPS-RTK 放线速度快、精度高、测程长，待测设点与控制点间无需通视，提高了放线效率。

3．中桩测设

中线测量中把依据 ZD 和 JD 将中线桩详细测设在地面上的工作称为中桩测设，包括直线和曲线两部分，现以直线部分进行主要介绍。

中线上应钉设百米桩、公里桩等，直线上中线桩间距不应大于 50 m；在地形变化处或按设计需要应设加桩，加桩一般宜设在整米处。中线距离应用光电测距仪或钢尺测量两次，在限差以内时取平均值。百米桩、加桩的钉设以第一次量距为准。中桩桩位误差限差为：

横向为 ±10 cm；纵向为 $(\frac{s}{2000}+0.1)$ m，s 为转点至桩位的距离，以 "m" 为单位。

三、定测阶段的基平和中平

1．线路高程测量——基平

在定测阶段，基平的测量任务是沿线路建立水准基点，测定它们的高程，同时为定测、施工及日后养护提供高程依据。定测阶段线路水准点布设及高程测量是在初测水准点的基础上进行的，首先对初测水准点逐一检测，其差值在 $\pm30\sqrt{K}$ mm（K 为水准路线长度，以 "km" 为单位）以内时，采用初测成果；若确认超限，方可更改。若初测水准点远离线路或遭到破坏，则必须移至或重新设置在距线路 100 m 的范围内。水准点一般 2 km 设置一个，但长度在 300 m 以上的桥梁和长度在 500 m 以上的隧道的两端，以及大型车站范围内均应设置水准点。水准点应设置在坚固的基础上或埋设混凝土标桩，以 "BM" 表示并统一编号。

水准点高程测量方法及精度要求与初测水准点高程测量相同。当跨越大河、深沟视线长度超过 200 m 时，应按跨河水准测量进行。当跨越河流或深谷时，前、后视线长度相差悬殊或受到水面折光影响，也应按跨河水准测量方法进行。

2．中桩高程测量——中平

在定测阶段，中平的测量任务是测定线路中线桩所在地面的标高，为绘制纵断面图采集相关数据，为设计线路的高低位置提供可靠的地面资料。初测时中桩高程测量是测定导线点及加桩桩顶的高程，以作为地形测量的图根高程控制。定测时的中桩高程测量则是测定中线控制桩、百米桩、加桩所在的地面高程（水准尺放在地面），为绘制线路纵断面图提供中线点的高程数据。

中桩高程测量应起闭于水准点，不符值的限差为 $\pm 50 \sqrt{L}$ mm（L 为水准路线长度，以 km 为单位）。中桩高程宜观测两次，其不符值不得超过 10 cm，取位至厘米。

中桩高程测量方法，如图 11-8 所示。将水准仪安置于置镜点 I，瞄准后视点 BM_1 上的后视尺读取后视读数；依次在各中线桩所在地面立尺，分别读取其尺读数；由于这些立尺点不起传递高程作用，故称其读数为中视读数；读取转点 Z_1 的尺读数，作为前视读数。将仪器搬至置镜点 II，后视转点 Z_1，重复上述方法直至附合于 BM_2。中视读数可读至厘米，转点读数读至毫米。

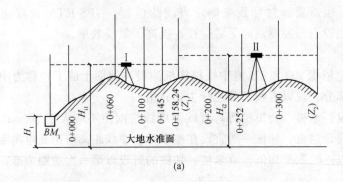

(a)

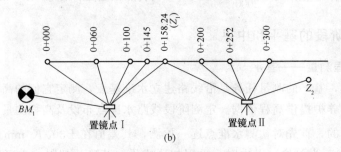

(b)

图 11-8　中桩高程测量

中桩高程计算采用仪器视线高法，先计算出仪器视线高 H_i 为：

$$H_i = 后视点高程 + 后视读数 \tag{11-6}$$

则有：

$$中桩高程 = H_i - 中视读数 \tag{11-7}$$

线路穿越山谷时，由于地形陡峭，加桩较多，如图 11-9 所示。为减少多次安置仪器而产生的误差，可先在测站 1 读取沟对岸的转点 2+200 的前视读数，以支水准路线形式测定沟底中桩高程，其测量数据应另行记录；待沟底中桩水准测量完成后，将仪器搬至测站 4 读取转点 2+200 的后视读数，继续往前测量。为了减少因测站 1 前视距比后视距长而产生的测量误差，可将测站 4 或其他测站的后视距离适当加长，进而使得后视距离之和与前视距离之和大致相等。

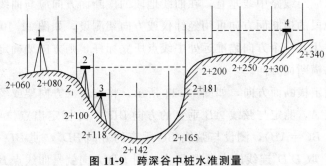

图 11-9 跨深谷中桩水准测量

3．绘制纵断面图

线路纵断面图是反映线路中线地面起伏变化的断面图，以供设计线路的高低位置使用。它以线路中桩里程为横坐标，实测的中桩高程为纵坐标绘制而成。为凸显地面的高低起伏和满足线路纵断面设计的需要，高程比例尺应是里程比例尺的 10 倍，通常里程的比例尺为 1∶10 000，高程的比例尺为 1∶1 000。

（1）连续里程：表示自线路起点计算的连续里程，粗短线表示公里桩的位置，其下注记的数字为公里数，粗短线左侧的注记数字为公里桩与相邻百米桩的水平距离。

（2）线路平面：表示线路平面形状，即直线和曲线的示意图。中央的实线表示线路中线，在曲线地段表示为向上、向下凸出的折线，向上凸出表示线路向右转弯，向下凸出表示线路向左转弯，斜线部分表示缓和曲线；连接两斜线的直线表示圆曲线。在曲线处注明曲线要素。曲线起、终点的数字，表示起、终点至附近百米桩的水平距离。

（3）里程：表示勘测里程，在整百米和整公里处注记数字。

（4）加桩：竖线表示加桩位置，旁边注记数字表示加桩到相邻百米桩的距离。

（5）地面标高：是各中线桩所在地面的高程。

（6）设计坡度：用斜线表示，斜线倾斜方向表示上坡或下坡，斜线上面的注记数字是设计坡度的千分率（如坡度为 5‰，注记数字为 5），下面的注字为该坡段的长度。

（6）路肩设计标高：路基肩部的设计标高，由线路起点路肩标高、线路设计坡度及里程计算得出。

（7）工程地质特征：表示沿线地质情况。

四、线路横断面测量

1．横断面施测地点及其密度

横断面测量的地点及横断面密度、宽度，应根据地形、地质情况以及设计需要而定。一般应在曲线控制点、公里桩、百米桩和线路纵向、横向地形变化处进行测绘。在铁路站场、大、中桥桥头、隧道洞口、高路堤、深路堑、地质不良地段及需要进行路基防护地段，均应适当加大横断面施测密度和宽度。横断面测绘宽度应满足路基、取土坑、弃土堆及排水系统等设计的要求。

2. 横断面方向的确定

线路横断面应与线路中线垂直，在曲线地段的横断面方向应与曲线上测点的切线垂直。确定直线地段的横断面方向可用经纬仪或方向架测设，如图 11-10 所示，将方向架立于中线桩处，用其一个方向瞄准远处中线点所立标杆，则方向架确定的另一个方向就是与中线垂直的横断面方向。

在曲线上确定横断面方向，如图 11-11 所示，将仪器（方向架或经纬仪等）置于 B 点，瞄准曲线点 A，测定与弦线 AB 垂直的方向 BD′，并标定出点位 D′；瞄准另一侧曲线点 C（要求 BC＝AB），测设与弦线 BC 垂直的方向 BD″，使 BD″＝BD′，标定出点位 D′。最后，取 D′D″连线的中点得 D 点，则 BD 方向就是曲线点 B 横断面方向。

用经纬仪确定横断面方向时，先根据曲线资料计算出曲线点 B 与相邻曲线点 A 的弦切角 α，如图 11-11 所示；然后在 B 点安置经纬仪，后视 A 点，顺时针转动照准部使读数增加（$90°+\alpha$），则视线方向即为横断面方向。

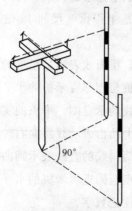

图 11-10 方向架确定横断面方向

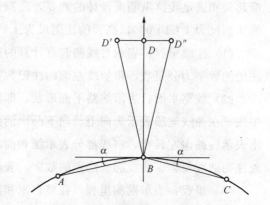

图 11-11 曲线横断面方向的确定

3. 横断面测量的方法

横断面测量的方法有多种，主要有水准仪法、经纬仪法或全站仪法。由于公路、铁路横断面数量多、工作量大，应根据精度要求、仪器设备情况及地形条件选择相适应的测量方法。

（1）水准仪测横断面。在地势平坦区域，用方向架定向，皮尺（或钢尺）量距，使用水准仪测量横断面上各坡度变化点间的高差。面向线路里程增加方向，分别测定中桩左、右两侧地面坡度变化点之间的平距和高差，见表 11-4 的记录格式记录测量数据，分母是两测点间的平距，分子是两点间高差。绘制横断面图时，再统一换算成各测点到中桩的平距和高差。若仪器安置适当，置一次镜可观测多个横断面，如图 11-12 所示。为防止各断面互相混淆，存储数据时应注意各断面测点编号要有顺序，同时画出草图，做好记录。

表 11-4 横断面测量记录

左　　　侧			桩　　号	右　　　侧		
$\frac{+2.1}{12.0}$	$\frac{-1.9}{8.7}$	$\frac{2.6}{18.5}$	DK5＋256	$\frac{-1.4}{14.5}$	$\frac{+1.8}{10.5}$	$\frac{-1.4}{16.0}$

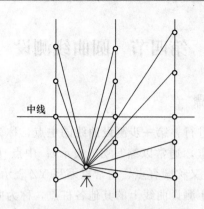

图 11-12　水准仪测量横断面

（2）经纬仪测横断面。在中线桩上安置经纬仪，定出横断面方向后，用视距测量方法测出各测点相对于中桩的水平距离和高差。此种方法速度快、效率高，适用于各种地形。

（3）全站仪测横断面。用全站仪测横断面，将仪器安置在中线桩上，定出横断面方向后，测出各测点相对于中桩的水平距离和高差。此种方法速度快、精度高，受地形限制小，是常用的测量方法。

4．横断面测量检测精度要求

《新建铁路工程测量规范》对线路横断面测量检测限差规定如下：

高程：

$$\pm\left(\frac{h}{100}+\frac{L}{200}+0.1\right)\mathrm{m}$$

距离：

$$\pm\left(\frac{L}{100}+0.1\right)\mathrm{m}$$

式中　h——检查点至线路中桩的高差（m）；

　　　L——检查点至线路中桩的水平距离（m）。

5．横断面图绘制

根据横断面测量数据，在厘米方格纸上绘制横断面图，如图 11-13 所示。为了设计方便，其纵坐标（高程）、横坐标（地面坡度变化点到中线桩的平距）均应采用 1∶200 比例尺。

横断面图宜在现场绘制，以便及时复核测量结果和检查绘图质量，可不做测绘记录，还可省去室内绘图时所要进行的复核工作。

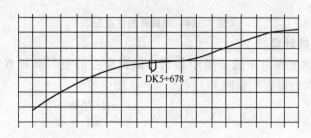

图 11-13　横断面图

第四节　圆曲线测设

一、圆曲线测设步骤

圆曲线的测设分两步进行：第一步测设曲线的主点，称为圆曲线的主点测设，即测设曲线的起点（又称直圆点，通常以缩写 ZY 表示）；中点（又称曲中点，通常以缩写 QZ 表示）和曲线的终点（又称圆直点，通常以缩写 YZ 表示）。第二步在已测定的主点之间进行加密，按规定桩距测设曲线上的其他各桩点，称为曲线的详细测设。

二、圆曲线的主点测设

1. 圆曲线测设元素的计算

如图 11-14 所示，设交点（JD）的转角为 α，假定在此所设的同曲线半径为 R，则曲线的测设元素切线长 T、曲线长 L、外距 E 和切曲差 D，其中 R 是在设计中按线路等级及地形条件等因素选定的；α 是路线定测时测出的，二者均为已知数据。其他要素按下式计算：

$$\begin{cases} \text{切线长：} T = R\tan\dfrac{\alpha}{2} \\[2mm] \text{曲线长：} L = R\alpha \ (\text{式中，} \alpha \text{ 的单位应换算成 rad}) \\[2mm] \text{外矢距：} E = \dfrac{R}{\cos\dfrac{\alpha}{2}} - R = R\left(\sec\dfrac{\alpha}{2} - 1\right) \\[2mm] \text{切曲差：} D = 2T - L \end{cases} \tag{11-8}$$

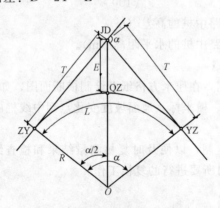

图 11-14　圆曲线的主点测设

2. 主点里程的计算

交点（JD）的里程由中线丈量中得到，依据交点的里程和计算的曲线测设元素，即可计算出各主点的里程，如图 11-14 所示，从图中可知：

$$\begin{cases} \text{ZY 里程} = \text{JD 里程} - T \quad \dfrac{\text{JD 里程} - T}{\text{ZY 里程}} \\[3mm] \text{YZ 里程} = \text{ZY 里程} + L \quad \dfrac{+L}{\text{YZ 里程}} \end{cases}$$

$$\begin{cases} QZ \text{ 里程}=YZ \text{ 里程}-L/2 & \dfrac{-L/2}{QZ \text{ 里程}} \\ JD \text{ 里程}=QZ \text{ 里程}+D/2 & \dfrac{+D/2}{JD \text{ 里程}} \end{cases} \qquad (11\text{-}9)$$

3. 主点的测设

圆曲线的测设元素和主点里程计算出后，需按以下步骤进行主点的测设：

（1）曲线起点（ZY）的测设：测设曲线起点时，将仪器置于交点 i（JD_i）上，望远镜照准后一交点 $i-1$（JD_{i-1}）或此方向上的转点，沿望远镜视线方向量取切线长 T，得曲线起点 ZY，临时插一测钎标志。用钢尺丈量 ZY 至最近的一个直线桩的距离，如两桩号之差等于所丈量的距离或相差在容许范围内，即可在测钎处打下 ZY 桩。如超出容许范围，应查明原因，重新测设，以确保桩位的正确性。

（2）曲线终点（YZ）的测设：在曲线起点（ZY）的测设完成后，转动望远镜照准前一交点 JD_{i+1} 或此方向上的转点，往返量取切线长 T，得曲线终点（YZ），打下 YZ 桩即可。

（3）曲线中点（QZ）的测设：测设曲线中点时，可由交点 i（JD_i），沿分角线方向量取外距 E，打下 QZ 桩即可。

三、圆曲线曲线设桩

1. 整桩号法

将曲线上靠近起点 ZY 的第一个桩的桩号凑整成为大于 ZY 点桩号的，l_0 的最小倍数的整桩号，按桩距 l_0 连续向曲线终点 YZ 设桩，设置的桩的桩号均为整数。

2. 整桩距法

从曲线起点 ZY 和终点 YZ 开始，分别以桩距 l_0 连续向曲线中点 QZ 设桩。由于这样设置的桩的桩号一般为破碎桩号，因此，在实测中应注意加设百米桩和公里桩。

四、圆曲线详细测设

（1）切线支距法。又可称作直角坐标法，是以曲线的起点 ZY（对于前半曲线）或终点 YZ（对于后半曲线）为坐标原点，以过曲线的起点 ZY 或终点 YZ 的切线为 x 轴，过原点的半径为 y 轴，按曲线上各点坐标（x、y）设置曲线上各点的位置。

如图 11-15 所示，设 P_i 为曲线上要测设的点位，该点至 ZY 点或 YZ 点的弧长为 l_i，φ_i 为 l_i 把对的圆心角，R 为圆曲线半径，则 P_i 点的坐标按下式计算：

$$\begin{cases} x_i=R\sin\varphi_i \\ y_i=R（1-\cos\varphi_i）=x_i\tan\dfrac{\varphi_i}{2} \end{cases} \qquad (11\text{-}10)$$

$$\varphi_i=\frac{l_i}{R}（\text{rad}） \qquad (11\text{-}11)$$

切线支距法详细测设圆曲线，测设时，x，y 可根据 R 和 l 为引数，从曲线测设用表中查得。为了避免支距过长，一般由 ZY 点和 YZ 点分别向 QZ 点施测，测设步骤如下：

① 从 ZY 点（或 YZ 点）用钢尺或皮尺沿切线方向量取 P_i 点的横坐标 x_i，得出垂足点 N_i。

② 在垂足点 N_i 上，用方向架或经纬仪定出切线的垂直方向，沿垂直方向量出 y_i，

得到待测定点 P_i。

③ 曲线上各点测设完毕后，应量取相邻各桩之间的距离，并与相应的桩号之差作比较。若较差在限差之内，则曲线测设合格；否则应查明原因，并予以纠正。

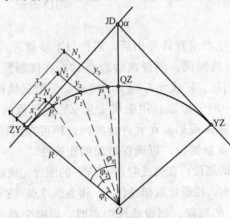

图 11-15 切线支距法详细测设圆曲线

（2）偏角法。偏角法是一种极坐标的定点方法，是以曲线起点（ZY）或终点（YZ）至曲线上待测设点 P_i 的弦线与切线之间的弦切角 Δ_i 和弦长 c_i，确定 P_i 点的位置。

如图 11-16 所示，根据几何原理，偏角 Δ_i 等于相应弧长所对的圆心角 φ_i 的一半，即 $\Delta_i = \varphi_i / 2$。则：

$$\Delta_i = \frac{l_i}{2R} \text{ (rad)} \tag{11-12}$$

弦长 c 可按下式计算：

$$c = 2R\sin\frac{\varphi_i}{2} = 2R\sin\Delta_i \tag{11-13}$$

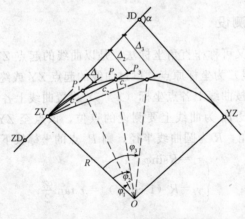

图 11-16 偏角法详细测设圆曲线

（3）极坐标法。用极坐标法测设曲线的测设数据主要是计算圆曲线主点和细部点的坐标，根据测站点和主点或细部点之间的坐标，反算出测站至待测点的直线方位角和两点间的平距，根据计算出的方位角和平距进行测设，其操作步骤如下：

① 圆曲线主点坐标计算，如图 11-16 所示，若已知 ZD 和 JD 的坐标，则可按式 a_{12} $= \arctan \dfrac{y_2 - y_1}{x_2 - x_1}$ 计算出第一条切线（图中 ZY—JD 的方向线）的方位角；由路线的转角

（或右角）推算出第二条切线（图中 JD—YZ 的方向线）和分角线的方位角。

② 圆曲线细部点坐标计算。由计算出的第一条切线的方位角 a_1 和各待测设桩点的偏角 Δ_i，计算曲线起点 ZY 至各待测定桩点 P_i 方向线的方位角，由 ZY 点到各桩点的长弦长，计算出各待测设桩点的坐标。

第五节　缓和曲线测设

一、缓和曲线的作用

（1）曲率逐渐缓和、过渡。

（2）离心加速度逐渐变化，减少振荡。

（3）有利于超高和加宽的过渡。

（4）视觉条件好。

二、缓和曲线的测设方法

1. 偏角法

（1）如图 11-17 所示，计算公式为：

$$\Delta = \frac{\beta}{3}\left(\frac{l}{L_s}\right)^2 \frac{180°}{\pi} \tag{11-14}$$

$$C \approx l' \tag{11-15}$$

式中　l——缓和曲线上任意一点到缓和曲线起点弧长；

l'——缓和曲线上任意一点到相邻点的弧长；

C——缓和曲线上任意一点到相邻点的弦长。

（2）测设方法。

① 在 XH（HX）点安置经纬仪，后视 JD，配度盘为 $0°00'00''$。

② 拨 P_1 点的偏角 Δ_1（注意正拨、反拨），从 XH（HX）量取 C'，与视线的交点为 P_1 点位。

③ 拨 P_2 点的偏角 Δ_2，从 P_1 量取 C（P_1、P_2 点桩号差），与视线的交点为 P_2 点位。

④ 重复③测到 HZ（ZH）点。

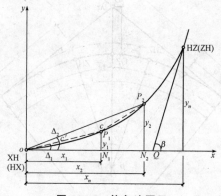

图 11-17　偏角法图示

2. 切线支距法

以 XH（HX）点为坐标原点，过 XH（HX）点的切线为 x 轴，法线方向为 y 轴，以此建立直角坐标系。

（1）如图 11-17 所示，计算公式为：

$$x = l - \frac{l^5}{40R^2 L_s^3} \tag{11-16}$$

$$y = \frac{l^3}{6RL_s} - \frac{l^7}{336R^3 L_s^3} \tag{11-17}$$

（2）测设方法。

① 从 XH（HX）点沿 JD 方向量取 x_1，得 N_1 点。

② 在 N_1 点的垂向上，向曲线的偏转方向量取 y_1，得 P_1 点。

③ 重复上述步骤，直至测设到缓和曲线终点。

三、圆曲线带有缓和曲线的测设

1. 设置缓和曲线的条件

设置缓和曲线的条件为：

$$\alpha \geqslant 2\beta \tag{11-18}$$

当 $\alpha < 2\beta$ 时，即 $L < L_s$（L 为未设缓和曲线时的圆曲线长），不能设置缓和曲线，需调整 L 或 L_s。

2. 测设数据计算

（1）如图 11-18 所示，元素计算公式为：

$$切线长：T_h = (R + p)\tan\frac{\alpha}{2} + q$$

$$圆曲线长：L_y = (\alpha - 2\beta)\frac{\pi}{180}R$$

$$平曲线总长：L_h = L_y + 2L_s$$

$$外距：E_h = (R + p)\sec\frac{\alpha}{2} - R$$

$$切曲差：D_h = 2T_h - L_h \tag{11-19}$$

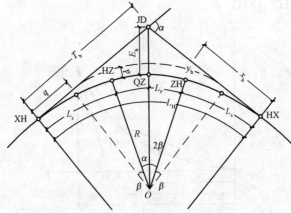

图 11-18　圆曲线带有缓和曲线的测设

（2）桩号推算。

3．测设方法

（1）主点测设

① 从 JD 向切线方向分别量取 T_h，可得 XH、HX 点。

② 从 XH、HX 点分别向 JD 方向及垂向，量取 x_h、y_h 可得 HZ、ZH 点。

③ 从 JD 向分角线方向量取 E_h，可得 QX 点。

（2）详细测设

① 切线支距法

A．以 XH（HX）为原点，切线方向为 x 轴，法线方向为 y 轴，如图 11-19 所示。其计算公式为：

$$\begin{cases} x = R\sin\varphi + q \\ y = R(1-\cos\varphi) + p \end{cases} \tag{11-20}$$

$$\varphi = \frac{l'}{R} \cdot \frac{180}{\pi} \tag{11-21}$$

$$l' = l - \frac{L_s}{2} \tag{11-22}$$

式中　l——主圆曲线上任意一点到 XH（HX）点的弧长。

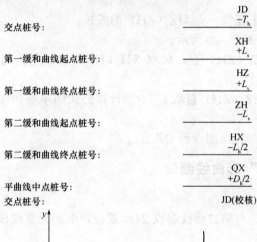

交点桩号：
$$\begin{array}{c} \text{JD} \\ \hline -T_h \end{array}$$

第一缓和曲线起点桩号：
$$\begin{array}{c} \text{XH} \\ \hline +L_s \end{array}$$

第一缓和曲线终点桩号：
$$\begin{array}{c} \text{HZ} \\ \hline +L_y \end{array}$$

第二缓和曲线起点桩号：
$$\begin{array}{c} \text{ZH} \\ \hline -L_s \end{array}$$

第二缓和曲线终点桩号：
$$\begin{array}{c} \text{HX} \\ \hline -L_h/2 \end{array}$$

平曲线中点桩号：
$$\begin{array}{c} \text{QX} \\ \hline +D_h/2 \end{array}$$

交点桩号：　　　　JD(校核)

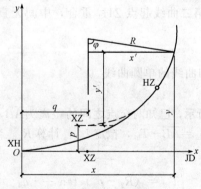

图 11-19　切线支距法（一）

B．以 HZ（ZH）点为原点，切线方向为 x 轴，法线方向为 y 轴建立直角坐标系，如图 11-20 所示，其计算公式为：

$$\begin{cases} x = R\sin\varphi \\ y = R(1-\cos\varphi) \end{cases} \tag{11-23}$$

式中　φ—— $\varphi = \dfrac{1}{R} \cdot \dfrac{180°}{\pi}$;

l——主圆曲线上任意一点到 HZ（ZH）点的弧长。

测设方法：从 XH（HX）点沿切线方向量取 T_d，找到 Q 点，并用 T_k 检核；以 Q 点与 HZ（ZH）点为 x 方向，从 HZ（ZH）点量取 x，垂向上量取 y，可测设曲线。

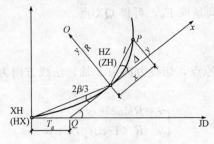

图 11-20　切线支距法（二）

② 偏角法

A. 如图 11-20 所示，其计算公式为：

$$\Delta_i = \frac{1}{2} \cdot \frac{l}{R} \cdot \frac{180}{\pi} \tag{11-24}$$

式中　l——主圆曲线上任意一点 HZ（ZH）的弧长。

B. 测设方法，如图 11-20 所示。

a. 安置仪器于 HZ（ZH）点，后视 XH（HX）点，向偏离曲线方向拨角 $2/3\ \beta$，倒镜配度盘为 $0°00'00''$。

b. 拨角 Δ_1，从 HZ（ZH）量取 C_1（C_1 计算公式同单圆曲线）与视线交会出中桩点位 P_1。

c. 重复上述步骤，直至测设到 QZ 点。

四、"S" 和 "C" 形曲线测设

1. 桩号推算

第一曲线终点 HZ_1 与第二曲线起点 ZH_2 重合，中间无直线段，其他桩号推算参见有缓和曲线的单圆曲线。

2. 测设方法

测设方法，参见有缓和曲线的单圆曲线。

3. 数据计算

如图 11-21、图 11-22 所示，已知两交点之间的距离为 $\overline{AB}$，其中一个曲线的切线长为 T_{h1}，另一个曲线的切线长 $T_{h2} = \overline{AB} - T_{h1}$，拟定 L_{S2}，计算 R_2。半径 R_2 的计算有两种方法。

（1）解方程组：

$$\begin{cases} T_{h2} = (R_2 - p_2) \tan \dfrac{\alpha_2}{2} + q_2 \\[2mm] p_2 = \dfrac{L_{S2}^2}{24R_2} \\[2mm] q_2 = \dfrac{L_{S2}}{2} - \dfrac{L_{S2}^3}{240R_2^2} \end{cases} \tag{11-25}$$

（2）利用已知条件试算：

$$q_2 \approx \frac{L_{S2}}{2} \tag{11-26}$$

$$R_2 + p_2 = \frac{T_{h2} - q_2}{\tan \frac{\alpha_2}{2}} \tag{11-27}$$

$$p_2 = \frac{L_{S2}^2}{24 \ (R_2 + p_2)} \tag{11-28}$$

得：

$$R_2 = (R_2 + p_2) - p_2 \tag{11-29}$$

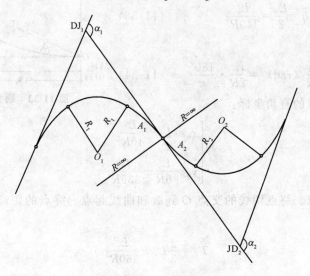

图 11-21   "S" 形曲线

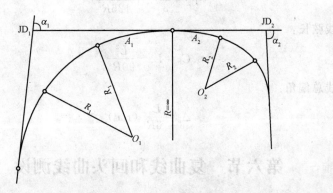

图 11-22   "C" 形曲线

五、缓和曲线测设数据计算

（1）缓和曲线测设数据的计算公式：

$$Rl = A^2 \tag{11-30}$$

$$RL_s = A^2 \tag{11-31}$$

式中 R——缓和曲线上任意一点的曲率半径（m）；

l——缓和曲线上任意一点到缓和曲线起点的弧长（m）；

A——缓和曲线参数（m）；

L_s——缓和曲线长度（m）。

（2）缓和曲线常数计算。

如图 11-23 所示，缓和曲线常数计算：

内移值：

$$p = \frac{L_s^2}{24R} \qquad (11-32)$$

切线增值：

$$q = \frac{L_s}{2} = \frac{L_s^1}{240R^2} \qquad (11-33)$$

切线角：

$$\beta = \frac{L_s}{2R} \ (\text{rad}) = \frac{L_s}{2R} \cdot \frac{180°}{\pi} \qquad (11-34)$$

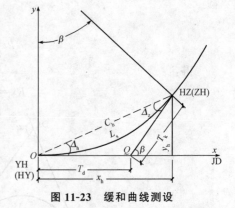

图 11-23 缓和曲线测设

缓和曲线终点的直角坐标：

$$\begin{cases} x_h = L_s - \dfrac{L_s^3}{40R^2} \\ y_h = \dfrac{L_s^2}{6R} - \dfrac{L_s^4}{336R^3} \end{cases} \qquad (11-35)$$

缓和曲线起点、终点切线的交点 Q 到缓和曲线起点、终点的距离，即缓和曲线的长、短切线长：

$$T_d = \frac{2}{3}L_s + \frac{L_s^2}{360R^2} \qquad (11-36)$$

$$T_k = \frac{1}{3}L_s + \frac{L_s^3}{126R^2} \qquad (11-37)$$

缓和曲线弦长：

$$C_h = L_s - \frac{L_s^2}{90R^2} \qquad (11-38)$$

缓和曲线总偏角：

$$\Delta_h = \frac{L_s}{6R} \ (\text{rad}) \qquad (11-39)$$

第六节　复曲线和回头曲线测设

一、设置有缓和曲线的复曲线

1. 中间不设缓和曲线而两边皆设缓和曲线的复曲线

如图 11-24 所示，设主、副曲线两端分别设有两段缓和曲线，其缓和曲线长分别为 l_{s1}、l_{s2}。为使两不同半径的圆曲线在原公切点（GQ）直接衔接，两缓和曲线的内移值必须相等，即 $R_主 = R_副 = P$。

则：

$$c_1 = R_主 \quad l_{s1} = R_主 \sqrt{24R_主} P$$
$$c_2 = R_副 \quad l_{s2} = R_副 \sqrt{24R_副} P \tag{11-40}$$

假如 $R_主 > R_副$，则 $c_1 > c_2$。所以在选择缓和曲线长度时，必须使 $c_2 \geqslant 0.035v^3$。对于已选定的 l_{s2}，可得：

$$l_{s2} = l_{s1} \sqrt{\frac{R_副}{R_主}} \tag{11-41}$$

图 11-24 中的关系式，如下：

$$T_基 = (R_主 + P) \tan \frac{\alpha_主}{2} + (R_副 + P) \tan \frac{\alpha_副}{2} \tag{11-42}$$

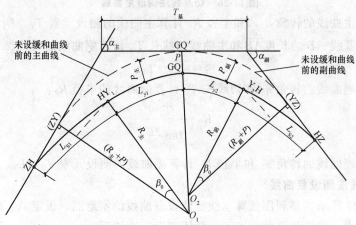

图 11-24 两边皆设缓和曲线的复曲线

2. 中间设置有缓和曲线的复曲线

中间设置有缓和曲线的复曲线是指复曲线的两圆曲线间有缓和曲线段衔接过渡的曲线形式。常在实地地形条件限制下，选定的主、副曲线半径相差悬殊超过 1.5 倍时采用，如图 11-25 所示。

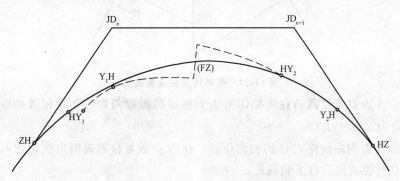

图 11-25 中间设置有缓和曲线的复曲线

二、不设缓和曲线的复曲线

1. 切基线法测设复曲线

切基线法是虚交切基线，只是两个圆曲线的半径不相等，如图 11-26 所示，主、副曲线的交点为 A、B，两曲线相交于公切点 GQ 点。将经纬仪分别安置于 A、B 两点，

测算出转角 α_1、α_2，用测距仪或钢尺往返丈量 A、B 两点的距离 $\overline{AB}$，在选定主曲线的半径 R_1 后，按以下步骤计算副曲线的半径 R_2 及测设元素：

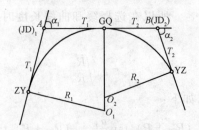

图 11-26　切基线法测设复曲线

（1）根据主曲线的转角 α_1，和半径 R_1 计算主曲线的测设元素 T_1、L_1、E_1、D_1。

（2）根据基线 AB 的长度 $\overline{AB}$ 和主曲线切线长 T_1 计算副曲线的切线长 T_2：

$$T_2 = \overline{AB} - T_1 \tag{11-43}$$

（3）根据副曲线的转角 α_2 和切线长 T_2 计算副曲线的半径 R_2：

$$R_2 = \frac{T_2}{\tan\dfrac{\alpha_2}{2}} \tag{11-44}$$

（4）根据副曲线的转角 α_2 和半径 R_2 计算副曲线的测设元素 T_2、L_2、E_2、D_2。

2. 弦基线法测设复曲线

如图 11-27 所示，是利用弦算基线法测设复曲线的示意图，设定 A、C 分别为曲线的起点和公切点，确定曲线的终点 B。具体测设方法如下：

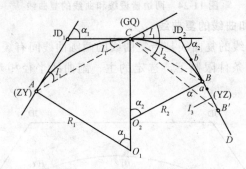

图 11-27　弦基线法测设复曲线

（1）在 A 点安置仪器，观测弦切角 I_1，根据圆弧段两端弦切角相等的原理，则主曲线的转角为：$\alpha_1 = 2I_1$。

（2）设 B' 点为曲线终点 B 的初测位置，在 B' 点放置仪器观测出弦切角 I_3；在切线上 B 点的估计位置前后打下骑马桩 a、b。

（3）在 C 点安置仪器，观测 I_2，如图 11-27 所示，可知复曲线的转角 $\alpha = I_2 - I_1 + I_3$。旋转照准部照准 A 点，将水平度盘读数配置为 $0°00'00''$ 后倒镜，顺时针拨水平角 $\dfrac{\alpha_1 + \alpha_2}{2} = \dfrac{I_1 + I_2 + I_3}{2}$，望远镜的视线方向即为弦 CB 的方向，交骑马桩 a、b 的连线于 B 点，即确定曲线的终点 B。

（4）用测距仪（全站仪）或钢尺往返丈量得到 AC 和 CB 的长度 $\overline{AC}$、$\overline{CB}$，计算主、

副曲线的半径 R_1、R_2。

$$\begin{cases} R_1 = \dfrac{\overline{AC}}{2\sin\dfrac{\alpha_1}{2}} \\[4mm] R_2 = \dfrac{\overline{CB}}{2\sin\dfrac{\alpha_2}{2}} \end{cases}$$

(11-45)

（5）求出主、副曲线半径和测算的转角后分别计算主、副曲线的测设元素，按前述方法计算主点里程并进行测设。

三、回头曲线的测设

1. 主点测设

（1）由 A 点沿切线方向量取 AE（注意正、负号），可得 ZY 点。

（2）由 B 点沿切线方向量取 BF，可得 YZ 点，如图 11-28 所示。

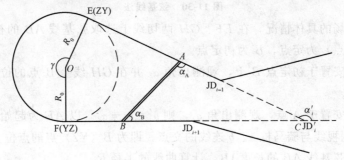

图 11-28　主点测设图

2. 曲线详细测设

（1）切基线法，如图 11-29 所示。

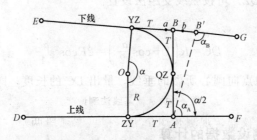

图 11-29　顶点切基线法图

① 根据现场的具体情况，在 DF、EG 两切线上选取顶点切基线 AB 的初定位置 AB'，其中 A 为定点，B' 为初定点。

② 将仪器安置于初定点 B' 上，观测出角 α_B，并在 EG 线上 B 点的估计位置前后设置 a、b 两个骑马桩。

③ 将仪器安置于 A 点，观测出角 α_A，则路线的转角 $\alpha = \alpha_A + \alpha_B$。后视定向点 F，反拨角值 $\alpha/2$，可得到视线与骑马桩 a、b 连线的交点，即为 B 点的点位。

④ 量测出顶点切基线 AB 的长度 $\overline{AB}$，取 $T = \dfrac{\overline{AB}}{2}$，从 A 点沿 AD、AB 方向分别量

测出长度 T，可定出 ZY 点和 QZ 点；从 B 点沿 BE 方向量测出长度 T，可定出 YZ 点。

⑤ 计算主曲线的半径 $R=\dfrac{T}{\tan\dfrac{\alpha}{4}}$，由半径 R 和转角 α 求出曲线的长度 L，并根据 A 点的里程，计算出曲线的主点里程。

（2）弦基线法，如图 11-30 所示。

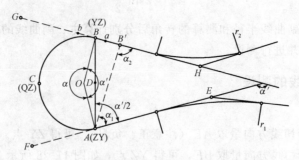

图 11-30 弦基线法

① 根据现场的具体情况，在 EF、GH 两切线上选取弦基线 AB 的初定位置 AB'，其中，A（ZY 点）为定点，B' 为初定点。

② 将仪器安置于初定点 B' 上，观测出角 α_2 并在 GH 线上 B 点的位置前后，设置 a、b 两骑马桩。

③ 将仪器安置于 A 点，观测出角 α_1，则 $\alpha'=\alpha_1+\alpha_2$。以 AE 为起始方向，反拨角值 $\alpha'/2$，可得到视线与骑马桩 a、b 连线的交点，即为 B（YZ）点的点位。

④ 量测出弦基线 AB 的长度 $\overline{AB}$，计算曲线的半径 R。

⑤ 由图 11-30 可知，主曲线所对应的圆心角为 $\alpha=360°-\alpha'$。根据 R 和 α 可求得主曲线长度 L，并由 A 点的里程计算主点里程。

⑥ 曲线的中点（QZ）可按弦线支距法设置。

支距长：

$$DC=R\left(1+\cos\frac{\alpha'}{2}\right)=2R\cos^2\frac{\alpha'}{4} \tag{11-46}$$

测设时从 AB 的中点向圆心所做的垂线，量出 DC 的长度，即可求出曲线的中点 C（QZ）。

四、回头曲线测设数据的计算

（1）当圆心角 $\gamma<180°$ 时，计算和测设方法与虚交曲线相同，如图 11-31 所示。

（2）当 $\gamma>180°$ 时，为倒虚交，如图 11-32 所示，倒虚交点 JD'_i，视地形定出基线 AB，测 α_A，α_B，丈量 $\overline{AB}$，$\alpha'_i=\alpha_A+\alpha_B$。

解 $\triangle ABC$ 得：

$$AC=AB\frac{\sin\alpha_B}{\sin\alpha'_i}$$

$$BC=AB\frac{\sin\alpha_A}{\sin\alpha'_i} \tag{11-47}$$

又因为 $EC=FC\dfrac{R_0}{\tan\dfrac{180°-\alpha'_i}{2}}$，所以 $AE=EC-AC$，$BF=FC-BC$（AE，BF 可

作为正或负），主曲线中心角：$\gamma=360°-\alpha'_i$，主曲线长度：$L=\dfrac{\pi R_0\gamma}{180°}$。

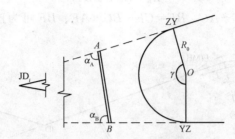

图 11-31　$\gamma<180°$回头曲线测设

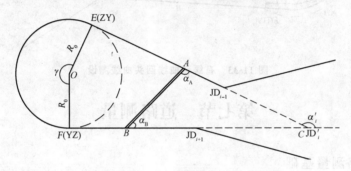

图 11-32　$\gamma>180°$回头曲线测设

五、有缓和曲线回头曲线测设

1．测设方法

（1）主点测设。

① 从 A 点沿切线方向量取 AE，可得 MH 点。

② 从 B 点沿切线方向量取 BF，可得 HM 点。

③ 从 MH、HM 点用切线支距法量取 X_h、Y_b，可得 HX、XH 点。

（2）详细测设。

① 缓和曲线测设同上所述缓和曲线测设方法。

② 主圆曲线测设同上所述回头曲线测设方法。

2．测设数据计算

如图 11-33 所示：已知倒虚交点 JD'_i，基线，$\alpha'_i=\alpha_A+\alpha_B$。

解 $\triangle ABC$，即可求出 AC、BC，拟定 R_0，L_s 可得：

$$p=\dfrac{L_S^2}{24R_0}$$

$$q=\dfrac{L_S}{2}-\dfrac{L_S^2}{240R_0^2}$$

$$\beta=\dfrac{L_S}{2R_0}\ (\text{rad})$$

$$CE = CF = (R_0 + p) \tan \frac{\alpha'_i}{2} - q$$

$$L_y = (360° - \alpha'_i - 2\beta) \frac{\pi}{180} R_0$$

$$L_h = L_y + 2L_s$$

$$AE = CE - AC, \quad BF = CF - BC \quad (AE, BF \text{ 可为正或负})$$

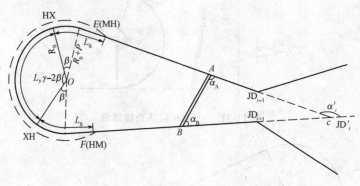

图 11-33　有缓和曲线回头曲线测设

第七节　道路测量

一、道路测量基础

1. 道路施工测量的工作内容

1）施工前

（1）根据道路初测导线点，在施工标段现场，结合线路具体情况加密道路施工导线点。

（2）根据道路初测水准点，在施工标段现场，结合线路具体情况加密道路施工水准点。

2）施工过程中

（1）根据施工标段加密的施工导线点，在施工过程中用坐标放样等方法标定线路中桩、边桩等平面点位，以监控线路线形。

（2）根据施工标段加密的施工水准点，在施工过程中采用水准测量（放样）方法标定线路中桩、边桩高程等，以监控施工中挖填高度和线路纵向高低以及横向坡度。

3）在施工结束后（竣工）

根据有关规范质量标准和道路设计的要求，用经纬仪、全站仪、水准仪、塔尺、钢尺等仪器工具检测路基面各部分的几何尺寸。

2. 道路施工测量的前期准备工作

1）相关资料收集

应准备的资料包括：设计单位交付施工单位的设计说明书，线路平面图、纵断面图、路基横断面图、线路控制桩表、水准基点表、曲线表、路基填挖高度表、挡土墙表、路基防护加固地段表、桥涵图表、隧道图表等资料。对上述资料必须进行详细审阅，充分了解线主要技术条件，地物、地貌及交通情况，以便有计划、有步骤地进行施工测量工作。

2）现场勘察

在施工队伍进入施工现场后，测量技术人员应全面熟悉设计文件，还应到施工标段进行现场勘察核对，主要内容包括以下几点：

（1）清楚施工标段路线起点里程桩和终点里程桩的实地位置，及该标段四周的地貌概况，以确定取土、弃土运输便道的位置及制定临时排水措施等。

（2）对照路线设计纵断面及横断面图，查看沿线地形，清楚挖方、填方地段。

（3）查看道路沿线平面控制导线点位、交点点位和高程控制水准点的实地位置完好程度，各点通视情况能否满足放样的要求。

（4）查看道路设计定测时的中线桩点位情况，为恢复中桩做准备。

（5）考察该施工标段沿线应加密的施工导线点、施工水准点的实地位置，并拟定联测已知导线点、水准点的方案。

（6）考察沿线盖板涵、通道、网管涵、桥梁等附属构造物实地现状，拟定放样方案。

3）熟悉设计图表

（1）相关图表的内容

① 对道路平面总体设计图的熟悉。

② 对道路线纵断面图的熟悉。

③ 对路线纵断面图上竖曲线、超高缓和曲线的形式的熟悉。

④ 对路基横断面图的熟悉。

⑤ 对路面横断面结构图的熟悉。

⑥ 对路基设计表的熟悉。

⑦ 对埋石点成果表的熟悉。

⑧ 对直线曲线及转角表的熟悉。

⑨ 对逐桩坐标表的熟悉。

（2）熟悉各种图表的要点

① 路面宽度、路基施工宽度、底基层施工宽度、基层施工宽度等。

② 线路纵坡度、横坡度、填方边坡坡度、挖方边坡坡度等。

③ 变坡点所在地桩号、高程。

④ 竖曲线要素：半径、切线长度及外距、相邻直线的纵坡等。

⑤ 圆曲线要素：半径、切线长度、曲线长度、外距，及直圆、曲中、圆直的桩号及坐标值。

⑥ 缓和曲线起、终点的桩号及坐标值，超高段设定的最大横坡度。

⑦ 施工标段的已知导线点、水准点编号及实地位置可利用程度。

⑧ 该施工标段的线形：直线还是曲线。

⑨ 施工段全长，挖、填方段起终点里程桩号。

⑩ 路面结构层各层的厚度。

⑪ 施工标段内交点桩号、坐标、交点间距、交点边（切线）方位角、线路转角。

⑫ 施工标段线路的逐桩坐标值等。

⑬ 施工标段线路中线中桩里程桩号、地面高程、设计高程及填、挖高度等。

4）施工测量的仪器设备及材料准备

（1）道路施工测量的仪器类型：

① 全站仪：用于导线测量，坐标放样。

② 水准仪：用于水准测量，高程放样。

③ 经纬仪配测距仪：用于导线测量，坐标放样。

④ 对讲机：用于放样联系。

⑤ 经纬仪配视距尺（水准标尺）：用于路基施工初期点的放样，路堑边坡堑顶放样等。

（2）道路施工测量的量具类型：

① 量具：钢尺 30～50 m、皮尺 30～50 m、小钢尺、fx-4500 PA 计算机。

② 标尺：水准尺（双面）一对或塔尺（3 m 或 5 m）、尺垫、坡度尺（控制边坡）。

（3）道路施工测量的材料：竹签、铁钉（钢钉）、记号笔（油性）、粉笔、石灰、红布（或红塑料袋）、铁锤、油漆、细绳、凿子等。

（4）测量仪器的检验校正。测量仪器使用前应进行检验、校正，特别是水准仪使用前要进行水准管轴平行于视准轴的检验、校正。

5）其他准备

（1）施工进度一览图。路基施工时，为了及时掌握和了解施工进展情况，便于监控挖填工作量，可绘一张较大比例尺的施工进度一览图。施工进度一览图的绘制，实际上是路线纵断面图放大。根据施工标段路线的长度确定纵向比例尺，宜采用 1∶1000 比例尺；横向比例尺，因为要明显表示挖填方高度，宜用大比例，宜用 1∶50 比例尺。

（2）施工标段控制点图。为了方便施工测量工作的进行，可绘制施工标段控制点图。坐标采用设计图样的坐标系统，图的大小根据施工标段长度选用比例尺。一般情况下，施工标段长 500 m，宜用 1∶500 比例尺；1～2 km，宜用 1∶1000 比例尺；2 km 以上，宜采用 1∶2000 比例尺。

（3）施工天气一览。道路工程施工受气候影响很大，直接影响工程进度。为了按期竣工，必须抓紧在天气好时加快施工进度。

（4）施工日志是施工过程的重要记录。记录项目包括：施工单位名称、标段范围、日期、天气、工作内容、机械台班、车辆运输台班、人工台班、测量工作项目、工程进度以及大事记等。

3. 道路施工各分项工程测量任务

1）路基施工测量的任务

（1）按照设计要求，在施工现场监控线路的外貌形状。

（2）按照设计要求，在施工现场监控路基宽度、坡脚、堑顶。

（3）按照设计要求，在施工现场监控线路高低起伏、纵坡、横坡，指导挖、填土高度，使其达到设计标高。从而可以避免盲目施工及超填久挖、欠填久挖。

2）底基层、基层、路面施工测量的任务

（1）控制线路外形尺寸，满足设计单位对路基以上各结构层的平面位置要求。

（2）控制线路纵断高程、横断高程（横坡度）、路层厚度、路面平整度，满足设计单位对路基以上各结构层的高程位置要求。

4. 道路施工各分项工程测量准备工作

1）路基施工测量前准备工作

（1）施工标段起、终点里程桩号。

（2）施工标段直线、圆曲线、竖曲线、缓和曲线、超高段的起、终点里程桩号，以及曲线的各种元素、交点的里程桩号及其（x，y）坐标值。

（3）施工标段挖方段、填方段里程桩号。

（4）施工标段宽，纵坡、横坡、挖方边坡比、填方边坡比等。

（5）线路变坡点里程桩号、高程等。

（6）施工标段各结构里程桩号，及线路中线与结构主轴线之间的几何关系。

2）底基层、基层、路面施工测量的准备工作

（1）仪具与材料

① 全站仪或经纬仪配合测距仪，水准仪。

② 棱镜及测杆、塔尺、对讲机。

③ 30 m 或 50 m 钢尺，3 m 小钢尺。

④ fx-4500 PA 型计算机。

⑤ 竹桩或钢杆，油性记号笔、粉笔、铁锤、钢钉、凿子、拉绳、测伞等。

（2）资料准备

① 设计图：

A. 路面横断面结构图。

B. 路线纵断面图。

② 已知成果收集（与路基施工测量员交接）：

A. 施工段导线点成果表及实地勘察。

B. 施工段水准点成果表及实地勘察。

C. 直线曲线及转角表。

D. 逐桩坐标表。

③ 施工放样数据准备：

A. 准备施工标段中桩、左右边桩坐标放样数据表。

B. 准备施工标段中桩、左右边桩高程放样数据表。

④ 绘制有关图样，方便施工测量作业：

A. 编制施工标段竖曲线变坡点图。可以在施工现场方便地检查计算任一里程桩号的高程。

B. 绘制施工进度图。将每日完成工作量填绘其上，有利于及时掌握了解施工进度，方便安排工作。

C. 绘制施工标段控制点图。将施工标段沿线已知的导线点、水准点展绘在图上，便于施工放样及工作安排。

二、加密施工导线点

1. 加密施工导线点的原则

（1）道路工程施工测量，应遵循"由高级到低级"的原则，即必须从设计单位提供的导线点到施工导线点。

（2）施工导线点的坐标系统必须与设计单位提供的导线点的坐标系统一致。

（3）施工导线起终点必须是设计单位提供的导线点。测定结果的限差，应符合有关规范的要求。

（4）施工导线的测量精度必须满足施工放样精度的要求。道路施工放样精度是依据有关规范规定的验收限差确定的。

（5）施工导线点的密度应满足施工放样的要求。放样点若距控制点远，则放样不方便，且误差也大。放样时应一站到位，放样视距不宜超过 500 m。

2．加密施工导线点的要求

（1）通视良好。实际测量中，施工导线点位应选在路堑堑顶的适当位置以及路线结构物附近不易受施工干扰的地方。布设的导线点既要保证导线点间能够通视，又要保证能够通视路线上中桩、边桩及坡脚桩，便于放线，不需转站。

（2）点位桩要埋设牢固，便于保护。从施工初始到工程竣工，施工导线点使用频繁，路层每一结构面均要反复使用。

（3）施工导线点位的密度应满足施工现场放样的要求。施工导线点间距宜为 400～800 m。

（4）点位桩编号要醒目，易于识别。

（5）应便于仪器架设，方便观测人员操作。

三、加密施工水准点

1．加密施工水准点的原则

加密施工水准点的原则，参见加工施工导线点的原则。高程质量标准，见表 11-5 和表 11-6。

表 11-5　土（石）方路基允许偏差

项　次	检查项目	允许偏差	
		高速公路、一级公路	其他公路
1	纵断高程/mm	10　－30	10　－50
2	平整度/mm	30	50
3	横坡/%	±0.5	±0.5

表 11-6　公路路面质量标准

工程种类	项　目	质量标准		
		高速公路	一级公路	其他公路
底基层	纵断高程/mm	＋5　－15	＋5　－15	＋5　－20
	平整度/mm	15	15	20
	横坡度/%	±0.3	±0.3	±0.5
基层	纵断高程/mm	＋5　－10	＋5　－10	＋5　－15
	平整度/mm	10	10	15
	横坡度/%	±0.3	±0.3	±0.5

2.　加密施工水准点的选点要求

（1）施工水准点的密度。施工水准点的密度要保证架设一次仪器就可以放出或测量出所需要的高程。实践说明，在一个测站上水准测量前后视距应控制在 80 m，超过 80 m 则要转站才能继续往前测。如果多次转站，误差便会增大，因此为保证测量精度，施工水准点间距应在 160 m 范围内。在纵坡较大的地段，水准点间距可根据实际地形缩短。

（2）在重要结构物附近，宜布设两个以上的施工水准点。放样时，一点放样，另一点检查，从而保证放样高程的精度。

（3）施工水准点位布设地点。道路施工中，加密施工水准点位通常是布设在填方路段两侧 20 m 范围内的田坎等，与挖方段交接的山坡脚（适宜高填方）等易于保存的地方。当路基工程施工完毕，挖方段的排水沟或坡脚砌体也已施工完毕，水准点位可布设在水泥抹面上。埋设好的水准点要做点位标记，以便使用。

（4）施工水准点应埋设牢固、妥善保护。实践证明，施工水准点自开工到竣工验收都在发挥作用，因此点位一定要牢固。用大木桩做点位桩时，要打深、打牢，并用水泥加固，桩顶上钉一铁钉，测水准时标尺立在钉上。

（5）施工水准点位编号要醒目、清晰、易于识别。施工中多用"公里数＋号码"来编号，例如 K80＋100$_左$－1，K120＋135$_右$－2 等，并把高程用红漆写在点号旁边，这样就能很明显地知道该点是控制哪一段的，并可校核所用点高程是否用错。

四、挖方路堑施工测量

（1）挖方路堑施工测量的作用。挖方路堑的施工测量应根据挖方路堑的施工特点和施工进度进行作业。

① 挖方前，应指导场地清理在线路征地轮廓线内进行。

② 挖方初期，主要是控制路堑堑顶轮廓线条、下挖深度。

③ 挖方中期，主要是控制路堑边坡坡度、下挖深度。

④ 挖方后期，主要是控制路堑边坡下坡脚及碎落台宽度和高度、路堑内路基的宽度和高度，使挖方路基达到设计要求的宽度、高度，使挖方边坡达到设计要求的边坡比。

（2）挖方路堑施工测量的资料准备。

① 挖方段的施工导线点、水准点成果表。

② 挖方段的中桩、边桩坐标数据表或极坐标法放样数据表。

③ 挖方段的中桩、边桩设计高程表。

④ 挖方路基横断面图及纵断面图。

（3）熟悉挖方路基横断面图，如图 11-34 所示为挖方路基标准横断面图。由图 11-34 中，可知挖方路基横断面的要素是：左、右边堑顶，左、右边坡比，左、右坡脚，左、右碎落台，左、右边沟，路面总宽度及半幅宽度，路面中桩挖深；挖方路基高度大于 8 m 时，应在路堑高度 8 m 处，设 2 m 宽的平台。

（4）挖方路堑施工测量的仪具和材料。

① 全站仪或经纬仪配合测距仪或经纬仪、水准仪。

② 棱镜及棱镜杆，塔尺或水准标尺。

③ fx-4500 PA 型计算机。

④ 30～50 m 钢尺及皮尺，3 m 小钢尺。

⑤ 竹桩（木桩）、油性记号笔、红布条或红塑袋条、铁锤、钢凿、铁钉、石灰、拉绳等。

⑥ 自制坡度尺，多功能坡度尺。

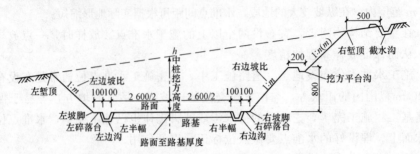

图 11-34 挖方路基横断面图（单位：cm）

（5）挖方路堑施工测量的实施。

① 路堑施工初期的测量工作。

A. 根据路基横断面图征地界桩数据，计算出线路左右两侧用地界桩（x、y）坐标值，用全站仪坐标法（或其他方法）放出其实地位置，并示以明显醒目的标志，指导线路场地清理作业。

B. 场地清理后，在实地标定出挖方路基的中桩，左、右边桩。

C. 在边坡、中桩延长线上标定出路堑坡脚桩，如有条件亦可根据中桩至坡脚桩的距离，计算出坡脚的坐标 x、y 值，用全站仪放出路堑坡脚桩。

D. 在用放样方法标定边桩、坡脚桩的同时，应测出边桩、坡脚桩的实地高程，或用水准测量方法测出其高程。如条件允许，可用经纬仪视距法测定。

E. 根据计算公式，可求出中桩（或边桩）至路堑堑顶桩的平距或坡脚至堑顶桩的平距，在实地标定出堑顶桩。

② 用中桩（或坡脚桩）标定路堑堑顶的计算公式。

A. 挖方路堑堑顶放样数据计算公式。

a. 平坦地面路堑堑顶放样数据计算公式，如图 11-35 所示。

（a）从实地路堑坡脚点 A 及 G 标定堑顶点 P 和 Q：

$$\begin{cases} D_{A\text{-}P} = (H_A - H_E)\,m \\ D_{G\text{-}Q} = (H_G - H_F)\,m \end{cases} \tag{11-48}$$

（b）从实地路堑中桩点 O 标定堑顶点 P 及 Q：

$$\begin{cases} D_{O\text{-}P} = b/2\,(S+N) + (H_0 - H_J)\,m \\ D_{O\text{-}Q} = b/2\,(S+N) + (H_0 + H_J)\,m \end{cases} \tag{11-49}$$

式中　$D_{A\text{-}P}$、$D_{G\text{-}Q}$、$D_{O\text{-}P}$、$D_{O\text{-}Q}$——路堑开挖前实地坡脚桩或中桩至堑顶的平距（m）；

　　　　　　m——路堑边坡坡度；

　　　　H_A、H_G——路堑开挖前原地面放样坡脚桩处实测高程（m）；

　　　　H_E、H_F——路堑坡脚点（路面）设计高程（m）；

　　　　　　H_0——路堑开挖前原地面放样中桩处实测高程（m）；

　　　　　　H_J——路堑路面中桩设计高程（m）；

$(S+N)$——路堑路面边沟及碎落台设计宽度（m）；

$b/2$——半幅路面设计宽度（m）。

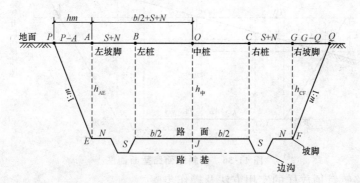

图 11-35　平坦地区路堑

b. 倾斜地面路堑堑顶放样数据计算公式，如图 11-36 所示。

（a）从实地路堑坡脚点 A 及 G 标定堑顶点 P 和 Q。

$$下坡方向：D_{A\text{-}P}=mh_{AE}-mh_1$$

$$上坡方向：D_{G\text{-}Q}=mh_{GF}+mh_3 \tag{11-50}$$

式中　D——路堑开挖前实地坡脚桩至堑顶的平距；

　　　m——路堑边坡坡度；

　　　h_{AE}——路堑开挖前原地面坡脚点 A 实测高程 H_A 与该坡脚点（路面）设计高程 H_E 之差：$h_{AE}=H_A-H_E$；

　　　h_{GF}——路堑坡脚点原地面实测高程 H_G 与该坡脚点路面设计高程之差：$h_{GF}=H_G-H_F$；

　　　h_1——路堑原地面坡脚点 A 实测高程 H_A 与路堑堑顶点 P 实测高程 H_P 之差：$h_1=H_A-H_P$。由于 P 点未知（待定点），所以 h_1 亦未知。实践中，可从"路基横断面图"中量取，在放出 P 点后实测其高程，重新核定 P 点位置，如图 11-36 所示；

　　　h_3——$h_3=H_Q-H_G$，其符号意义同 h_1 所述。

（b）从实地路堑中桩 O 标定堑顶点 P 和 Q。

$$D_{O\text{-}P}=\frac{1}{1+mn}\left[b/2+(S+N)+mh_{OJ}\right]（下坡方向）$$

$$D_{Q\text{-}O}=\frac{1}{1-mn}\left[b/2+(S+N)+mh_{OJ}\right]（上坡方向） \tag{11-51}$$

式中　$D_{O\text{-}P}$、$D_{Q\text{-}O}$——中桩至左右堑顶之平距（m）；

　　　$b/2$、$(S+N)$——符号意义同前；

　　　h_{OJ}——挖方路堑中桩处下挖深度（m），可从路基横断面图上抄取，或 $h_{OJ}=H_{O实测}-H_{J设}$；

　　　m——挖方路堑边坡坡度；

　　　n——挖方路堑某横断面开挖前的原地面坡度。n 为未知，可从原路面各桩位实测高程求得。

221

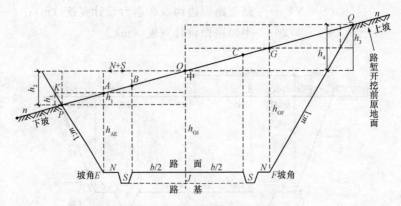

图 11-36　倾斜地面路堑断面图

B. 挖方路堑堑顶放样的实用方法及操作步骤。

a. 利用路基横断面图量取挖方路堑堑顶放样数据——中桩至堑顶的平距，用 fx-4500 PA 型计算机坐标计算程序计算出堑顶（x、y）坐标值，用全站仪直接放出堑顶桩位置。

路基横断面图常采用的比例尺为 1：200、1：400 等。在这种大比例尺横断面图上量出的路堑堑顶放样数据，可满足路堑堑顶放样精度的要求。

b. 利用路基横断面图量得的中桩至堑顶之平距，用皮尺自中桩延坡脚桩方向，量出这个平距，定出堑顶第一次位置；用水准仪测出实地高程，通过计算比较，在实地调整堑顶位置。

③ 挖方施工进行中的测量工作。

A. 在堑顶设立醒目标志，如图 11-37 所示。实践中常采用的方法有：

a. 放石灰线。

b. 拉红草绳。

c. 插小红旗或扎红布条、插树枝等。

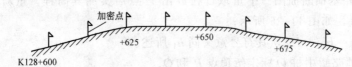

图 11-37　在堑顶设立醒目标志

B. 路堑下挖过程中的测量工作。测量工作的任务有以下几方面。

a. 每挖深 5 m 应复测中线桩，测定其标高及宽度，以控制边坡大小。

b. 根据恢复的中桩、边桩，控制线路线形，根据复测中桩、边桩高程，控制下挖深度，书面告知挖掘机操作人员路宽界限，下挖深度数据并提醒注意。复测中、边桩高程应在恢复中、边桩平面位置时，用全站仪或经纬仪配合测距仪同时测出，如果有必要，也可用水准仪测定。

c. 根据实地坡脚处实测高程及坡脚桩设计高程：

$$D = （H_实 - H_{脚设}）m \tag{11-52}$$

计算实地坡脚点至边坡面的平距 D。

d. 检核、控制边坡面坡度及平整度。

e. 根据挖渠、进行挖方边坡平台放线。

（a）水准仪视线仪高法进行挖方路堑平台放样。

（b）经纬仪视距法进行路堑平台放样。

（c）皮尺斜距法进行路堑平台放样。

④ 路堑施工后期的测量工作。

A. 恢复桩位、实测高程，计算下挖高度、指导施工作业。

B. 预留路堑边坡碎落台。

C. 路堑路基零挖方作业。

a. 恢复线路中桩、左右边桩；

b. 进行恢复桩位实地高程测量；

c. 根据路基设计高程，桩位实测高程，将路基施工标高用油性标号笔标记在桩位（竹或木桩）的侧面以指导施工，称为零挖方作业。

五、填方路堤施工测量

（1）填方路堤施工测量的作用：

① 填方前，应指导路基底原地表的清理工作在路基轮廓线内进行。

② 填方初期，主要是控制路堤坡脚及路堤分层填筑的宽度。

③ 填方中期，主要是控制路堤边坡坡度以及上填各层次的路基宽度。

④ 填方后期，主要是控制路基的宽度和高度，使填方路堤达到要求的宽度和高度，使填方路堤边坡坡度比达到设计要求。

（2）填方路堤施工测量的资料准备：

① 填方段的施工导线点，水准点成果表。

② 填方段的中桩、左右边桩坐标数据表或极坐标法放样数据表。

③ 填方段的中桩、左右边桩设计高程表。

（3）熟悉填方路堤的横断面图。填方路堤的横断面的要素是：路基以上各结构层（底基层、基层、面层）的厚度，横坡（路拱），路基的宽度，路基两侧边坡及坡度比，以及路堤坡脚、路基（或路面）中桩、左右边桩填土高度，坡脚外侧的护坡道及排水沟。

（4）填方路堤施工测量的仪具和材料。填方路堤施工测量的仪具和材料与挖方路堑施工测量相同。

（5）填方路堤施工测量的实施：

① 路提施工初期测量任务是控制填方坡脚，主要工作有以下几点：

A. 在实地标定出填方路堤的中桩、左右边桩。

这里需要重复的是：路基的宽度是根据路面的宽度，路面以下至路基面的各结构层（例如底基层、基层、路面）的厚度，以及边坡比计算而得的。

B. 在放样中、边桩的同时，测出其桩位实地高程。

C. 通过计算，求得边桩至边坡坡脚的平距，在实地标定出填方最低层坡脚桩。

② 用中边桩标定坡脚桩的计算公式及标定坡脚桩的方法。

A. 填方路堤坡脚点放样数据计算公式。由于填方实地地面坡度不同，在计算填方路基边坡脚放样数据时，应区分平坦地面、倾斜地面。

a. 如图 11-38 所示，平坦地面，填方坡脚放样数据计算公式为：

$$D_左 - D_右 = b/2 + hm \qquad (11\text{-}53)$$

式中　$D_左$、$D_右$——填方路基中桩至左右坡脚桩的距离。若从路基边桩算起，则：

$$D_左 = D_右 = hm$$

式中　b——路基宽度；

　　　m——填方路基边坡坡度比；

　　　h——填土高度，实际上应为填方路基边坡设计高程—边坡实地高程之差。

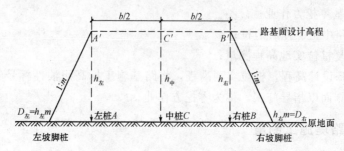

图 11-38　平坦地面路基放样坡脚桩

b. 如图 11-39 所示，倾斜地面，填方坡脚放样数据计算公式为：

$$\begin{cases} D_左 = b/2 + h_中\,m + h_2 m & （下坡）\\ D_右 = b/2 + h_中\,m - h_1 m & （上坡）\end{cases} \qquad (11\text{-}54)$$

式中　$D_左$、$D_右$——填方路基中桩至左右坡脚桩的距离；

　　　$h_中$——路堤中桩填土高度；

　　　h_1——路堤中桩与右坡脚桩实测高程差；

　　　h_2——路堤中桩与左坡脚桩实测高程差。

如用边桩放样坡脚桩，则可按下式计算：

$$\begin{cases} D_左 = h_{A'-A}m + h_左\,m = (h_{A'-A} + h_左)\,m & （下坡）\\ D_右 = h_{B'-B}m - h_右\,m = (h_{B'-B} - h_右)\,m & （上坡）\end{cases} \qquad (11\text{-}55)$$

式中　$D_左$、$D_右$——符号意义同上所述；

　$h_{A'-A}$、$h_{B'-B}$——左、右边桩填上高度；

　　　$h_左$、$h_右$——左右边桩实测高程与左右坡脚桩实地高程之差；

　　　m——边坡比。

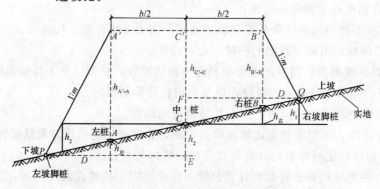

图 11-39　倾斜地面填方路堤坡脚放样

B. 填方路堤坡脚点放样方法步骤。

a. 图解法求出填方路堤坡脚点放样数据。

b. 用皮尺量距法进行路堤坡脚点放样。

c. 解析法求出路堤坡脚点放样数据及放样方法。

（a）计算路堤坡脚点坐标及放样方法。

（b）用公式计算路堤中桩至坡脚平距，然后计算出路堤坡脚桩坐标：

$$
\begin{cases}
D_{左} = \dfrac{1}{1-mn}\ (b/2 + mh) & \text{（下坡）} \\
D_{右} = \dfrac{1}{1+mn}\ (b/2 + mh) & \text{（上坡）}
\end{cases}
\tag{11-56}
$$

式中　m——边坡坡度；

　　　b——路面宽（m）；

　　　h——某里程桩（中桩）处的填土高度（m）；

　　　n——横断面 POC 的原地面坡度。

d. 填方路堤坡脚放样的实用方法及步骤。

（a）施工初期，场地清理后及时放出中桩、边桩的实地位置。

（b）根据图中所量边桩至坡脚的平距，用皮尺自中桩沿中桩边桩方向线标定路堤原地面的坡脚桩。

（c）当填高 1～2 m（目估）时，恢复中、边桩，同时测出边桩实地高程。

（d）用下式计算边桩至坡脚桩的平距：

$$
D = (H_{设} - H_{测})\ m
\tag{11-57}
$$

式中　$H_{设}$——边桩的设计高程（路基）；

　　　$H_{测}$——同一边桩的实测高程（路基施工进行中的填土面实地高程）；

　　　m——路堤边坡坡度。

（e）用皮尺在施工进行中的填土面边桩沿中桩至边桩方向线（目估），量出 D，用竹桩标定，即为上式 $H_{测}$ 高程时的坡脚。

（f）每填到一定的高度，重复上述操作。

③ 填方路堤施工进行中的测量工作。

A. 在路堤坡脚原地面设立醒目标志。

B. 路堤填土过程中的测量工作。

a. 协助现场施工人员，控制填土厚度，保证填压精度。

b. 每填筑 5 m 高应复测中线桩，测定其标高及宽度，控制边坡的大小。

c. 根据复测的中桩、边桩，控制线路线形，根据其复测的高程，控制填土高度；告知现场施工人员路宽界限、重新标定的坡脚线及填土高度数据。

d. 用坡度尺检控边坡坡面坡度及平整度。

在路堤填筑过程中，应用坡度尺检控路堤边坡修整，使其达到设计规定的边坡比。通常情况下路基填土高度小于 8 m 时，边坡比为 1：1.5；如填土高度大于 8 m 时，上部 8 m 边坡比为 1：1.5，其下部为 1：1.75。

e. 根据填土高度，进行路堤边坡平台放线。道路施工设计图要求，如 8 m＜填土

高度 $H<12$ m，不设填方平台；如 12 m$<$填土高度 $H<20$ m，则应在变坡处（8 m 处）设置1.5 m宽填方平台。

在路堤上填过程中，应对施工平台进行放线。

④ 路堤施工后期的测量工作。

A. 填方路堤零填方施工测量。测量必须做好以下工作：

a. 复放中桩、边桩平面位置，在其点旁打竹桩标志。

b. 用水准前视法测出其实地高程，如测桩旁地面高程，可在打桩时，在桩旁固定一小石子。测高时，尺子立在小石子上，以方便量高、画线。

c. 计算填土高度：$\quad \pm h_{填}=H_{设}-H_{实}$

d. 计算施工标高：$\quad h_{施}=h_{填}Z$

式中 Z——松铺系数，其值应由试验确定，或应根据多年的施工经验确定。

e. 将施工标高醒目标志在点位桩的侧面。施工中，常采用红色（或黑或蓝色）油性笔将施工标高线画在桩的侧面。通常情况下，画两条线，下条线是路基设计高程，上条线是填土高度，经推平碾压后路基面应处在下条线位置。

B. 填方路堤边坡整修的测量工作。当填方路堤路基面达到设计高程位置，应及时对路堤两侧边坡整修，做好以下测量工作：

a. 复放左右边桩平面位置。

b. 用水准前视法测出所放桩位实地高程。

c. 计算：$D_i=（H_{i设}-H_{i实}）m$。m 为路堤边坡坡度，因路基已达到设计标准标高，故 $D_i\leqslant 0.05\sim 0.10$ m。

d. 将路基设计高画在桩位侧面。

e. 将根据 D_i 确定的路基边缘线用石灰线明显标出。

f. 根据桩位画线及石灰线，进行路堤边坡整修。在人工或挖掘机整修边坡时，应用坡度尺检控，使其边坡坡面与设计坡度一致。

六、上面层施工测量

1）上面层施工测量的外业工作

（1）恢复中桩、左右边桩。规范要求直线段每 15～20 m 设一桩，曲线段每 10～15 m设一桩，并在两侧边缘处设指示桩。

（2）进行水平测量，用明显标志标出桩位的设计标高。

（3）严格掌握各结构层的厚度和高程，其路拱横坡应与面层一致。

2）上面层中桩、边桩平面位置放样方法

（1）线路直线段皮尺（或钢尺）交会法加桩。直线段皮尺（或钢尺）交会法加桩，就是几何中的解直角三角形，在直角三角形中三条边之间的关系为：

$$a^2+b^2=c^2 \quad （勾股定理） \tag{11-58}$$

式中 a——假设为线路两中桩之平距（m）；

$\quad\quad b$——假设为线路中桩至边桩距离（即半幅路宽 m）。

（2）线路曲线段中央纵距法加桩，如 11-40 所示。

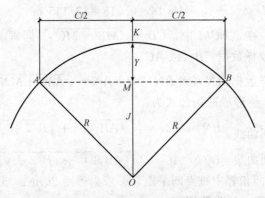

图 11-40 曲线段中央纵距法加桩示意图

已知半径 R，弦长 C（即曲线上 AB 两点之间平距，在公路线路曲线段上就是两相邻桩位之间平距），只需求得 y 值，就可定出 AB 弧长中点 K。在 $Rt\triangle OBM$（或 $Rt\triangle OAM$）中：$J^2 = R^2 - (C/2)^2$，则：

$$y = R - \sqrt{R^2 - (C/2)^2} = R - \sqrt{(R+C/2)(R-C/2)} \qquad (11\text{-}59)$$

式中 R——曲线半径（m）；

C——相邻两里程桩间的平距。

（3）实地放桩，如图 11-41 所示。

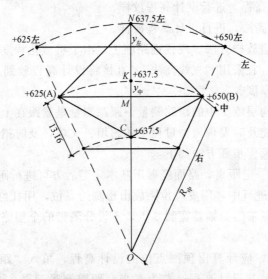

图 11-41 平曲线放桩示意图

a. 甲置尺于 +625 中桩，尺读数为 0 m。

b. 乙置尺于 +650 中桩，尺读数为 25.00 m。

c. 丙置尺于 +625 至 +650 中桩，尺中点读数 12.50 m 处，用小钢尺在尺垂线 MK 方向上量 $y_{中}$ 0.015 m，即为加桩 +637.5 m 桩位。

d. 线路中线、左边线需加桩之处，用同样方法放出。

e. 用"穿线法"定出右边桩。

如图 11-41 所示，连接 BC（或 AC），过 O 点作 $OM \perp AB$，垂足为 M，$BM = AM = 25/2 = 12.5$ m；$y_{中} = 0.015$ m，代入式（11-58）计算。$NK = KC = 13.16$ m（半

227

幅路宽B/2），则：$CM=b/2-y_中=13.16-0.015=13.145$ m

如图 11-41 所示，在 $\triangle BCM$ 中，$CB=\sqrt{MB^2+MC^2}$。同理 $AC=\sqrt{AM^2+MN^2}$。以上为内圆曲线计算放样数据 CB（或 AC）。

外圆曲线计算放样数据 AN（或 BN）为：$AN=\sqrt{AM^2+MN^2}$

如图 11-41 所示，整理成通用公式为：

$$\begin{cases} 外圆曲线：BN=AN=\sqrt{(AB/2)^2+(B/2+y_中)^2} \\ 内圆曲线：BC=AC=\sqrt{(AB/2)^2+(B/2+y_中)^2} \end{cases} \quad (11-60)$$

式中　AB——曲线上两相邻中桩点间平距，一般为等距 20 m、25 m、10 m 等；

　　$B/2$——半幅路宽，B 为路宽；

　　$y_中$——中央纵距。

（4）现场补桩。上面层施工之前放好左、中、右各桩位后，在施工进行中，常因汽车压坏桩、推土机推掉或人为毁桩等原因需要现场补桩，在这种情况下应根据现场桩位间几何关系进行补桩。

3）上面层桩位设计高程放样方法

（1）上面层各结构层铺筑前设计高程放样在现场施工中，常采用的方法有：

① 实测点位地面高程，进行设计高程放样。

② 实测点位桩顶高程，进行设计高程放样。

③ 待放样点视线高法，进行设计高程放样。

（2）后边施工前边放样方法。现代道路施工，由于机械化程度高，进度迅速，施工现场不可能从容放样，宜采用"视线高法"，直接将设计高程放到点位桩侧，并根据实地填土高度加放松铺厚度。

（3）上面层各结构层施工中的跟踪测量。跟踪测量是紧跟在上面层各结构层摊铺作业后面的水准测量，能及时发现摊铺过程中的超填、欠填，及时指导路面整修，使其达到设计高程的要求。操作步骤方法如下：

① 当上面层摊铺一定距离，路面经碾压基本定型后方可进行跟踪测量。

② 在压路机碾压进行中，用皮尺拉距放出预测的点位，用扎红绳标记的铁钉标志，通常情况下设中央分隔带的全幅路宽测 6 点，不设分隔带的全幅路宽测 5 点，具体间距根据要求而定。

③ 在跟踪测量前，应计算出预测点位的设计高程，填入"跟踪测量记录表"中，表中部为预测点桩号及其设计高程，左为左半幅跟踪测量记录，右为右半幅跟踪测量记录。

④ 跟踪测量实施。

a. 将水准仪安置在施工段适当处，照准后视已知水准点塔尺读数，填入"跟踪测量记录表"。

b. 当压路机暂停施工时，立用水准前视法测记碾压段预测点塔尺读数（前视读数）。

c. 测读完毕，压路机继续碾压，并立即计算预测点实地高程和超填、欠填数据抄录纸上，交给施工人员，立即进行人工整修。

d. 人工整修过的地方经碾压后，测实地高程。如还超限，则再整修，直至符合精度要求。

（4）上面层施工中补桩放样方法。

4）上面层施工结束时的测量工作

（1）恢复中、边桩平面位置。

（2）进行中、边桩施工标高放样。

（3）在施工过程中，应对线路外形进行维护，外形管理的测量频度和质量标准，见表 11-7。

表 11-7　外形维护的测量频度和质量标准

种　　类	项　　目		频　　度	质量标准	
				高速和一级	一般公路
底基层	纵断高程/mm		一般公路每 20 延米一点，高速和一级公路每 20 延米一个断面，每断面 3～5 个点	+5 −15	+5 −20
	厚度/mm	均值	每 1500～2000 m²6 个点	−10	−12
		每个值	—	−25	−30

七、加密施工导线点的测设

1）测设方案

（1）附合导线。当施工标段有两组起始数据时，可考虑选用附合导线。

（2）闭合导线。当施工标段只有一组起始数据时，可考虑选用闭合导线。

（3）支导线。当有特殊需要时，可考虑选用支导线。

2）测设方法

导线测量是测量相互连接折线的夹角和边长，就是测距和测角。

3）测设精度

设施工导线点是施工放样的依据，只有保证了施工导线点的精度，才能保证施工放样的精度。控制点的精度越高，则放样的精度就越高；控制点的精度低，则放样的精度就低。控制点的精度要求过高，会增加控制测量的工作量；反之，则可能会造成施工质量事故。

为了减小测量误差对放样点的影响，可适当增加控制点密度，缩小控制的距离；在测量施工控制导线时，必须满足有关规范对导线点的测量精度的要求。

4）近似平差计算

施工导线的计算，是依据起算数据和观测要素，通过近似平差计算，求得导线边的方位角和导线点的平面坐标 $(x、y)$，从而获得道路施工沿线基本平面的控制测量成果。

（1）导线方位角计算公式：

$$T_{i-(i+1)} = T_{(i-1)-i} + \beta_i - 180°$$　　　　　　（11-61）

式中　　$T_{i-(i+1)}$ ——导线前一边的方位角（即所求边的方位角）；

$T_{(i-1)-i}$ ——导线后一边的方位角（即已知边的方位角）；

β_i——导线点的水平角（即观测角）。

导线前一边的方位角等于后一边的方位角加上导线点的左角减去 $180°$。

（2）导线点坐标（x、y）计算公式：

$$\begin{cases} 纵坐标： x_i = x_{i-1} + \Delta x_{(i-1)-i} \\ 横坐标： y_i = y_{i-1} + \Delta y_{(i-1)-i} \end{cases} \quad (11\text{-}62)$$

式中　Δx——纵坐标增量：$\Delta x = D\cos T$（D 为导线边长，T 为该导线边方位角）；

　　　Δy——横坐标增量：$\Delta y = D\sin T$（D 为导线边长，T 为该导线边方位角）。

导线上任一点的坐标 x、y 值等于后一点的坐标 x、y 值加上坐标增量。

由于观测角和边长不可避免的存有测量误差，因此计算结果就有角度闭合差和纵、横坐标闭合差。消除这些误差，就是对观测角和坐标增量进行改正，这种改正工作就叫做导线测量平差计算。导线平差计算有严密平差和近似平差两种方法。公路施工导线测量采用近似平方差方法。导线测量近似平差，是将角度闭合差平均分配于各观测角，用平差角和导线边长（平距）计算坐标的增量，对坐标增量进行改正，求得各导线点的最后坐标。导线平差的目的，是为了消除测角、测边误差，并在平差后进一步提高测量精度。

（3）角度闭合差的计算公式。

① 附合导线角度闭合差的计算公式：

$$f_\beta = T_起 + \sum \beta_i - 180n - T_终 = T_起 - T_终 + \sum \beta_i - 180n \quad (11\text{-}63)$$

或：

$$f_\beta = T_{终计} - T_{终已} \quad (11\text{-}64)$$

式中　$T_起$——附合导线已知起始边的方位角；

　　　$\sum \beta_i$——附合导线所有观测角（左角）之和；

　　　$T_{终已}$——附合导线已知附合（终）边的方位角：

$$T_{终已} = T_起 + \sum \beta_左 - 180n \quad (11\text{-}65)$$

　　　n——附合导线观测角个数。

② 闭合导线的角度闭合计算公式：

内角闭合差：

$$f_\beta = \sum \beta_i - 180(n-2) \quad (11\text{-}66)$$

外角闭合差：

$$f_\beta = \sum \beta_i - 180(n+2) \quad (11\text{-}67)$$

式中　　　$\sum \beta_i$——闭合导线实测的 n 个内（或外）角总和；

　　　　　n——测角个数；

$180(n-2)$——闭合导线内角理论值；

$180(n+2)$——闭合导线外角理论值。

（4）观测角改正数 V_β 的计算式。导线测量近似平差法观测角改正数是将角度闭合差 f_β 以相反的符号平均分配到各观测角中，即：

$$\begin{cases} V_\beta = -f_\beta / n \\ \sum V_\beta = -f_\beta \end{cases} \quad (11\text{-}68)$$

（5）坐标增量闭合差的计算公式。对于闭合导线其纵横坐标增量的理论值应为 0：

$$\begin{cases} \sum \Delta x_{\text{理}} = 0 \\ \sum \Delta y_{\text{理}} = 0 \end{cases} \tag{11-69}$$

由于导线边长测量的误差，坐标增量计算值总和 $\sum \Delta x_{\text{计}}$ 与 $\sum \Delta y_{\text{计}}$ 一般不为 0，其值称为坐标增量闭合差：

$$\begin{aligned} f_x &= \sum \Delta x_{\text{计}} \\ f_y &= \sum \Delta y_{\text{计}} \end{aligned} \tag{11-70}$$

对于附合导线其纵横坐标增量的理论总和等于终点与起点的坐标差值：

$$\begin{cases} \sum \Delta x_{\text{理}} = x_{\text{终}} - x_{\text{起}} \\ \sum \Delta y_{\text{理}} = y_{\text{终}} - y_{\text{起}} \end{cases}$$

由于测边测角有误差，因此算出的坐标增量总和 $\sum \Delta x_{\text{计}}$、$\sum \Delta y_{\text{计}}$ 与理论值不相等，其差值即为坐标增量闭合差：

$$\begin{cases} f_x = \sum \Delta x_{\text{计}} - \sum \Delta x_{\text{理}} = \sum \Delta x_{\text{计}} - (x_{\text{终}} - x_{\text{起}}) \\ f_y = \sum \Delta y_{\text{计}} - \sum \Delta y_{\text{理}} = \sum \Delta y_{\text{计}} - (y_{\text{终}} - y_{\text{起}}) \end{cases} \tag{11-71}$$

（6）坐标增量改正数 V_x、V_y 的计算公式。导线测量近似平差计算坐标增量改正数 V_x、V_y 是按边长比例将增量闭合差反号分配到各增量中。导线任一边的增量改正数为：

$$\begin{cases} V_x = -f_x / \sum D \times D_i \\ V_y = -f_y / \sum D \times D_i \end{cases} \tag{11-72}$$

因此：

$$\begin{cases} \sum V_x = -f_x \\ \sum V_y = -f_y \end{cases} \tag{11-73}$$

（7）导线测量的精度评定。导线测量近似平差结果的精度评定指标如下：

① 导线测角中误差。附（闭）合导线测角中误差：

$$m''_{\beta\text{计}} = \pm \sqrt{(f_\beta^2 / n) N} \tag{11-74}$$

式中　f_β——附合（闭合）导线的角度闭合差；

　　　　n——导线折角个数；

　　　　N——附合（闭合）导线的条数。

独立复测支导线的测角中误差：

$$m_{\beta\text{计}} = \pm \sqrt{(\Delta T^2 / (n_1 + n_2) / N} \tag{11-75}$$

式中　ΔT——两次测量的方位角之差；

　　　n_1、n_2——复测支导线第一次和第二次测量的角数；

　　　　N——复测支导线条数。

② 导线全长绝对闭合差 f 为：

$$f = \sqrt{f_x^2 + f_y^2} \tag{11-76}$$

③ 导线全长相对闭合差为：

$$1/T = f/ [D] = 1/([D] /f) \tag{11-77}$$

式中 $[D]$ ——导线边长的总和。

八、加密施工水准点的测设

施工水准点的高程用水准测量方法测定。水准测量是利用水准仪、水准尺或塔尺（道路施工测量常用的尺子）测定点间高差的方法。知道点的高程，就可计算出另一点的高程。公路施工测量采用向前法和复合水准测量法，最常用的是向前法，是用水准仪进行高程放样的主要方法；复合水准测量用于建立施工标段高程控制系统。

如图 11-42 所示，是一条附合水准测量路线。图中 BMC-47 为起始已知水准点，BMC-48 是终止已知水准点。其间 1、2、3 点是转点，K90＋1、K90＋2 和 K91＋1 是要加密的施工水准点。只要测出 BMC-47 和转点 1 的高差，再测出转点 1 和转点 2 的高差，以此类推，通过平差计算，就可计算出各点的高程。

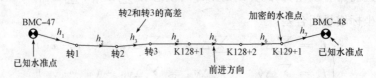

图 11-42 附和水准路线示意图

如图 11-43 所示，是一条闭合水准路线。图中 BMC-49 既是起点，又是终点，即由 BMC-49 出发，中间经过许多点后又回到 BMC-49。只要测出各段高差，经过平差计算就可算出各点高程。

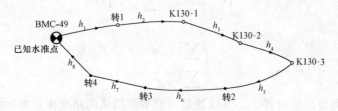

图 11-43 闭合水准路线示意图

如图 11-44 所示，是一条复测支水准路线。图中 BMC-49 是已知水准点，从该点出发向外支转 1、转 2、K129-3、K129-2 各点。此时可往返测出各点间高差，通过计算就可得出各点高程。为了保证观测质量，所测往返值较差不得大于 5 mm。

图 11-44 复测支水准路线示意图

九、水准路线的计算

道路工程施工，施工水准测量计算在工程实践中常采用水准近似平差法，其计算步骤包括以下四步：

（1）仔细检查外业各项记录和高差计算值，如发现问题，应查明原因并予以纠正。

（2）绘制外业测量水准线路草图，在草图上注明已知水准点名及高程，注明各相邻点间的实测高差和距离，标明水准线路测量往返测方向。

（3）在草图上进行水准线路平差计算。

（4）编制水准点成果表。

习题与思考

11-1　线路测量的概念及目的是什么？

11-2　缓和曲线的作用及测设方法有哪些？

11-3　道路施工测量的前期准备工作有哪些？

11-4　加密施工导线点的原则及选点要求是什么？

第十二章 地籍测量和房产测量

内容提要

了解：地籍测量和房产测量的基本概念；地籍调查；地籍测量与修测；房产调查；房产图与房产面积测算。

第一节 地籍与房产测量基础

一、土地与地籍概述

土地是人类赖以生存和发展的物质基础，是一切生产和存在的根本。土地一般指地球表层的陆地部分，包括海洋、滩涂和内陆水域以及地表以上及以下一定的空间范围。土地既是一种自然资源，也是一种社会资产。

地籍是由国家建立和管理的土地基本信息的集合。简单地说，地籍就是土地的户籍，是登记土地信息的账册和簿籍，这些簿册用数据、图形、图表等形式记录了土地及其附着物的权属、位置、数量、质量和利用情况。

二、地籍调查与地籍测量

1. 地籍调查

地籍调查是政府部门为了取得土地的权属、利用状况等信息而组织的一项调查工作。其基本任务就是要查清各个地块的编号、坐落、权属状况、质量等级、利用现状等方面的信息，为土地的精确定位、面积测算等地籍测量工作提供基础资料。地籍调查的核心内容是土地的权属调查。

地籍调查是土地登记的首要工作，通过对土地的权属、坐落、数量、质量以及利用现状等信息的调查，对合法获得、利用的土地进行审批和登记，并颁发土地使用证，使土地的权利得到法律的保障。

2. 地籍测量

地籍测量是为获取和表达地籍信息所进行的测绘工作。其基本内容是测定地块（宗地）及其附着物的权属、位置、数量、质量和利用状况等。具体内容如下：

（1）进行地籍控制测量，测设地籍基本控制点和地籍图根控制点。

（2）测定行政区划界线和土地权属界线的界址点坐标。

（3）测绘地籍图，测算地块和宗地的面积。

（4）进行土地信息的动态监测，进行地籍变更测量，包括地籍图的修测、重测和地籍簿册的修编，以保证地籍成果资料的实时性与正确性。

（5）根据土地整理、开发与规划的要求，进行有关的地籍测量工作。

三、房产测量概述

房屋是土地上的重要附着物。房屋体现着明显的经济价值和资产特征，故被称为房产。房产测量是指运用测绘技术和手段，按照有关管理的要求和需要，对房屋和房屋用地的权属、位置、面积、质量、用途等信息进行调查和测量的工作。

通过房产测量能够准确提供房产的产权、使用权的范围、界线和面积，房屋建筑物的结构和分布、坐落的位置和形状、层数和建成年份，及房屋、建筑物的用途和土地的使用情况基础资料，为房产的产权、产籍管理，房地产的开发利用、交易、征收税费提供依据。

（1）房产测量的目的：采集和表述房屋和房屋用地的相关信息，为房产产权、产籍管理、房产开发利用、交易、征收税费，以及城镇规划建设提供数据和资料。

（2）房产测量的基本内容：房产平面控制测量，房产调查，房产要素测量，房产图绘制，房产面积测算，变更测量，成果资料的检查与验收等。

（3）房产测量的成果：房产簿册，房产数据和房产图集。

四、地籍测量与房产测量的关系

地籍测量是主要针对土地地块（宗地）的调查与测绘工作，房产测量是主要针对附着于土地之上房屋的调查与测绘工作。两项工作内容既有相似性、相关性，又各自具有独特性。

在西方国家中，土地与附着于其上的房屋测量工作被统称为不动产测量。我国一直实行土地与房屋产权分离的管理体制，因此地籍测量与房产测量在技术规范和管理上处于相对独立的状态。地籍测量与房产测量的工作内容有较大的重叠部分，两项工作内容之间存在较多不一致，甚至矛盾的地方。

第二节　地籍调查

一、地籍调查的内容与要求

（1）地籍调查的基本内容包括：地块权属、土地利用现状、土地等级、建筑物状况等。

（2）地籍调查的基本要求应包括以下几项：

① 地籍要素调查，应以地块为单元进行。

② 调查前，应收集有关测绘、土地划拨、地籍档案、土地等级评估及标准地名等资料。

③ 调查内容，应逐一填记在调查表或地籍测量草图中，见表12-1。

表 12-1 城镇地籍要素调查表

市　　　　区（县）　　　　地籍区　　　　地籍子区　　　　地块

权属主（单位或个人）		住址	
法人或代理人			
地块坐落		所在图幅	
四至			

地块预编号		地块编号	利用类别		土地等级	
权属性质		地块面积				

建筑物状况	编号	(1)	(2)	(3)	(4)	(5)	(6)	(7)	(8)	(9)
	层数									
	结构									
共用土地情况										

界址点（线）情况

界址点号	界标类型				界标间距	界址线类别		界址线位置			指认界线人		
	钢钉	混凝土	石灰柱	喷涂		墙壁	围墙	内	中	外	本地块	相邻块地	
												地块号	指界者
调查记事													

调查者：＿＿＿＿＿＿　调查日期：＿＿＿＿＿年＿＿＿＿＿月＿＿＿＿＿日

二、地块与编号

1. 地块

（1）地块是地籍的最小单元，是地球表面上一块有边界、确定权属主和利用类别的土地。一个地块只属于一个产权单位，一个产权单位可包含一个或多个地块。

（2）地块以地籍子区为单元划分。

2. 地块编号

（1）地块编号按省、市、区（县）、地籍区、地籍子区、地块六级编列。

（2）地籍区是以市行政建制区的街道办事处或镇（乡）的行政辖区为基础划定；根据实际情况，可以街坊为基础，将地籍区划分为若干个地籍子区。

（3）编号方法：省、市、区（县）的代码采用《中华人民共和国行政区划代码》（GB 2260—2007）中所规定的代码。

地籍区和地籍子区均以两位自然数字从 01～99 依序编列；当未划分地籍子区时，相应的地籍子区编号用"00"表示，在此情况下地籍区也代表地籍子区。

地块编号以地籍子区为编号区，采用 5 位自然数字从 1～99 999 依序编列；以后新增地块接原编号顺序连续编列。

三、地块权属调查

1．调查内容

（1）地块权属，是指地块所有权或使用权的归属。

（2）地块权属调查，包括：地块权属性质、权属主名称、地块坐落和四至，以及行政区域界线和地理名称。

2．界址点、线的调查

界址点、线调查是按照有关条件关系和法律文件，在实地对地块界址点、线进行判识。

四、土地利用类别调查

1．土地利用分类标准

土地利用分类标准，见表 12-2。

表 12-2　土地利用现状分类和编码

一级类型		二级类型		含　义
编　号	名　称	编　号	名　称	
01	耕地			指种植农作物的土地，包括熟地、新开发地、复垦地、整理地、休闲地（含轮歇地、轮作地）；以种植家作物（含蔬菜）为主，间有零星果树、桑树或其他树木的土地；平均每年能保证收获一季的已是滩地和海涂。耕地中包括南方宽度＜1.0 m、北方宽度＜2.0 m 的固定的沟、渠、路和土坎（埂）；临时种植药材、草皮、花卉、苗木等的耕地，以及其他临时改变用途的耕地
		011	水田	指用于种植水稻、莲藕等水生农作物的耕地，包括实行水生、旱生农作物的耕地
		012	水浇地	指有水源保证和灌溉设施，在一般年景能正常灌溉，种植旱生农作物的耕地，包括种植蔬菜等的非工厂化的大棚用地
		013	旱地	指无灌溉设施，主要靠天然降水种植旱生农作物的耕地，包括没有灌溉设施，仅靠引洪淤灌的耕地
02	园地			指种植以采集果、叶、根茎、汁等为主的集约经营的多年生木本和草本作物，覆盖度＞50％或每亩株数＞合理株数 70％的土地，包括用于育苗的土地
		021	果园	指种植果树的园地
		022	茶园	指种植茶树的园地
		023	其他园地	指种植桑树、橡胶、可可、咖啡、油棕、胡椒、药材等其他多年生作物的园地

一级类型		二级类型		含 义
编 号	名 称	编号	名 称	
03	林地			指生长乔木、竹类、灌木的土地，以及沿海生长红树林的土地，包括迹地，不包括居民点内部的绿化林地，铁路、公路征地范围内的林地，以及河流、沟渠的护堤林
		031	有林地	指树木郁闭度≥0.2的乔木林地，包括红树林地和竹林地
		032	灌木林地	指灌木覆盖度≥40%的林地
		033	其他林地	包括疏林地（指0.1≤树木郁闭度＜0.2的林地）、未成林地、迹地苗圃等林地
04	草地			指以生长草本植物为主的土地
		041	天然牧草地	指以天然草本植物为主，用于放牧或割草的草地
		042	人工牧草地	指人工种植牧草的草地
		043	其他草地	指树木郁闭度＜0.1的草地，表层为土质，以生长草本植物为主，不用于畜牧业
05	商服用地			指主要用于商业、服务业的土地
		051	批发零售用地	指商品批发、零售用地，包括商场、商店、超市、各类批发（零售）市场，加油站等及其附属的小型仓库、车间、工厂等用地
		052	住宿餐饮及用地	指住宿、餐饮服务用地，包括宾馆、酒店、饭店、旅馆、招待所、度假村、餐厅、酒吧等用地
		053	商务金融用地	指企业、服务业等办公场所用地，以及经营性的办公场所用地，包括写字楼、商业性办公场所、金融活动场所和企业厂区外独立的办公场所等用地
		054	其他商服用地	指上述用地以外的其他商业、服务业用地，包括洗车场、洗染店、废旧物资回收站、维修网点、照相馆、理发美容店、洗浴场所等用地
06	工矿仓储用地			指主要用于工业生产、物资存放场所的土地
		061	工业用地	指工业生产及直接为工业生产服务的附属设施用地
		062	采矿用地	指采矿、采石、采砂（沙）场，盐田，砖瓦窑等地面生产用地及尾矿堆放地
		063	仓储用地	指用于物资储备、中转场所用地

一级类型		二级类型		含　义
编　号	名　　称	编　号	名　　称	
07	住宅用地			指主要用于人们生活、居住的房基地及其附属设施的土地
		071	城镇住宅用地	指城镇中人们生活、居住的各类房屋用地及其附属设施用地，包括普通住宅、公寓、别墅等用地
		072	农村宅基地	指农村中人们生活、居住的宅基地
08	公共管理与公用服务			指用于机关团体，新闻出版、科教文卫、风景名胜、公共设施等的土地
		081	机关团体用地	指党政机关、社会团体、群众自治组治等用地
		082	新闻出版用地方	指广播电台、电视台、电影厂、报社、杂志社、通讯社、出版社等用地
		083	科教用地	指各类教育，独立的科研、勘测、设计、技术推广、科普等用地
		084	医卫慈善用地	指医疗保健、卫生防疫、急救康复、医检药检、福利救助等用地
		085	文体娱乐用地	指各类文化、体育、娱乐及公共广场等用地
		086	公共设施用地	指城乡基础设施的用地，包括给水排水、供电、供热、供气、邮政、电信、消防、环卫、公用设施维修等用地
		087	公园与绿地	指城镇、村庄内部的公园、动物园、植物园、街心花园，以及美化环境的绿化用地
		088	风景名胜设施用地	指风景名胜（包括名胜古迹、旅游景点、革命遗址等）景点及管理机构的建筑用地，景区内的其他用地按现状归入相应类别
09	特殊用地			指用于军事设施、涉外、宗教、监教、殡葬等的土地
		091	军事设施用地	指服务于军事的设施用地
		092	使领馆用地	指外国政府及国际组织驻华使领馆、办事处等用地
		093	监教场所用地	指监狱、看守报、劳教所、戒毒所等用地
		094	宗教用地	指宗教活动的庙宇、寺院、道观、教学等宗教自用地
		095	殡葬用地	指陵园、墓地、殡葬场所等用地

（续表）

一级类型		二级类型		含　义
编　号	名　称	编　号	名　称	
10	交通运输用地			指用于运输通行的地面线路、场站等的土地，包括民用机场、港口、码头、地面运输管道和各种道路用地
		101	铁路用地	指铁道线路、轻轨、场站用地，包括设计的路堤、路堑、道沟、桥梁、林木等用地
		102	公路用地	指国道、省道、县道和乡道用地，包括设计的路堤、路堑、道沟、桥梁、汽车停靠站、林木及直接为其服务的附属设施用地
		103	街巷用地	指城镇、村庄内部的公用道路（含立交桥）及行道树的用地，包括公共停车场、汽车客货运输站点及停车场等用地
		104	农村道路	指公路用地以外的南方宽度≥1.0 m、北方宽度≥2.0 m的村间、田间道路（含机耕道）
		105	机场用地	指民用机场用地
		106	港口码头用地	指工人修建的客运、货运、捕捞及工作船舶停靠场所及其附属建筑物的用地，不包括常水位以下部分
		107	管道运输用地	指运输煤炭、石油、天然气等管道及其附属设施的地上部分用地
11	水域及水利设施用地			指用于陆地水域、海涂、沟渠、水工建筑物等的土地，不包括滞洪区和已垦滩涂中的耕地、园地、林地、居民点、道路等用地
		111	河流水面	指天然形成或人工开挖河流常水位岸线之间的水面，不包括被时下坝拦截后形成的水库水面
		112	湖泊水面	指天然形成的积水区常水位岸线所围成的水面
		113	水库水面	指人工拦截汇集而成的总库容≥1 000 000 m³的水库正常蓄水位岸线所围成的水面
		114	坑塘水面	指人工开挖或天然形成的确蓄水量＜1 000 000 m³的坑塘常水位岸线所围成的水面
		115	沿海滩涂	指沿海大潮高潮位与低潮位之间的潮浸地带，包括海岛的沿海滩涂，不包括已利用的滩涂
		116	内陆滩涂	指河流、湖泊常水位至洪水位间的滩涂；时令湖、河湖水位以下的滩涂；水库、坑塘的正常蓄水位与洪水位间的滩涂，包括海岛的内陆滩地，不包括已利用的滩涂

(续表)

一级类型		二级类型		含 义
编号	名 称	编号	名 称	
11	水域及水利设施用地	117	沟渠	指人工修建,南方宽度≥1.0 m、北方宽度≥2.0 m的用于引、排、灌的渠道,以括渠槽、渠堤、取土坑、护堤林
		118	水工建筑用地	指人工修建的闸、坝、堤路林、水电厂房、水站等常水位岸线以上的建筑物用地
		119	冰川及永久积雪	指表层被冰雪常年覆盖的土地
12	其他土地			指上述类别以外的其他类型的土地
		121	空闲地	指城镇、工矿内部尚未利用的土地
		122	农业设施用地	指直接用于经营性养殖的畜禽舍、工厂化作物栽培或水产养殖的生产设施用地及其附属用地,农村宅基地以外的晾晒场等农业设施用地
		123	田坎	主要指耕地中南方宽度≥1.0 m、北方宽度≥2.0 m的地坎
		124	盐碱地	指表面盐碱聚集,生长天然耐盐植物的土地
		125	沼泽地	指经常积水或渍水,一般生长沼生、湿生植物的土地
		126	砂地	指表层为砂覆盖、基本无植被的土地。不包括滩涂中的砂地
		127	裸地	指表层为土质,基本无植被覆盖的土地;或表层为岩石、石砾,覆盖面积≥70%的土地

2. 调查方法

土地利用类别调查以地块为单位调记一个主要利用类别。综合使用的楼房按地坪上第一层的主要利用类别调记,如第一层为车库,可按第二层利用类别调记。

地块内如有几个土地利用类别时,以地类界符号标出分界线,分别调记利用类别。

五、土地等级调查

1. 土地等级标准

土地等级标准,应执行当地有关部门制定的土地等级标准。

2. 调查方法

(1)土地等级调查在地块内调记。地块内土地等级不同时,则按不同土地等级调记。

(2)对未制定土地等级标准的地区,暂不调记。

六、建筑物状况调查

1. 建筑物状况调查内容

建筑物状况调查，包括地块内建筑物的结构和层数。

2. 建筑物层数

建筑物层数是指建筑物的自然层数。从室内地坪以上计算，采光窗在地坪以上的半地下室，且高度在 2.2 m 以上的算为层数。地下室、假层、附层（夹层）、假楼（暗楼）、装饰性塔楼不算层数。

3. 建筑物结构

建筑物结构根据建筑物的梁、柱、墙等主要承重构件的建筑材料划分类别。类别划分标准，见表 12-3。

表 12-3　建筑物结构分类标准

类　　型	内　　容
钢结构	承重的主要构件由钢材料建造，包括悬索结构
钢、钢筋混凝土结构	承重的主要构件由钢、钢筋混凝土建造，如一幢房屋一部分梁柱由钢、钢筋混凝土构架建造
钢筋混凝土结构	承重的主要构件由钢筋混凝土建造，包括薄壳结构、大模板现浇结构及使用滑模、开板等先进施工方法施工的钢筋混凝土结构的建筑物
混合结构	承重的主要构件由钢筋混凝土和砖木建造，如一幢房屋的梁由钢筋混凝土制成，以砖墙为承重墙，或者梁由木材建造，柱由钢筋混凝土建造
砖木结构	承重的主要构件由砖、木材建造，如一幢房屋由木制房架、砖墙、木柱建造
其他结构	凡不属于上述结构的房屋都归入此类，如竹结构、砖拱结构、窑洞等

第三节　地籍测量与修测

一、地籍测量内容

（1）根据地块权属调查结果确定地块边界，设置界址点标志，见表 12-4。

表 12-4　界址种类和适用范围

种　　类	适用范围
混凝土界址标志 石灰界址标志	在较为空旷的界址点和占地面积较大的机关、团体、企业、事业单位的界址点应埋设或现场浇筑混凝土界址标志，泥土地面也可埋设石灰界址标志
带铝帽的钢钉界址标志	在坚硬的路面或地面上的界址点应钻孔浇筑或钉设带铝帽的钢钉界址的标志

（续表）

种　　类	适用范围
带塑料套的钢棍界址标志喷漆界址标志	以坚固的房墙（角）或围墙（角）等永久性建筑物处的界址点应钻孔浇筑带塑料套的钢棍界址标志，也可设置喷漆界址标志

（2）界址点标志设置后，进行地籍要素测量。

（3）地籍测量的对象主要包括：

① 界址点、线以及其他重要的界标设施。

② 行政区域和地籍区、地籍子区的界线。

③ 建筑物和永久性的构筑物。

④ 地类界和保护区的界线。

二、地籍测量方法

1．极坐标法

（1）采用极坐标法时，由平面控制网的一个已知点或自由设站的测站点，通过测量方向和距离，测定目标点的位置。

（2）界址点和建筑物角点的坐标，应有两个不同测站点测定的结果。

（3）位于界线上或界线附近的建筑物角点应直接测定。对矩形建筑物，可直接测定三个角点，另一个角点可通过计算求出。

（4）避免由不同线路的控制点对间距很短的相邻界址点进行测量。

（5）特殊情况下，当现有控制点不能满足极坐标法测量时，可测设辅助控制点。

（6）极坐标法的测量可用全站型电子速测仪，也可用经纬仪配以光电测距仪或其他符合精度要求的测量设备。

2．正交法

（1）正交法，又称直角坐标法，其是借助测线和短边支距测定目标点的方法。

（2）正交法使用钢尺丈量距离配以直角棱镜作业，支距长度不得超过一个尺长。

（3）正交法测量使用的钢尺，必须经计量检定合格。

三、界址点

1．界址点编号

界址点的编号，以高斯-克吕格的一个整公里格网为编号区，每个编号区的代码以该公里格网西南角的横纵坐标公里值表示。点的编号在一个编号区内从 1～99 999 连续顺编，点的完整编号由编号区代码、点的类别代码、点号三部分组成，编号形式如下：

×××××××××　　　　　　×　　　　　　×××××

编号区代码　　　　　　　类别代码　　　　　　点的编号

（9 位）　　　　　　　　（1 位）　　　　　　（5 位）

编号区代码由 9 位数组成，第 1、2 位数为高斯坐标投影带的带号或代号，第 3 位数为横坐标的百公里数，第 4、5 位数为纵坐标的千公里和百公里数，第 6、7 位和第8、9 位数分别为横坐标和纵坐标的十公里和整公里数。类别代码用 1 位数表示，其中：

243

3 表示界址点；4 表示建筑物角点。点的编号用 5 位数表示，从 1～99 999 连续顺编。

2. 界址点坐标成果表

界址点坐标测量完成后，应编制界址点坐标成果表，界址点坐标按界址点号的顺序编列。界址点坐标成果，见表 12-5。

表 12-5 界址点坐标成果表

地籍子区_____

界址点编号		标志类型	界址点坐标/m		备　　注
公里网号	点号		X	Y	

填表者_____年_____月_____日　　检查者_____年_____月_____日

四、地籍测量草图

1. 地籍测量草图的作用

地籍测量草图是地块和建筑物位置关系的实地记录。在进行地籍要素测量时，应根据需要绘制地籍测量草图。

2. 地籍测量草图的内容

（1）地籍要素测量对象。

（2）平面控制网点及控制点点号。

（3）界址点和建筑物角点。

（4）地籍区、地籍子区与地块的编号；地籍区和地籍子区名称。

（5）土地利用类别。

（6）道路及水域。

（7）有关地理名称；门牌号。

（8）观测手簿中所有未记录的测定参数。

（9）为检校而量测的线长和界址点间距。

（10）测量草图符号的必要说明。

（11）测绘比例尺；精度等级；指北方向线。

（12）测量日期；作业人员签名。

3. 地籍测量草图的图纸

地籍测量草图图纸规格，原则上用 16 开幅面；对于面积较大的地块，也可用 8 开幅面。

草图用纸应选用防水纸、聚酯薄膜及其他合适的书写材料。

4. 地籍测量草图的比例尺

地籍测量草图选择合适的概略比例尺，使其内容清晰易读。在内容较集中的地方可移位描绘。

5．地籍测量草图的绘制要求

地籍测量草图应在实地绘制，测量的原始数据不得涂改或擦拭。

6．地籍测量草图图式

地籍测量草图的图式符号，应按《地籍图图式》（CH 5003－1994）的规定执行。

五、地籍图绘制

1．地籍图基础

1）地籍图的作用

地籍图是不动产地籍的图形部分。地籍图应能与地籍册、地籍数据集一起，为不动产产权管理、税收、规划等提供基础资料。

2）地籍图应表示的基本内容

（1）界址点、线。

（2）地块及其编号。

（3）地籍区、地籍子区编号，地籍区名称。

（4）土地利用类别。

（5）永久性的建（构）筑物。

（6）地籍区与地籍子区界。

（7）行政区域界。

（8）平面控制点。

（9）有关地理名称及重要单位名称。

（10）道路和水域。

3．地籍图的形式

地籍图采用分幅图形式，幅面规格采用 50 cm×50 cm 或 40 cm×40 cm。

4．地籍图的分幅与编号

（1）地籍图的分幅。地籍图的图廓以高斯-克吕格坐标格网线为界。1∶2000 图幅以整公里格网线为图廓线；1∶1000 和 1∶500 地籍图在 1∶2000 地籍图中划分，我国大中城市的地籍分幅图基本采用 1∶500 比例尺，如图12-1所示。

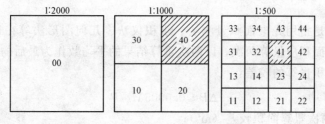

图 12-1　地籍图的分幅和代码

（2）地籍图编号。地籍图编号以高斯-克吕格坐标的整公里格网为编号区，由编号区代码加地籍图比例尺代码组成，编号形式如下：

完整编号　××××××××　××

简略编号　××××　××

编号区代码　地籍图比例尺代码

编号区代码由 9 位数组成，地籍图比例尺代码由 2 位数组成，如图 12-1 所示的规定执行。

在地籍图上标注地籍图编号时可采用简略编号，简略编号略去编号区代码中的百公里和百公里以前的数值。

2. 面积量算的方法与精度估算

1）坐标解析法

（1）面积计算：

$$P = \frac{1}{2}\sum_{1}^{n}X_i(Y_{i+1} - Y_{i-1})$$

或：

$$P = \frac{1}{2}\sum_{1}^{n}Y_i(X_{i-1} - X_{i+1}) \tag{12-1}$$

式中　P——量算面积（m^2）；

X_i，Y_i——界址点坐标（m）；

n——界址点个数；

i——界址点序号，按顺时针方向顺编。

（2）面积中误差计算：

$$m_p = \pm m_j \sqrt{\frac{1}{8}\sum_{1}^{n}\left[(X_{i-1} - X_{i-1})^2 + (Y_{i-1} - Y_{i-1})^2\right]} \tag{12-2}$$

式中　m_p——面积中误差（m^2）；

m_j——相应等级界址点规定的点位中误差（m）。

2）实地量距法

（1）对于规则图形，可根据实地丈量的距离直接计算面积；对于不规则图形，则应将其分割成简单的几何图形（如矩形、梯形、三角形等）后再分别计算面积并相加。

（2）面积中误差计算：

$$m_p = \pm (0.04\sqrt{P} + 0.003P) \tag{12-3}$$

式中　P——量算的面积（m^2）。

3）图解法

（1）图解法是指用光电面积量测法、求积仪法、几何图形法等在地籍图上量算面积。图解法量算面积应量算两次，以两次量算结果的平均数作为最后的面积值。

（2）两次面积量算的较差：

$$\Delta P \leqslant 0.0003M\sqrt{P} \tag{12-4}$$

式中　ΔP——两次量算面积较差（m^2）；

P——量算面积（m^2）；

M——比例尺分母。

（3）对于图上面积小于 5 cm^2 的地块，不得使用图解法量算其面积。

六、地籍修测

1．修测内容

（1）地籍修测包括地籍册的修正、修测以及地籍数据的修正。

（2）地籍修测应进行地籍要素调查、外业实地测绘，还应调整界址点号和地块号。

2．修测的方法

（1）地籍修测应根据变更资料，确定修测范围；根据平面控制点的分布情况，选择测量方法并制定施测方案。

（2）修测可在地籍原图的复制件上进行。

（3）修测后，应对有关的地籍图、表、簿、册等成果进行修正，使其符合相关规范的要求。

3．面积变更

（1）一地块分割成几个地块，分割后各地块面积之和与原地块面积的不符值应在有关规定限差之内。

（2）地块合并的面积，取被合并地块面积之和。

4．修测后地籍编号的变更与处理

（1）地块号。地块分割以后，原地块号作废，新增地块号按地块编号区内的最大地块号续编。

（2）界址点号、建筑物角点号。新增的界址点和建筑物角点的点号，分别按编号区内界址点或建筑物角点的最大点号续编。

七、变更地籍测量

1．定义

变更地籍测量是指当土地登记的内容（权属、用途等）发生变更时，根据申请变更登记内容进行实地调查、测量，并对地块档案及地籍图、表进行变更与更新，目的是为了保证地籍资料的现势性与可靠性。

2．程序

变更地籍测量的程序是：资料器材准备→发送变更地籍测量通知书→实地进行变更地籍调查、测量→地籍档案整理和更新。

3．方法

变更地籍测量常采用解析法。暂不具备条件的，可采用部分解析法或图解法。变更地籍测量精度不得低于原测量精度。对涉及划拨国有土地使用权补办出让手续的，必须采用解析法进行变更地籍测量。

第四节　房产调查

一、房产调查基础

房地产测绘的主要任务之一便是房产调查。房产调查是通过实地详细调查，查清区域内所有房屋及其用地每个权属单元的权属、位置、界线、质量、数量和用途等基本信息，以建立或更新区域内房产的产籍档案或房产数据库，为房屋产权管理、产权保护服务。

房屋是指能够遮风、避雨，并供人居住、工作、娱乐、储藏物品、纪念或进行其他活动的工程建筑，由基础、墙、门、窗、柱和屋顶等主要构件及附属设施和设备组成。房屋是附着于地块之上的最重要的附着物。

房产调查主要针对房屋用地调查和房屋调查。在尚未建立地籍档案的地区，房产调查应包括房屋调查和房屋用地调查两项内容；在已建立地籍档案的地区，土地地块（宗地）权属、界址、利用状况等信息都已经明晰，房产调查可以在这些地籍数据的基础上进一步开展，一般只需进行房屋调查。

二、房产调查单元的划分与编号

1. 丘与丘号

在房屋调查过程中，首先要将需要调查的区域划分房产调查区，每个房产调查区又可分为若干房产分区，每个分区内根据实际需要继续划分为若干地块，称为"丘"。丘是指地表上一有界空间的地块。一个地块只属于一个产权单元时称为独立丘，一个地块属于几个产权单元时称为组合丘，一般将一个单位、一个门牌号或一个院落划分为独立丘，当用地单位混杂或用地单元面积太小时划分为组合丘。在已进行过地籍测量的地区，丘的划分应尽可能与宗地一致，一宗地即为一丘，丘号沿用地籍调查中的宗地编号。对密集的小面积宗地的区域，可以适当将多宗地划分成一个组合丘。

2. 房产序号

在一丘内的若干独立产权房产，需依据一定的顺序进行编号，称为房产序号，即每个独立的房屋产权单元，相应的编立一个房产序号。整幢房屋属于一个权属主的，则编立一个房产序号，一幢房屋有多个权属主的，则每个权属主编立一个房产序号。

省、市、区（县）代码与房产区代码、房产分区代码、丘（宗地）号、房产分丘号与房产序号构成了房产的完全编号，房产编号全长17位。编号格式，见表12-6。

表 12-6   《城镇地籍调查规程》中对界址点精度的规定

第1~13位	第14位	第15、16、17位
宗地 编号（同表 12-2）	房产—"0"（一位数字） 户地—"1"（宅基地）	房产序号（三位数字） 000~999

3. 幢与幢号

幢是指一座独立的、包括不同结构和不同层次的房屋。同一结构相互毗连的成片房屋可按街道门牌号适当分幢。一幢房屋有不同层次的，一般中间应用虚线分开。幢号以丘为单位，自进大门起，从左到右，从前到后，用阿拉伯数字，按"S"形进行编号。幢号注明在房屋轮廓线内的左下角，并加括号表示。

三、房产调查的基本内容

1. 房屋的权属

房屋的权属主要包括以下几点内容：

（1）权利人。房屋权利人是指房屋所有权人的姓名。私人所有的房屋，一般按照产权证件上的姓名登记。单位所有的房屋，应注明单位全称；两个以上单位共有的，应注明全体共有单位全称。

（2）权属来源。房屋的权属来源是指产权人取得房屋产权的时间和方式，如继承、购买、赠予、交换、自建、翻建、征用、收购、调拨、价拨、拨用等。

（3）产权性质。房屋产权性质是按照社会主义经济三种基本的形式，对房屋产权人所有的房屋进行所有制分类，可划分为国有、集体所有、私有三类。外产、中外合资产不进行所有制分类，但应按实际注明类别。

（4）产别。房屋产别是根据产权所有和管理不同而划分的类别。按两级分类，一级分 8 类，分别是：国有房产、集体所有房产、私有房产、联营企业房产、股份制企业房产、港澳台投资房产、涉外房产、其他房产；二级分四类，具体分类标准及编号参见《房产测量规范》。

（5）墙体归属。房屋墙体归属是指四面墙体所有权的归属，一般分三类：自有墙、共有墙、借墙。在房屋调查时应根据实际的墙体归属分别注明。

（6）房屋权属界线示意图。房屋权属界线示意图是以房屋权属单位为单位绘制的略图，表示房屋的相关位置。其内容有房屋权属界线、共有共用房屋权属界线以及与临近相连墙体的归属、房屋的边长，对有争议的房屋权属界线应注明争议部分，并做相应的记录。

（7）房屋权属登记情况。若房屋已办理过房屋所有权登记的，应在调查表中注明《房屋所有权证》证号。

2. 房屋的位置

（1）房屋坐落是描述房屋在建筑地段的位置，是指房屋所在街道的名称和门牌号。

（2）房屋坐落在小的里弄、胡同或小巷时，应注明附近主要街道名称；当一幢房屋坐落在两个或两个以上街道或有两个以上门牌号时，应全部注明；单元式的成套住宅，应注明单元号、室号或产号。所在层次是指权利人的房屋在该幢的第几层。

3. 房屋的质量

（1）房屋的层数是指房屋的自然层数，一般按室内地坪以上计算层数。当采光窗在室外地坪线以上的半地下室，室内层高在 2.2 m 以上的，则计算层数。地下层、假层、夹层、暗楼、装饰性塔楼以及突出层面的楼梯间、水箱间均不计算层数。层面上添建的不同结构的房屋不计算层数，但仍需测绘平面图并计算建筑面积。

（2）房屋结构分为六种类型：钢、钢结构、钢筋混凝土结构、混合结构、砖木结构、其他结构。一幢房屋宜只有一种建筑结构。

（3）房屋的建成年份是指实际竣工年份。拆除翻建的，应以翻建竣工年份为准。一幢房屋有两种以上建筑年份，应分别调查并注明。

4. 房屋的用途

房屋的用途，是指房屋的实际用途，也是指房屋现在的使用状况。房屋的用途按两级分类，一级分 8 类，二级分 28 类，见表 12-7。一幢房屋有两种及以上用途的，应分别调查并注明。

表 12-7 房屋用途分类

一级类型		二级类型		内 容
编 号	名 称	编 号	名 称	
01	住宅	11	成套住宅	指有若干卧室、起居室、厨房、卫生间、室内走道或客厅组成供一户使用的房屋
		12	非成套住宅	指人们生活起居的但不成套的房间
		13	集体宿舍	指机关、学校、企事业单位的单身职工、学生居住的房屋，集体宿舍是住宅的一部分
20	工业	21	工业	指独立设置的各类工厂、车间、手工作坊、发电厂等从事生产活动的房屋
		22	公用设施	指自来水、泵站、污水处理、变电、燃气、供热、垃圾处理、环卫、公厕、殡葬、消防等市政公用设施的房屋
		23	铁路	指铁路系统从事铁路运输的房屋
		24	民航	指民航系统从事民航运输的房屋
		25	航运	指航运系统从事水路运输的房屋
		26	公共运输	指公路运输公共交通系统从事客货运输、装卸、搬运的房屋
		27	仓储	指用于储备、中转、外贸、供应等各种仓库、油库用房
30	商业金融信息	31	商业服务	指各类商店、门市部、饮食店、粮油店、菜场、理发店、照相馆、浴室、旅社、招待所等从事商业和为居民生活服务的房屋
		32	经营	指各种开发、装饰、中介公司从事经营业务活动所用的场所
		33	旅游	指宾馆饭店、游乐园、俱乐部、旅行社等主要从事旅游服务所用的房屋
		34	金融保险	指银行、储蓄所、信用社、信托公用、证券公司、保险公司等从事金融服务所用的房屋
		35	电信信息	指各种电信部门、信息产业部门、从事电信与信息工作所用的房屋
40	教育医疗卫生科研	41	教育	指大专院校、中等专业学校、中学、小学、幼儿园、托儿所、职业学校、业余学校、干校、党校、进修学校、工读学校、电视大学等从事教育所用的房屋
		42	医疗卫生	指各类医院、门诊部、卫生所（站）、检（防）疫站、疗养院、医学化验、药品检验等医疗卫生机构从事医疗、保健、防疫、检验所用的房屋
		43	科研	指各类从事自然科学、社会科学等研究设计、开发所用的房屋

（续表）

一级类型		二级类型		内　　容
编　号	名　称	编　号	名　　称	
50	文化娱乐体育	51	文化	指文化馆、图书馆、展览馆、博物馆、纪念馆等从事文化活动所用的房屋
		52	新闻	指广播电视台、电台、出版社、报社、杂志社、通讯社、记者站等从事新闻出版所用的房屋
		53	娱乐	指影剧院、游乐园、俱乐部、剧团等从事文化演出所用的房屋
		54	园林绿化	指公园、动物园、植物园、陵园、苗圃、花园、风景名胜、防护林等所用的房屋
		55	体育	指体育场（馆）、游泳池、射击场、跳伞塔等从事体育所用的房屋
620	公办	61	办公	指党政机关、群众团体、行政事业等行政、事业单位等所用的房屋
70	军事	71	军事	指中国人民解放军军事机关、营房、阵地、基地、机场、码头、工厂、学校等所用的房屋
80	其他	81	涉外	指外国使（领）馆、驻华办事处等涉外机构所用的房屋
		82	宗教	指寺庙、教学等从事宗教活动所用的房屋
		83	监狱	指监狱、看守所、劳改场（所）等所用的房屋

5．房屋的数量

房屋的数量包含的内容很多，具体有：建筑占地面积、建筑面积、使用面积、共有面积、产权面积、宗地内的总建筑面积（简称总建筑面积）、套内建筑面积等。

为了便于管理，房屋要素的调查结果需用房屋要素代码来表示。房屋要素代码全长8位：第1位为房屋产别，用一位数字表示到一级分类；第2位为房屋结构，用一位数字表示；第3、4位为房屋层数，用两位字符表示；第5、6、7、8位为建成年份，用四位字符表示。

第五节　房产要素测量与房产图

一、房产要素测量的内容

（1）在房产调查结束后，已确定相关的房产信息，则可进行房产要素测量，包括界址测量、境界测量、房屋及其附属设施测量以及陆地交通，水域测量等内容。具体方法主要有野外解析法测量、丈量及航空摄影测量等。

（2）房地产要素测量的内容有：界址测量、境界测量、房屋及其附属设施测量。

（3）房屋应逐幢测绘，并且不同产别、建筑结构、层数的房屋应分别测量。独立成幢房屋，以房屋四面墙体外侧为界测量；毗邻房屋四面墙体，在房屋所有人指导下，区分自有、共有或借墙，以墙体所有权范围为准；每幢房屋除按《房产测量规范》要求测定其平面位置外，应分幢分户丈量作图，丈量房屋以勒脚为准，测绘房屋以外墙水平投影为准。

（4）房角点测量即是对建筑物角点测量。房角点测量不要求在房角上均设置标志，可以房屋外墙勒脚以上处墙角为测点。房角点测量一般采用极坐标法、正交法测量等。对于规则的矩形建筑物可直接测定三个房角点坐标，另一个房角点坐标可通过计算求出。

二、房产图绘制

1. 房产测量草图

房地产图的测绘必须严格按照国家标准的规定进行，首先应绘制草图。房产测量草图是地块、建筑物位置关系和房地产调查的实地记录，是展绘地块和房屋界址、计算面积和填写房产登记表的原始依据。在进行房产测量时应根据项目的内容，用铅笔绘制测量草图。房屋测量草图均按概略比例尺分层绘制，房屋外墙及分隔墙均绘单实线；图样上应注明房产区号、房产分区号、丘（宗地）号、幢号、层次及房屋坐落，并加绘指北方向线；注明住宅楼单元号、室号、实际开门处；逐间实量、注明室内净空边长（以内墙面为准）和墙体厚度，数字取至厘米；室内墙体凹凸部位在 0.1 m 以上者，如柱垛、烟道、垃圾道、通风道等均应表示；凡有固定设备的附属用房，如厨房、厕所、卫生间、电梯、楼梯等均须实量边长，并加必要的标记；遇有地下室、复式房、夹层、假层等应另绘草图。房屋外廓的全长与室内分段丈量之和（包括墙身厚度）的较差在限差内时，应以房屋外廓数据为准，分段丈量的数据按比例配赋，超限须进行重新丈量。草图可用 8 开、16 开、32 开规格的图纸。选择合适的概略比例尺，使其内容清晰易读，在内容较集中的地方可绘制局部图。测量草图应在实地绘制，测量的原始数据不得涂改。汉字字头朝北、数字字头朝北或朝西。

2. 房产分幅图

房产分幅图是全面反映房屋及其用地的位置和权属等状况的基本图，是测绘分丘图和分户图的基础资料。测绘范围包括城市、县城、建制镇的建成和建成区以外的工矿企事业等单位及其毗连居民地。分幅图采用 50 cm×50 cm 正方形分幅，房产分幅图一般采用 1：500 比例尺或 1：1000 比例尺。在已经完成地籍调查的地区，也可利用已有的大比例尺分幅地籍图，按房产图图示要求进行编绘房产分幅图。

房产分幅图应表示的房产要素包括房屋附属设施，包括柱廊、檐廊、架空通廊、底层阳台、门廊、门、门墩、室外楼梯以及和房屋相连的台阶等。分幅图上应表示的房地产要素和房产编号，包括丘号、房产区号、房产分区号、丘支号、幢号、房产权号、门牌号、房屋产别、结构、层数、房屋用途和用地分类等，根据调查资料以相应的数字、文字和符号表示。当注记过密图面容纳不下时，除丘号、丘支号、幢号和房产权号必须注明，门牌号可首末两端注记、中间跳号注记外，其他注记按上述顺序从后往前省略。与房产管理有关的地形要素，包括铁路、道路、桥梁、水系和城墙等地物均应表示；亭、塔、烟囱以及水井、停车场、球场、花圃、草地等可根据需要表示。

3. 房产分丘图

房产分丘图是房产分幅图的局部图，是绘制房屋产权证附图的基本图。分丘图的幅

面可在 787 mm×1092 mm 的 1/32～1/4 之间选用；比例尺根据丘面积可在 1∶100～
1∶1000之间选用。展绘图廓线、方格网和控制点的各项误差与绘制分幅图时相同，坐
标系统应与房产分幅图坐标系统一致。

房产分丘图上除表示房产分幅图的内容外，还应表示房屋权属界线、界址点点号、挑
廊、阳台、建成年份、用地面积、建筑面积、墙体归属和四至关系等各项房地产要素。四邻
关系描述时应注明所有相邻产权单位（或人）的名称，分丘图上各种注记的字头应朝北或朝
西。测量本丘与邻丘毗连墙体时，共有墙以墙体中间为界，量至墙体厚度的1/2处；借墙量
至墙体的内侧；自有墙量至墙体外侧并用相应符号表示。房屋权界线与丘界线重合时，表示
丘界线；房屋轮廓线与房屋权界线重合时，表示房屋权界线。分丘图的图廓位置根据该丘所
在的位置确定，图上需要注明西南角的坐标值，以"km"为单位注记至小数点后三位。

4. 房产分户图

分户图是在分丘图的基础上绘制的细部图，以一户产权人为单位，表示房屋权属范围的
细部，明确不同产权毗连房屋的权利界线，以供核发房屋所有权证的附图使用。分户图的方
位应使房屋的主边线与图框边线平行，根据房屋形状横放或竖放，并在适当的位置加绘指北
方向符号。幅面可选用 787 mm×1092 mm 的 1/32 ～ 1/16 之间选用，比例尺一般为 1∶200。
当房屋图形过大或过小时，比例尺可适当放大或缩小。房屋的分丘号、幢号应与分丘图一
致。房屋边长应实际丈量，注记取至 0.01 m，注明在图上相应位置。

分户图表示的主要内容，包括房屋权界线、四面墙体的归属和楼梯、走道等部位以
及门牌号、所在层次、户号、室号、房屋建筑面积和房屋边长等。房屋产权面积包括套
内建筑面积和共有分摊面积，标注在分户图框内；本户所在的丘号、幢号、户号、结
构、层数、层次标注在分户图框内；楼梯、走道等共有部位需在范围内简单注明。

第六节　房产面积测算

一、房产面积测算的内容

房屋建筑面积测算是房产测绘的主要任务之一，其主要内容是测定房产权界线、房
屋建筑面积、坐落位置形式、房屋的层次、结构、分户的建筑面积以及共用面积分摊等
基础数据。经房地产发证机关确认后，作为核发房屋所有权证的测绘资料及所有权证的
附件，是核定产权、颁发产权证、保障房地产占有使用者的合法权益的重要依据。

房屋面积的类型，见表12-8。

表 12-8　房屋面积的类型

项　　目	内　　容
建筑占地面积 （基底面积）	建筑占地面积是指房屋底层外墙（柱）外围水平面积，一般与底层房屋建筑面积相同
建筑面积	建筑面积是指房屋外墙（柱）勒脚以上各层的外围水平投影面积，包括阳台、挑廊、地下室、室外楼梯等，有上盖，结构牢固，层高2.2 m以上（含2.2 m）的永久性建筑。每户（或单位）拥有的建筑面积叫分户建筑面积。平房建筑面积指房屋外墙勒脚以上的墙身外围的水平面积，楼房建筑面积则指各层房屋墙身外围水平面积的总和

（续表）

项　目	内　容
使用面积	使用面积是指房屋户内全部可供使用的空间面积，按房屋的内墙面水平投影计算。包括直接为办公、生产、经营或生活使用的面积和辅助用房如厨房、厕所或卫生间以及壁柜、户内过道、户内楼梯、阳台、地下室、附层（夹层）、2.2 m 以上（指建筑层高，含 2.2 m，后同）的阁（暗）楼等面积
共有面积	共有面积是指各产权主共同拥有的建筑面积。主要包括：层高超过 2.2 m 的设备层或技术层、室内外楼梯、楼梯悬挑平台、内外走廊、门厅、电梯及机房、门斗、有柱雨篷、突出屋面有围护结构的楼梯间、电梯间及机房、水箱等
房屋的产权面积	房屋的产权面积是指产权主依法拥有房屋所有权的房屋建筑面积。房屋产权面积由直辖市、市县房地产行政主管部门登记确权认定
总建筑面积	总建筑面积等于计算容积率的建筑面积和不计算容积率的建筑面积之和。计算容积率的建筑面积包括使用建筑面积（含结构面积，以下简称使用面积）、分摊的共有面积（以下简称共有面积）和未分摊的共有面积。面积测量计算资料中要明确区分计算容积率的建筑面积和不计算容积率的建筑面积
成套房屋的建筑面积	成套房屋的套内建筑面积由套内房屋的使用面积、套内墙体面积、套内阳台面积三部分组成
套内房屋使用面积	套内房屋使用面积为套内房屋使用空间的面积，以水平投影面积按以下规定计算：套内使用面积为套内卧室、起居室、过厅、过道、厨房、卫生间、厕所、储藏室、壁橱、壁柜等空间面积总和。套内楼梯按自然层数的面积和计入使用面积。不包括在结构面积内的套内烟囱、通风道、管道井。内墙面装饰厚度计入使用面积
套内墙体面积	套内墙体面积是套内使用空间周围的围护、承重墙体或其他承重支撑体所占的面积，其中各套之间的分割墙、套与公共建筑空间的分割墙以及外墙（包括山墙）等共有墙，均按水平投影面积的一半计入套内面积。套内自有墙体按水平投影面积全部计入套内墙体面积
套内阳台建筑面积	套内阳台建筑面积均按阳台外围与房屋墙体之间的水平投影面积计算。其中，封闭的阳台按水平投影全部计算建筑面积，未封闭的阳台按水平投影的一半计算建筑面积

二、房产面积测算的规则

1. 计算原则

根据计算建筑面积的相关规定和规则，能够计算建筑面积的房屋原则上应具备以下条件：有上盖；有围护物；结构牢固，属永久性的建筑物；层高在 2.2 m 或 2.2 m 以上；可作为人们生产、生活的场所；权属明确、合法。

2. 计算范围

1）需要计算全部建筑面积的范围

（1）单层建筑物，不论其高度如何，均按一层计算，其建筑面积按建筑物外墙勒脚以上的外围水平面积计算。单层建筑物内如带有部分楼层，应计算建筑面积。

（2）高低联跨的单层建筑物，如需分别计算建筑面积，高跨为边跨时，其建筑面积按勒脚以上两端山墙外表面间的水平长度乘以勒脚以上外墙表面至高跨中柱外边线的水平宽度计算；当高跨为中跨时，其建筑面积按勒脚以上两端山墙外表面间的水平长度乘中柱外边线的水平宽度计算。

（3）多层建筑物的建筑面积按各层建筑面积总和计算。其第一层按建筑物外墙勒脚以上外围水平面积计算，第二层及第二层以上按外墙外围水平面积计算。

（4）地下室、半地下室、地下车间、仓库、商店、地下指挥部等及相应出入口的建筑面积按其上口外墙（不包括采光井、防潮层及其保护墙）外围的水平面积计算。

（5）坡地建筑物利用吊脚做架空层加以利用且层高超过 2.2 m 的，按围护结构外围水平面积计算建筑面积。

（6）穿过建筑物的通道，建筑物内的门厅、大厅。不论其高度如何，均按一层计算建筑面积。门厅、大厅内回廊部分按其水平投影面积计算建筑面积。

（7）图书馆的书库按书架层计算建筑面积。

（8）电梯井、提物井、垃圾道、管道井、烟道等均按建筑物自然层计算建筑面积。

（9）舞台灯光控制室按围护结构外围水平面积乘实际层数计算建筑面积。

（10）建筑物内的技术层或设备层，层高超过 2.2 m 的，应按一层计算建筑面积。

（11）突出屋面的有围护结构的楼梯间、水箱间、电梯机房等按围护结构外围水平面积计算建筑面积。

（12）突出墙外的门斗按围护结构外围水平面积计算建筑面积。

（13）跨越其他建筑物的高架单层建筑物，按其水平投影面积计算建筑面积。

2）需要计算一般建筑面积的范围

（1）用深基础做地下室架空加以利用，层高超过 2.2 m 的，按架空层外围的水平面积的一半计算建筑面积。

（2）有柱雨篷按柱外围水平面积计算建筑面积；独立柱的雨篷按顶盖的水平投影面积的一半计算建筑面积。

（3）有柱的车棚、货棚、站台等按柱外围水平面积计算建筑面积；单排柱、独立柱的车棚、货棚、站台等按顶盖的水平投影面积的一半计算建筑面积。

（4）封闭式阳台、挑廊，按其水平面积计算建筑面积。凹阳台、挑阳台、有柱阳台按其水平投影面积的一半计算建筑面积。

（5）建筑物墙外有顶盖和柱的走廊、檐廊按其投影面积的一半计算建筑面积。

（6）两个建筑物间有顶盖和柱的架空通廊，按通廊的投影面积计算建筑面积。无顶盖的架空通廊按其投影面积的一半计算建筑面积。

（7）室外楼梯作为主要通道和用于疏散的均按每层水平投影面积计算建筑面积；楼内有楼梯室外楼梯按其水平投影面积的一半计算建筑面积。

3．不计算建筑面积的范围

（1）突出墙面的构（配）件和艺术装饰，如柱、垛、勒脚、台阶、挑檐、庭园、无柱雨篷、悬挑窗台等。

（2）检修、消防等用的室外爬梯。

（3）层高在 2.2 m 以内的技术层。

（4）没有围护结构的屋顶水箱，建筑物上无顶盖的平台（露台），舞台及后台悬挂幕布、布景的天桥、挑台。

（5）建筑物内外的操作平台、上料平台及利用建筑物的空间安置箱罐的平台。

（6）构筑物，如独立烟囱、烟道、油罐、贮油（水）池、贮仓、园库、地下人防工程等。

（7）单层建筑物内分隔的操作间、控制室、仪表间等单层房间。

（8）层高小于 2.2 m 的深基础地下架空层、坡地建筑物吊脚、架空层。

（9）建筑层高 2.2 m 及以下的均不计算建筑面积。

三、房产面积测算的精度要求

房屋建筑面积测算均应以中误差作为评定精度的标准，以 2 倍中误差作为房屋建筑面积测算的最大限差。房产面积测算的限差和中误差，见表 12-9。

表 12-9　房屋面积测算的中误差与限差　　　　　　（S 为房产面积，m^2）

房屋面积精度等级	房屋面积中误差/m^2	房屋面积误差限差/m^2
一级	$0.01\sqrt{S}+0.0003S$	$0.02+\sqrt{S}+0.0006S$
二级	$0.02\sqrt{S}+0.001S$	$0.04+\sqrt{S}+0.002S$
三级	$0.04\sqrt{S}+0.003S$	$0.08+\sqrt{S}+0.006S$

（1）有特殊要求的用户和城市商业中心黄金地段的建筑面积测算精度，可采用一级精度。

（2）对新建商品房（及以前为测算的）建筑面积测算精度，可采用二级精度要求。

（3）对其他房产建筑面积测算精度，可采用三级中误差。

如何保证房屋的精度要求，必须从边长丈量时就加以限制。根据有关的精度要求进行房屋的边长测量，可保证绝大部分的房屋面积精度在规定的限差之内，对应于房屋面积误差的边长测量误差限差的要求，见表 12-10。

表 12-10　对应于房屋面积误差的边长测量误差限差　　　　（D 为边长，m）

房屋面积精度等级	边长测量中误差/m	边长测量误差限差/m
一级	$0.007+0.0002D$	$0.014+0.0004D$
二级	$0.014+0.0007D$	$0.028+0.0014D$
三级	$0.028+0.002D$	$0.056+0.004D$

四、房产套面积计算与共有面积分摊

1．共有建筑面积的分类和确认

根据共有建筑面积的使用功能，共有建筑面积分类，见表 12-11。

表 12-11　共有建筑面积分类

分　类	内　容
全幢共有的建筑面积	全幢共有的建筑面积指为整幢服务的共有共用的建筑面积。全幢共有的建筑面积应全幢进行分摊
功能区共有共用的建筑面积	功能区共有共用的建筑面积指专为某一功能区服务的共有共用的建筑面积。如某幢楼内专为某一商业区或办公服务的警卫值班室、卫生间、管理用房等。这一类专为某一功能区服务的共有建筑面积，应由该功能区内部分摊
层共有建筑面积	由于功能设计不同，共有建筑面积有时也不相同，各层的共有建筑面积不同时，则应区分各层的共有建筑面积，由各层进行分摊。如果一幢楼各层的套型一致，各层的共有建筑面积相同，如普通的住宅楼，则可以以幢为单位，按幢进行一次共有建筑面积的分摊，直接求出各套的分摊面积。对于多功能的综合楼或商住楼，共有建筑面积的分摊比较复杂，一般要进行二级或三级，甚至多级的分摊。因此在对共有建筑面积分摊之前，应对本幢楼的共有建筑面积进行认定后，再决定其分摊层次与归属

2. 套内建筑面积的内容

（1）套内使用面积。套内使用面积为套内房屋空间的净面积，按水平投影面积计算。一般应根据内墙面之间的水平距离计算，内墙面的装饰厚度应计入使用面积。

（2）套内墙体面积。套内自有墙体面积全部计算套内墙体面积。套与套之间的共有墙体，套与公共部位的共有墙体，套与外墙（包括山墙的墙体），均按墙体的中线计入套内墙体面积。

（3）套内阳台面积。套内阳台建筑面积均按阳台外围与房屋外墙之间的水平投影面积计算，其中封闭阳台按外围水平投影面积全部计算建筑面积；不封闭的阳台按外围水平投影面积的一半计算建筑面积；没有封顶的阳台不计算建筑面积。

3. 套内建筑面积的计算

（1）层、功能区、幢建筑面积的计算，见表 12-12。

表 12-12　层、功能区、幢建筑面积的计算

名　称	公　式	解　释
层建筑面积的计算	$S_{ci} = \sum S_{Ti} + \Delta S_{ci}$	S_{ci}——第 i 层的建筑面积，i 为层号； S_{Ti}——本层内第 i 套的建筑面积，i 为套号； ΔS_{ci}——第 i 层内共有共用的建筑面积，i 为层号
功能区建筑面积的计算	$S_{gi} = S_{ci} + \Delta S_{gi}$	S_{gi}——第 i 个功能区的建筑面积，i 为功能区号； S_{ci}——本功能区内第 i 层的建筑面积，i 为层号； ΔS_{gi}——第 i 个功能区内共有共用的建筑面积，i 为功能区号

（续表）

名　称	公　式	解　释
幢面积的计算	$S_z = \sum S_{gi} + \Delta S_z$	S_z——全幢的总建筑面积； S_{gi}——本幢内各功能区的建筑面积； ΔS_z——本幢由全幢分摊的幢共有建筑面积
面积计算的检核	$S_z = \sum S_{Ti} + \sum \Delta S$	S_z——全幢的总建筑面积； $\sum S_{Ti}$——本幢内各套建筑面积之总和； $\sum \Delta S$——本幢内全部共有面积之总和； 　即 $\sum \Delta S$ 为各层、各功能区，还有幢的共有面积之和

（2）外墙体一半的面积计算。共有建筑面积中包括套与公共建筑之间的分隔离以及外墙（包括山墙）水平投影面积一半的建筑面积。由于在实际计算中一般使用中线尺寸，即墙体中线至另一墙体中线尺寸，因此套与公共建筑之间的分隔墙都已包括在套面积与公共建筑面积之内，其墙体面的一半已归入共有建筑面积之中而被分摊，不存在另外再分摊的情况，需要分摊的只有外墙（包括山墙）水平投影面积一半的建筑面积。

（3）住宅楼共有建筑面积的分摊。住宅楼的共有建筑面积以幢为单位进行分摊，根据整幢的共有建筑面积和整幢套面积的总和求取整幢住宅楼的分摊系数；根据各套房屋的套内建筑面积，求得各套房屋的分摊面积。各套房屋的分摊面积为：

$$K_z = \Delta S_z / \sum S_{Ti} \qquad \delta S_{Tiz} \times S_{Ti} \tag{12-5}$$

式中　K_z——整幢房屋共有建筑面积的分摊系数；

　　　S_{Ti}——幢内第 i 套房屋套内建筑面积，i 为套号；

　$\sum S_{Ti}$——整幢房屋各套房屋内套内建筑面积的总和；

　　ΔS_z——整幢房屋的共有共用建筑面积；

　δS_{Tiz}——各套房屋的分摊建筑面积。

住宅楼房屋的共有建筑面积计算：整幢房屋的建筑面积扣除整幢房屋各套套内建筑面积之和，并扣除作为独立使用的地下室、车棚、车库等和多幢房屋的警卫室、管理用房、设备用房以及人防工程等不应计入共有建筑面积的面积，即得出整幢住宅的共有建筑面积。

习题与思考

12-1　简述土地与地籍的含义。

12-1　地籍测量与房产测量的关系是什么？

12-3　地籍测量与修测中变更地籍测量的定义及程序是什么？

12-4　房产调查的基本内容有哪些？

12-5　房屋面积的类型有哪些？

第十三章　建筑变形测量

内容提要

掌握：产生变形的原因，变形测量的任务；变形控制测量的方法；沉降观测的方法；位移观测的方法。

了解：动态变形测量、日照变形测量、风振变形观测和裂缝变形观测。

第一节　建筑变形测量概述

一、产生变形的原因

导致建筑物变形的原因有很多，其中主要的原因有两个方面：一方面是自然条件及其变化，即建筑物地基的工程地质、水文地质、土的物理性质、大气温度和风力等因素引起。例如，同一建筑物由于基础的地质条件不同，引起建筑物不均匀沉降，使其发生倾斜或裂缝；另一方面是建筑物自身的原因，即建筑物本身的荷载、结构、形式及动荷载（如风力、振动等）的作用。此外，勘测、设计、施工的质量及运行管理工作的不合理也会引起建筑物的变形。

二、变形测量的任务

周期性的对所设置的观测点（或建筑物某部位）进行重复观测，以求得在每个观测周期内的变化量是变形测量的任务。若需测量瞬时变形，可采用各种自动记录仪器测定其瞬时位置。

三、观测周期

变形测量的观测周期，应根据建（构）筑物的特征、变形速率、观测精度要求和工程地质条件等因素综合考虑。观测过程中，根据变形量的变化情况，应适当调整。一般在施工过程中，频率应大些，周期可以为 3 d、7 d、15 d 等，等竣工投产后，频率可小些，一般为一个月、两个月、三个月、半年及一年等。若遇特殊情况，还应增加观测的次数。

四、观测精度

建筑物变形测量的等级及精度要求，见表 13-1。

表 13-1　建筑变形测量的级别、精度指标及适用范围

变形测量级别	沉降观测 观测点测站高差中误差/mm	位移观测 观测点坐标中误差/mm	主要适用范围
特级	±0.05	±0.3	特高精度要求的特种精度工程的变形测量
一级	±0.15	±1.0	地基基础设计为甲级的建筑的变形测量；重要的古建筑和特大型市政桥梁等变形测量等
二级	±0.5	±3.0	地基基础设计为甲、乙级的建筑的变形测量；场地滑坡测量；重要管线的变形测量；地下工程施工及运营中变形测量；大型市政桥梁变形测量等
三级	±1.5	±10.0	地基基础设计为乙、丙级的建筑的变形测量；地表、道路及一般管线的变形测量；中小型市政桥梁变形测量等

五、变形测量的基本规定

（1）以下建筑在施工和使用期间，应进行变形测量：

① 地基基础设计等级为甲级的建筑。

② 复合地基或软弱地基上的设计等级为乙级的建筑。

③ 加层、扩建建筑。

④ 受邻近深基坑开挖施工影响或受场地地下水等环境因素变化影响的建筑。

⑤ 需要积累经验或进行设计反分析的建筑。

（2）建筑变形测量精度级别的确定，应符合下列规定：

① 按下列原则确定精度级别。

A. 当只给定单一变形允许值时，应按所估算的观测点精度选择相应的精度级别。

B. 当给定多个同类型变形允许值时，应分别估算观测点精度，根据其中最高精度选择相应的精度级别。

C. 平面控制网技术要求，见表 13-2。当估算出的观测点精度低于表 13-2 中三级精度的要求时，应采用三级精度。

表 13-2　平面控制网技术要求

级　　别	平均边长/m	角度中误差/（″）	边长中误差/mm	最弱边边长相对中误差
一级	200	±1.0	±1.0	1：200 000
二级	300	±1.5	±3.0	1：10 000
三级	500	±2.5	±10.0	1：50 000

② 其他建筑变形测量工程，可根据设计、施工的要求，应按照表 13-2 的规定，选取相应的精度级别。

③ 当需要采用特级精度时，应对作业过程和方法作出专门的设计与论证实施。

（3）沉降观测点测站高差中误差应按下列规定进行估算。

① 按照设计的沉降观测网，计算网中最弱观测点高程的协因数 Q_H，待求观测点间高差的协因数 Q_h。

② 单位权中误差即观测点测站高差中误差 μ，应按下式估算：

$$\mu = m_s / \sqrt{2Q_H} \tag{13-1}$$

$$\mu = m_{\Delta s} / \sqrt{2Q_H} \tag{13-2}$$

式中 m_s——沉降量 s 的测定中误差（mm）；

$m_{\Delta s}$——沉降差 Δs 的测定中误差（mm）。

③ 式中的 m_s 和 $m_{\Delta s}$，应按下列规定确定：

A. 沉降量、平均沉降量等绝对沉降的测定中误差 m_s，对于特高精度要求的工程可按地基条件，结合经验具体分析确定；对于其他精度要求的工程，可按低、中、高压缩性地基土或微风化、中风化、强风化地基岩石的类别及建筑对沉降的敏感程度的大小分别选 ± 0.5 mm、± 1.0 mm、± 2.5 mm。

B. 基坑回弹、地基土分层沉降等局部地基沉降以及膨胀土地基沉降等的测定中误差 m_s，不应超过其变形允许值的 $1/20$。

C. 平置构件挠度等变形的测定中误差，不应其超过变形允许值的 $1/6$。

D. 沉降差、基础倾斜、局部倾斜等相对沉降的测定中误差，不应超过其变形允许值的 $1/20$。

E. 对于具有科研及特殊目的的沉降量或沉降差的测定中误差，可根据要求将上述各项中误差乘以系数 $1/5 \sim 1/2$ 后采用。

（4）位移观测点坐标中误差，应按下列规定进行估算。

① 应按照设计的位移观测网，计算网中最弱观测点坐标的协因数 Q_x、待求观测点间坐标差的协因数 $Q_{\Delta x}$。

② 单位权中误差即观测点坐标中误差 μ，应按下式估算：

$$\mu = m_d / \sqrt{2Q_x} \tag{13-3}$$

$$\mu = m_{\Delta d} / \sqrt{2Q_{\Delta x}} \tag{13-4}$$

式中 m_d——位移分量 d 的测定中误差（mm）；

$m_{\Delta d}$——位移分量差 Δd 的测定中误差（mm）。

③ 式中的 m_d 和 $m_{\Delta d}$ 应按下列规定确定：

A. 对建筑基础水平位移、滑坡位移等绝对位移时，可按规定选取精度级别。

B. 受基础施工影响的位移、挡土设施位移等局部地基位移的测定中误差，不应超过其变形允许值分量的 $1/20$。变形允许值分量应按变形允许值的 $1/\sqrt{2}$ 采用。

C. 建筑的顶部水平位移、工程设施的整体垂直挠曲、全高垂直度偏差、工程设施水平轴线偏差等建筑整体变形的测定中误差，不应超过其变形允许值分量的 $1/10$。

D. 高层建筑层间相对位移、竖直构件的挠度、垂直偏差等结构段变形的测定中误差，不应超过其变形允许值分量的 1/6。

E. 基础的位移差、转动挠曲等相对位移的测定中误差，不应超过其变形允许值分量的 1/20。

F. 对于科研及特殊目的的变形量测定中误差，可根据需要将上述各项中误差乘以系数后采用。

(5) 建筑变形测量的观测周期。

① 建筑变形测量应按确定的观测周期与总次数进行观测。变形观测周期的确定应以能系统地反映所测建筑变形的变化过程、且不遗漏其变化时刻为原则。并应综合考虑单位时间内变形量的大小、变形特征、观测精度要求及外界因素影响情况。

② 建筑变形测量的首次（即零周期）观测应连续进行两次独立观测，并取观测结果的中数作为变形测量初始值。

③ 一个周期的观测应在短时间内完成。不同观测周期观测时，宜采用相同的观测网形、观测路线和观测方法，并用同一测量仪器和设备。对于特级和一级变形观测，应在固定观测人员、最佳观测时段在相同的环境和条件下观测。

(6) 当建筑变形观测过程中发生下列情况之一时，必须立即报告委托方，且应及时增加观测次数或调整变形测量方案：

① 变形量或变形速率出现异常变化。

② 变形量达到或超出预警值。

③ 周边或开挖面出现塌陷、滑坡。

④ 建筑本身、周边建筑及地表出现异常。

⑤ 由于地震、暴雨、冻融等自然灾害引起的其他变形异常情况。

第二节　变形控制测量

一、变形控制测量的一般规定

(1) 建筑变形测量基准点和工作基点的设置，符合下列规定：

① 建筑沉降观测应设置高程基准点。

② 建筑位移和特殊变形观测应设置平面基准点，必要时应设置高程基准点。

③ 当基准点离所测建筑距离较远，以致变形测量作业不方便时，宜设置工作基点。

(2) 变形测量的基准点应设置在变形区域以外、位置稳定、易于长期保存的地方，并应定期复测。复测周期应视基准点所在位置的稳定情况确定，在建筑施工过程中应 1～2 月复测一次，点位稳定后宜每季度或每半年复测一次。当观测点变形测量成果出现异常，或当测区受到地震、洪水、爆破等外界因素影响时，应及时进行复测。

(3) 变形测量基准点的标石、标志埋设后，应待其达到稳定后方可开始观测。稳定期应根据观测要求与地质条件确定，且不应少于 15 d。

(4) 当有工作基点时，每期变形观测时均应将其与基准点进行联测，然后在对观测点进行观测。

(5) 变形控制测量的精度级别应不低于沉降或位移观测的精度级别。

二、高程基准点的选择

1. 高程基准点和工作基点位置的选择

（1）高程基准点和工作基点，应避开交通干道主路、地下管线、仓库堆栈、水源地、河岸、松软填土、滑坡地段、机器振动区以及其他可能使标石、标志易遭腐蚀和破坏的地方。

（2）高程基准点应选设在变形影响范围以外且稳定、易于长期保存的地方。在建筑区内，其点位与邻近建筑的距离应大于建筑基础最大宽度的 2 倍，其标石埋深应大于邻近建筑基础的深度。高程基准点也可选择在基础深且稳定的建筑上；

（3）高程基准点、工作基点之间，应便于进行水准测量。当使用电磁波测距三角高程测量方法进行观测时，应使各点周围的地形条件一致。当使用静力水准测量方法进行沉降观测时，用于联测观测点的工作基点宜与沉降观测点设在同一高程面上，偏差不应超过±1 cm。当不能满足这一要求时，应设置上、下高程不同，但位置垂直对应的辅助点传递高程。

2. 高程基准点和工作基点标志的选型和埋设要求

（1）高程基准点的标石应埋设在基岩层或原状土层中，可根据点位所在处的不同地质条件，选择埋基岩水准基点标石、深埋双金属管水准基点标石、深埋钢管水准基点标石、混凝土基本水准标石。在基岩壁或稳固的建筑上也可埋设墙上水准标志；

（2）高程工作基点的标石可按点位不同的要求，选用浅埋钢管水准标石、混凝土普通水准标石或墙上水准标志等；

（3）特殊土地区和有特殊要求的标石、标志规格及埋设，应另行设计。

三、平面基准点的选择

1. 平面基准点和工作基点的布设要求

（1）各级别位移观测的基准点（含方位定向点）不应少于 3 个，工作基点可根据需要设置。

（2）基准点、工作基点应便于检核校验。

（3）当使用 GPS 测量方法进行平面或三维控制测量时，基准点位置还应满足下列要求：

① 应便于安置接收设备和操作。

② 视场内障碍物的高度角不宜超过 15°。

③ 离电视台、电台、微波站等大功率无线电发射源的距离不应小于 200 m；离高压输电线和微波无线电信号传输通道的距离不应小于 50 m；附近不应有强烈反射卫星信号的大面积水域、大型建筑以及热源等。

④ 通视条件好，应方便采用常规测量手段进行联测。

2. 平面基准点和工作基点标志的形式和埋设要求

（1）对特级、一级位移观测的平面基准点、工作基点，应建造具有强制对中装置的观测墩或埋设专门观测标石，强制对中装置的对中误差不应超过±0.1 mm。

（2）照准标志应具有明显的几何中心或轴线，并应符合图像反差大、图案对称，相位差小和不变形等要求。根据点位的不同情况，可选用重力平衡球式标、旋入式杆状标、直插式觇牌、屋顶标和墙上标等形式的标志。

（3）对用作平面基准点的深埋式标志、兼作高程基准的标石和标志，及特殊土地区或有特殊要求的标石、标志及其埋设应另行设计。

四、平面控制测量的精度要求

（1）测角网、测边网、边角网、导线网或 GPS 网的最弱边边长中误差，不应大于所选级别的观测点坐标中误差。

（2）工作基点相对于邻近基准点的点位中误差，不应大于所选级别的观测点点位中误差。

（3）用基准线法测定偏差值的中误差，不应大于所选级别的观测点坐标中误差。

五、水准观测的要求

1. 水准测量进行高程控制或沉降观测要求

（1）各等级水准测量使用的仪器型号和标尺类型，见表 13-3。

表 13-3　水准测量的仪器型号和标尺类型

级　　别	使用的仪器型号			标尺类型		
	DS05、DSZ05 型	DS1、DSZ1 型	DS3、DSZ3 型	因瓦尺	条码尺	区格式木制标尺
特级	√	×	×	√	√	×
一级	√	×	×	√	√	×
二级	√	√	×	√	√	×
三级	√	√	√	√	√	√

注：表中"√"表示允许使用；"×"表示不允许使用。

（2）使用光学水准仪和数字水准仪进行水准测量作业的基本方法应符合现行国家标准《国家一、二等水准测量规范》（GB/T 12897—2006）和《国家三、四等水准测量规范》（GB/T 12898—2009）中的相关规定。

（3）一、二、三级水准测量的观测方式，见表 13-4。

表 13-4　一、二、三级水准测量观测方式

级　　别	高程控制测量、工作基点联测及首次沉降观测			其他各次沉降观测		
	DS05、DSZ05 型	DS1、DSZ1 型	DS3、DSZ3 型	DS05、DSZ05 型	DS1、DSZ1 型	DS3、DSZ3 型
一级	往返测	—	—	往返测或单程双测站	—	—
二级	往返测或单程双测站	往返测或单程双测站	—	单程观测	单程双测站	—
三级	单程双测站	单程双测站	往返测或单程双测站	单程观测	单程观测	单程双测站

（4）特级水准观测的观测次数 r 可根据所选精度和使用的仪器类型，按下式估算，并作调整后确定：

$$r = (m_0/m_h)^2 \tag{13-5}$$

式中 m_h——测站高差中误差；

m_0——水准仪单程观测每测站高差中误差估值（mm）。

对 DS05 型和 DSZ05 型仪器，m_0 可按下式计算：

$$m_0 = 0.025 + 0.0029\,S \tag{13-6}$$

式中 S——最长视线长度（m）。

对按上式估算的结果，应按下列规定执行：

① 当 $1 < r \leqslant 2$ 时，应采用往返观测或单程双测站观测。

② 当 $2 < r < 4$ 时，应采用两次往返观测或正反向各按单程双测站观测。

③ 当 $r \leqslant 1$ 时，对高程控制网的首次观测、复测、各周期观测中的工作基点稳定性检测及首次沉降观测应进行往返测或单程双测站观测。从第二次沉降观测开始，可进行单程观测。

2. 水准观测技术要求

（1）水准观测的视线长度、前后视距差和视线高度，见表 13-5。

表 13-5 水准观测的视线长度、前后视距差和视线高度 （单位：m）

级 别	视线长度	前后视距差	前后视距差累积	视线高度
特级	$\leqslant 10$	$\leqslant 0.3$	$\leqslant 0.5$	$\geqslant 0.8$
一级	$\leqslant 30$	$\leqslant 0.7$	$\leqslant 1.0$	$\geqslant 0.5$
二级	$\leqslant 50$	$\leqslant 2.0$	$\leqslant 3.0$	$\geqslant 0.3$
三级	$\leqslant 75$	$\leqslant 5.0$	$\leqslant 8.0$	$\geqslant 0.2$

注：1. 表中的视线高度为下丝读数；

    2. 当采用数字水准仪观测时，最短视线长度不宜小于 3 m，最低水平视线高度不应低于 0.6 m。

（2）水准观测的限差，见表 13-6。

表 13-6 水准观测的限差 （单位：mm）

级 别		基辅分划读数之差	基辅分划所测高差之差	往返较差及附合或环线闭合差	单程双测站所测高差较差	检测已测测段高差之差
特级		0.15	0.2	$\leqslant 0.1\sqrt{n}$	$\leqslant 0.07\sqrt{n}$	$\leqslant 0.15\sqrt{n}$
一级		0.3	0.5	$\leqslant 0.3\sqrt{n}$	$\leqslant 0.2\sqrt{n}$	$\leqslant 0.45\sqrt{n}$
二级		0.5	0.7	$\leqslant 1.0\sqrt{n}$	$\leqslant 0.7\sqrt{n}$	$\leqslant 1.5\sqrt{n}$
三级	光学测微法	1.0	1.5	$\leqslant 3.0\sqrt{n}$	$\leqslant 2.0\sqrt{n}$	$\leqslant 4.5\sqrt{n}$
	中丝读数法	2.0	3.0			

注：1. 当采用数字水准仪观测时，对同一尺面的两次读数差不设限差，两次读数所测高差之差的限差执行基辅分划所测高差之差的限差；

    2. 表中 n 为测站数。

3．水准仪水准标尺检验后的要求

（1）对用于特级水准观测的仪器，i 角不得大于 $10''$；对用于一、二级水准观测的仪器，i 角不得大于 $15''$；对用于三级水准观测的仪器；i 角不得大于 $20''$。补偿式自动安平水准仪的补偿误差绝对值不得大于 $0.2''$。

（2）水准标尺分划线的分米分划线误差和米分划间隔真长与名义长度之差，对线条式因瓦合金标尺不应大于 0.1 mm，对区格式木质标尺不应大于 0.5 mm。

4．水准观测作业的要求

（1）应在标尺分划线成像清晰和稳定的条件下进行观测。不得在日出后或日落前约半小时、中午前后、风力大于四级、气温骤变时，及标尺分划线的成像跳动、难以照准时进行观测。阴天时可全天观测。

（2）观测前半小时，应将仪器置于露天阴影下，使仪器与外界气温趋于一致。设站时，应用测伞遮挡阳光。使用数字水准仪前，还应进行预热。

（3）使用数字水准仪时，应避免望远镜正对太阳，并避免视线被遮挡。仪器应在其生产厂家规定的温度范围内工作。振动源造成的振动消失后，才能启动测量键。当地面振动较大时，应随时增加重复测量次数。

（4）每测段往测与返测的测站数均应为偶数，否则应加入标尺零点差改正。由往测转向返测时，两标尺应互换位置，并应重新整置仪器。在同一测站上观测时，不得两次调焦。转动仪器的倾斜螺旋和测微鼓时，其最后旋转方向，均应为旋进。

（5）对各周期观测过程中发现的相邻观测点高差变动迹象、地质地貌异常、附近建筑基础和墙体裂缝等情况，应做好记录，并画草图。

5．静力水准测量作业要求核技术要求

（1）观测前向连通管内充水时，不得将空气带入，可采用自然压力排气充水法或人工排气充水法进行充水。

（2）连通管应平放在地面上，当通过障碍物时，应防止连通管在竖向出现"Ω"形，而形成滞气死角。连通管任何一段的高度都应低于蓄水罐底部，且不得低于 20 cm。

（3）观测时间应选在气温最稳定的时段，观测读数应在液体完全呈静态下进行。

（4）测站上安置仪器的接触面应清洁、无灰尘杂物。仪器对中误差不应大于 ±2 mm，倾斜度不应大于 $10'$。使用固定式仪器时，应有校验安装面的装置，校验误差不应大于 ±0.05 mm。

（5）应采用两台仪器对向观测。当条件不具备时，也可采用一台仪器往返观测。每次观测，可取 2～3 个读数的中数作为一次观测值。根据读数设备的精度和沉降观测级别，读数较差限值应为 0.02～0.04 mm。

（6）静力水准测量的技术要求，见表 13-7。

表 13-7　静力水准观测技术要求

级　别	特　级	一　级	二　级	三　级
仪器类型	封闭式	封闭式 闭口式	闭口式	闭口式
读数方式	接触式	接触式	目视式	目视式

（续表）

级　别	特　级	一　级	二　级	三　级
两次观测高差较差/mm	±0.1	±0.3	±1.0	±3.0
环线及附合路线闭合差/mm	$\pm 0.1\sqrt{n}$	$\pm 0.3\sqrt{n}$	$\pm 1.0\sqrt{n}$	$\pm 3.0\sqrt{n}$

注：n 为高差个数。

六、GPS 测量的要求

1. GPS 测量的基本技术要求

基本技术要求，见表 13-8。

表 13-8　GPS 测量的基本技术要求

级　别		一　级	二　级	三　级
卫星截止高度角/（°）		≥15	≥15	≥15
有效观测卫星数		≥6	≥5	≥4
观测时段长度/min	静态	30～90	20～60	15～45
	快速静态	—	—	≥15
数据采样间隔/s	静态	10～30	10～30	10～30
	快速静态	—	—	5～15
PDOP		≤5	≤6	≤6

2. GPS 观测作业的基本要求

（1）对于一、二级 GPS 测量，应使用零相位天线和强制对中器安置 GPS 接收机天线，对中精度应高于 ±0.5 mm，天线应统一指向北方。

（2）作业中，应严格按规定的时间计划进行观测。

（3）经检查接收机电源电缆和天线等各项连接无误后，方可开机。

（4）开机后，经检验有关指示灯与仪表显示正常后，方可进行自测试，输入测站名和时段等控制信息。

（5）接收机启动前与作业过程中，应填写测量手簿中的记录项目。

（6）每时段应进行一次气象观测。

（7）每时段开始、结束时，应分别量测一次天线高，并取其平均值作为天线高。

（8）观测期间应防止接收设备振动，并防止人员和其他物体碰动天线或阻挡信号。

（9）观测期间，不得在天线附近使用电台、对讲机和手机等无线电通信设备。

（10）寒冷天气时，接收机应适当保暖。炎热天气时，接收机应避免阳光直接照晒，确保接收机正常工作。雷电、风暴天气不宜进行测量。

（11）同一时段观测过程中，不得进行下列操作：

① 接收机关闭又重新启动。

② 进行自测试。

③ 改变卫星截止高度角。

④ 改变数据采样间隔。

⑤ 改变天线位置。

⑥ 按动关闭文件和删除文件功能键。

七、电磁波测距三角高程测量的要求

（1）对水准测量确有困难的二、三级高程控制测量，可采用电磁波距三角高程测量，并按规定使用专用觇牌和配件。对更高精度或特殊的高程控制测量确需采用三角高程测量时，应进行详细设计和论证。

（2）电磁波测距三角高程测量的视线长度不宜大于 300 m，且不得超过 500 m，视线垂直角不得超过 10°。视线高度和离开障碍物的距离不得小于 1.3 m。

（3）电磁波测距三角高程测量应优先采用中间设站观测方式，也可采用每点设站、往返观测方式。当采用中间设站观测方式时，每站的前后视线长度之差，二级高程控制测量不得超过 15 m，三级高程控制测量不得超过视线长度的 1/10；前后视距差累积，二级高程控制测量不得超过 30 m，三级高程控制测量不得超过 100 m。

（4）电磁波测距三角高程测量施测的主要技术要求，应符合下列规定：

① 三角高程测量边长的测定，当采取中间设站观测方式时，前、后视各观测 2 测回。

② 垂直角观测的测回数与限差，见表 13-9。垂直角观测应采用觇牌为照准目标，按表 13-9 的要求采用中丝双照准法观测。当采用中间设站测方式分两组观测时，垂直角观测的顺序宜为下式。

第一组：后视—前视—前视—后视（照准上目标）；

第二组：前视—后视—后视—前视（照准上目标）。

表 13-9　垂直角观测的测回数与限差

级　　别	二　　级		三　　级	
仪器类型	DJ05	DJ1	DJ1	DJ2
测回数	4	6	4	6
两次照准目标读数差/（″）	1.5	4	4	6
垂直角测回差/（″）	2	5	5	7
指标差较差/（″）	3			

每次照准后视或前视时，一次正倒镜完成该分组测回数的 1/2。中间设站观测方式的垂直角总测回数应等于每点设站、往返观测方式的垂直角总测回数。

③ 垂直角观测宜在日出后 2 h 至日落前 2 h 的时间内目标成像清晰稳定时进行。阴天和多云天气时可全天观测。

④ 仪器高、觇标高应在观测前后用经过检验的量杆或钢尺各量测一次，精确读至 0.5 mm。当较差不大于 1 mm 时取用中数。采用中间设站观测方式时可不量测仪器高。

⑤ 测定长和垂直角时，当测距仪光轴和经纬仪照准轴不共轴，或在不同觇牌高度

上分两组观测垂直角时，必须进行边长和垂直角计算后，方可计算和比较两组高差。

（5）电磁波测距三角高程测量高差的计算及其限差，应符合下列规定：

① 每点设站、往返观测时，单向观测高差应按下式计算：

$$h = D \tan \alpha_v + \frac{1-K}{2R} D^2 + I - v \qquad (13-7)$$

式中　h——三角高程测量边两端点的高差（m）；

$\quad\quad D$——三角高程测量边的水平距离（m）；

$\quad\quad \alpha_v$——垂直角；

$\quad\quad K$——大气垂直折光系数；

$\quad\quad R$——地球平均曲率半径（m）；

$\quad\quad I$——仪器高（m）；

$\quad\quad v$——觇牌高（m）。

② 中间设站观测时，应按下式计算高差：

$$h_{12} = (D_2 \tan \alpha_2 - D_1 \tan \alpha_1) + \left(\frac{D_2^2 - D_1^2}{2R}\right) - \left(\frac{D_2^2}{2R}K_2 - \frac{D_1^2}{2R}K_1\right) - (v_2 - v_1) \quad (13-8)$$

式中　h_{12}——后视点与前视点之间的高差（m）；

$\quad\quad \alpha_1$、α_2——分别为后视、前视垂直角；

$\quad\quad D_1$、D_2——分别为后视、前视水平距离（m）；

$\quad\quad K_1$、K_2——分别为后视、前视大气垂直折光系数；

$\quad\quad R$——地球平均曲率半径（m）；

$\quad\quad v_1$、v_2——分别为后视、前视觇牌高（m）。

③ 电磁波测距三角高程测量观测的限差，见表 13-10。

表 13-10　三角高程测量的限差　　　　　　　　（单位：mm）

级　　别	附合线路或环线闭合差	检测已测边高差之差
二级	$\leqslant \pm 4 \sqrt{L}$	$\leqslant \pm 6 \sqrt{D}$
三级	$\leqslant \pm 12 \sqrt{L}$	$\leqslant \pm 18 \sqrt{D}$

注：D 为测距边边长（km）；L 为附合路线或环线长度（km）。

八、水平角观测的要求

（1）各级水平角观测的技术要求，应符合下列规定：

① 水平角观测宜采用方向观测法，当方向数不多于 3 个时，可不归零；特级、一级网点亦可采用全组合测角法。导线测量中，当导线点上只有两个方向时，应按左、右角观测；当导线点上多于两个方向时，应按方向法观测。

② 二、三级水平角观测的测回数，见表 13-11。

表 13-11　水平角观测测回数

级　　别	一　　级	二　　级	三　　级
DJ05	6	4	2
DJ1	9	6	3
DJ2	—	9	6

③ 对特级水平角观测及当有可靠的光学经纬仪、电子经纬仪或全站仪精度实测数据时，可按下式估算测回数：

$$n=1/\left[\left(\frac{m_\beta}{m_\alpha}\right)^2-\lambda^2\right] \qquad (13\text{-}9)$$

式中　n——测回数，对全组合测角法取方向权 nm 之 1/2 为测回数（此处 m 为测站上的方向数）；

　　m_β——按闭合差计算的测角中误差（″）；

　　m_α——各测站平差后一测同方向中误差的平均值（″），该值可根据仪器类型、读数和照准设备、外界条件以及操作的严格与熟练程度，在下列数值范围内选取：

　　　DJ05 型仪器 0.4″～0.5″；

　　　DJ1 型仪器 0.8″～1.0″；

　　　DJ2 型仪器 1.4″～1.8″；

　　λ——系统误差影响系数，宜为 0.5～0.9。

按上式估算结果凑整取值时，对方向观测法与全组合测角法，应考虑光学经纬仪、电子经纬仪和全站仪观测度盘位置编制的要求；对动态式测角系统的电子经纬仪和全站仪，不需进行度盘配置；对导线观测应取偶数。当估算结果 n 小于 2 时，应取 n 等于 2。

（2）各级别水平角观测的限差，应符合下列要求：

① 方向观测法观测的限差，见表 13-12。

表 13-12　方向观测法限差　　　　　　　　　　　（单位：″）

仪器类型	两次照准目标读数差	半测回归零差	一测回内 2C 互差	同一方向值各测回互差
DJ05	2	3	5	3
DJ1	4	5	9	5
DJ2	6	8	13	8

注：当照准方向的垂直角超过±3°时，该方向的 2C 互差可按同一观测时间段内相邻测回进行比较，其差值仍按表中规定。

② 全组合测角法观测的限差，见表 13-13。

表 13-13 全组合测角法限差　　　　　　　　　　（单位：″）

仪器类型	两次照准目标读数差	上下半测回角值互差	同一角度各测回角值互差
DJ05	2	3	3
DJ1	4	6	5
DJ2	6	10	8

③ 测角网的三角形最大闭合差，不应大于 $2\sqrt{3}m_\beta$；导线测量每测站左、右角闭合差，不应大于 $2m_\beta$；导线的方位角闭合差，不应大于 $2\sqrt{n}m_\beta$（n 为测站数）。

（3）各级水平角观测作业，应符合下列要求：

① 使用的仪器设备在项目开始前应进行检验，项目进行中也应定期进行检验。

② 应在通视良好、成像清晰稳定时进行观测。日出、日落前后和中午前后不宜进

行观测，作业中仪器不得受阳光直接照射。当气泡偏离超过一格时，应在测回间重新整置仪器。当视线靠近吸热或放热强烈的地形地物时，应选择阴天或有风，但不影响仪器稳定的时间进行观测。当需减弱时间性水平折光影响时，应按不同时间段观测。

③ 控制网观测宜采用双照准法，在半测回中每个方向连续照准两次，并各读数一次。每站观测中，应避免二次调焦，当观测方向的边长悬殊较大、有关方向应调焦时，宜采用正倒镜同时观测法，并可不考虑 $2C$ 变动范围。对于大倾斜方向的观测，应严格控制水平气泡偏移，当垂直角超过 $3°$ 时，应进行仪器竖轴倾斜改正。

（4）当观测成果超出限差时，应按下列规定进行重测：

① 当 $2C$ 互差或各测回互差超限时，应重测超限方向，并联测零方向。

② 当归零差或零方向的 $2C$ 互差超限时，应重测该测回。

③ 在方向观测法一测回中，当重测方向数超过所测方向总数的 $1/3$ 时，应重测该测回。

④ 在一个测站上，对采用方向观测法，当基本测回重测的方向测回数超过全部方向测回总数的 $1/3$ 时，应重测该测站；对于采用全组合测角法，当重测的测回数超过全部基本测回数的 $1/3$ 时，应重测该测站。

⑤ 基本测回成果和重测成果均应记入手簿。重测成果与基本测回结果之间不得取中数，每一测回应只取用一个符合限差的结果。

⑥ 全组合测角法，当直接角与间接角互差超限时，在满足④条要求，即不超过全部基本测回数 $1/3$ 的前提下，可重测单角。

⑦ 当三角形闭合差超限需要重测时，应进行分析，选择有关测站进行重测。

九、距离测量的要求

（1）电磁波测距仪测距的技术要求，见表 13-14。除特级和其他有特殊要求的边长须专门设计外，对一、二、三级位移观测应符合表 13-14 的要求，并应按下列规定执行：

① 往返测或不同时间段观测值较差，应将斜距化算到同一水平面上，方可进行比较。

② 测距时应使用经检定合格的温度计和气压计。

③ 气象数据应在每边观测始末时在两端进行测定，取其平均值。

④ 测距边两端点的高差，对一、二级边可采用三级水准测量方法测定；对三级边可采用三角高程测量方法测定，并应考虑大气折光和地球曲率对垂直角观测值的影响。

⑤ 测距边归算到水平距离时，应在观测的斜距中加入气象改正和加常数、乘常数、周期误差改正后，化算至测距仪与反光镜的平均高程面上。

表 13-14　电磁波测距技术要求

级　别	仪器精度等级/mm	每边测回数		一测回读数间较差限值/mm	单程测回间较差限值/mm	气象数据测定的最小读数		往返或时段间较差限值
		往	返			温度/℃	气压/mmHg	
一级	≤1	4	4	1	1.4	0.1	0.1	$\sqrt{2}\,(a+b\times D\times10^{-6})$
二级	≤3	4	4	3	5.0	0.2	0.5	
三级	≤5	2	2	5	7.0	0.2	0.5	
	≤10	4	4	10	15.0	0.2	0.5	

271

注：1. 仪器精度等级系根据仪器标称精度 $(a+b\times D\times 10^{-6})$，以相应级别的平均边长 D 代入计算的测距中误差划分；

2. 一测回是指照准目标一次、读数 4 次的过程；

3. 时段是指测边的时间段，如上午、下午和不同的白天。要采用不同时段观测代替往返观测。

（2）电磁波测距作业应符合下列要求：

① 项目开始前，应对使用的测距仪进行检验；项目进行中，应对其定期检验。

② 测距应在成像清晰、气象条件稳定时进行。阴天、有微风时可全天观测；最佳观测时间宜为日出后 1 h 和日落前 1 h；雷雨前后、大雾、大风、雨、雪天和大气透明度很差时，不宜进行观测。

③ 晴天作业时，应对测距仪和反光镜打伞遮阳，严禁将仪器照准头对准太阳，不宜顺、逆光观测。

④ 视线离地面或障碍物宜在 1.3 m 以上，测站不应设在电磁场影响范围之内。

⑤ 当一测回中读数较差超限时，应重测该测回。当测回间较差超限时，可重测 2 个测回，去掉其中最大、最小两个观测值后取其平均值。如重测后测回差仍超限，应重测该测距边的所有测回。当往返测或不同时段较差超限时，应分析原因，重测单方向的距离。如重测后仍超限，应重测往、返两方向或不同时段的距离。

（3）因瓦尺和钢尺丈量距离的技术要求，见表 13-15。

表 13-15 因瓦尺及钢尺距离丈量技术要求

级 别	尺子类型	尺数	丈量总次数	定线量大偏差/mm	尺段高差较差/mm	读数次数	最小估读值/mm	最小温度读数/℃	同尺各次或同段各尺的较左/mm	经各项改正后的各次或各尺全长较差/mm
一级	因瓦尺	2	4	20	3	3	0.1	0.5	0.3	$2.5\sqrt{D}$
二级	因瓦尺	1 2	4 2	30	5	3	0.1	0.5	0.5	$3.0\sqrt{D}$
	钢尺	2	8	50	5	3	0.5	0.5	1.0	
三级	钢尺	2	6	50	5	3	0.5	0.5	2.0	$5.0\sqrt{D}$

注：1. 表中 D 是以 100 m 为单位计的长度；

2. 表列规定所适应的边长丈量相对中误差；一级 1/200 000，二级 1/100 000，三级 1/50 000。

除特级和其他有特殊要求的边长须专门设计外，对一、二、三级位移观测的边长丈量，应符合表 13-15 的要求，并应按下列规定执行：

① 因瓦尺、钢尺在使用前应按规定进行检定，并在有效期内使用。

② 各级边长测量应采用往返悬空丈量方法。使用的重锤、弹簧秤和温度计，均应进行检定。丈量时，引张拉力值应与检定时相同。

③ 当下雨、尺子横向有二级以上风或作业时的温度超过尺子膨胀系数检定时的温度范围时，不应进行丈量。

④ 网的起算边或基线宜选成尺长的整倍数。用零尺段时，应改变拉力或进行拉力改正。

⑤ 量距时，应在尺子的附近测定温度。

⑥ 安置轴杆架或引张架时应使用经纬仪定线。尺段高差可采用水准仪中丝法往返测或单程双测站观测。

⑦ 丈量结果应加入尺长、温度、倾斜改正，因瓦尺还应加入悬链线不对称、分划尺倾斜等改正。

第三节　沉降观测

一、沉降观测水准点的要求

1. 沉降观测水准点的布设和埋设

（1）水准点应尽量与观测点接近，其距离不应超过 100 m，以保证观测的精度。

（2）水准点应布设在受振区域以外的安全地点，以防止受到振动的影响。

（3）离公路、铁路、地下管道和滑坡的距离不得小于 5 m。避免埋设在低洼易积水处及松软土地带。

（4）为防止水准点受到冻胀的影响，水准点的埋设深度至少应在冰冻线下 0.5 m。一般情况下，可以利用工程施工时使用的水准点，作为沉降观测的水准基点。如果由于施工场地的水准点离建筑物较远或条件不好，为了便于进行沉降观测和提高精度，可在建筑物附近另行埋设水准基点。

（5）水准点的埋设。当观测急剧沉降的建（构）筑物时，若建造水准点已来不及，可在已有房屋或结构物上设置标志作为水准点，但这些房屋或结构物的沉降必须证明已经达到终止。在山区建设中，建筑物附近常有基岩，可在岩石上凿一洞，用水泥砂浆直接将金属标志嵌固于岩层之中，岩石必须稳固。当场地为砂土或其他不利情况下，应建造深埋水准点或专用水准点。

2. 沉降观测水准点高程的测定

沉降观测水准点的高程应根据厂区永久水准基点引测，采用Ⅱ等水准测量的方法测定。

往返测误差不得超过 $\pm 1\sqrt{n}$ mm（n 为测站数），或 $\pm 4\sqrt{L}$。如果沉降观测水准点与永久水准基点的距离超过 2000 m，则不用引测绝对标高，可采取假设高程。

二、观测点的选取

1. 观测点的要求

（1）观测点应牢固稳定，确保点位安全，能长期保存。

（2）观测点的上部必须为突出的半球形状或有明显的突出之处，与柱身或墙身保持一定的距离。

（3）要保证在点上能垂直置尺和良好的通视条件。

2. 观测点的形式与埋设

1）设备基础观测点的形式及埋设

一般用铆钉或钢筋来制作，将其埋入混凝土内，其形式如下：

（1）垫板式。用长 60 mm、直径 20 mm 的铆钉，下部焊 40 mm×40 mm×5 mm 的钢板，如图 13-1（a）所示。

（2）弯钩式。将长 100 mm、直径 20 mm 的铆钉一端弯成直角，如图 13-1（b）所示。

（3）燕尾式。将长 80～100 mm、直径 20 mm 的铆钉在尾部中间劈开，做成夹角为 30°左右的燕尾形，如图 13-1（c）所示。

（4）"U"字式。用直径 20 mm、长约 220 mm 左右的钢筋弯成"U"形，倒埋在混凝土中，如图 13-1（d）所示。

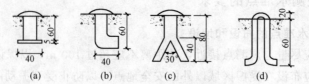

图 13-1 设备基础观测点（单位：mm）

(a) 垫板式；(b) 弯钩式；(c) 燕尾式；(d) "U"字式

如观测点使用期长，应埋设有保护盖的永久性观测点，如图 13-2（a）所示。对于一般工程，如因施工紧张而观测点加工不及时，可用直径 20～30 mm 的铆钉或钢筋头（上部锉成半球状）埋置于混凝土中作为观测点，如图 13-2（b）所示。

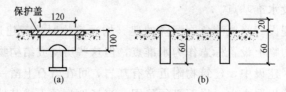

图 13-2 永久性观测点（单位：mm）

2）建筑沉降观测点的形式和埋设

（1）预制墙式观测点，如图 13-3 所示。预制墙式观测点由混凝土预制而成，其大小可做成普通黏土砖规格的 1～3 倍，中间嵌以角钢，角钢棱角向上，并在一端露出 50 mm。在砌砖墙勒脚时，将预制块砌入墙内，角钢露出端与墙面夹角为 50°～60°。

（2）用直径 20 mm 的钢筋，一端弯成 90°角，一端制成燕尾形埋入墙内，如图 13-4 所示。

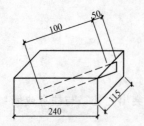

图 13-3 预制墙式观测点（单位：mm）

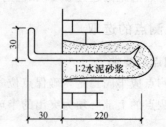

图 13-4 燕尾形观测点（单位：mm）

（3）用长 120 mm 的角钢，在一端焊一铆钉头，另一端埋入墙内，并用 1：2 水泥砂浆填实，如图 13-5 所示。

3）柱身观测点的形式及设置

（1）钢筋混凝土柱用钢凿在柱子±0.000 标高以上 10～50 cm 处凿洞（或在预制时留孔），将直径 20 mm 以上的钢筋或铆钉，制成弯钩形，水平向插入洞内，以 1：2 水泥砂浆填实，如图 13-6（a）所示；也可采用角钢作为标志，埋设时使其与柱面成 50°～60°的倾斜角，如图 13-6（b）所示。

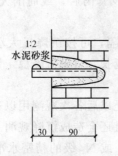 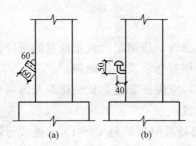

图 13-5　角钢埋设观测点（单位：mm）　　　**图 13-6　钢筋混凝土柱观测点**（单位：mm）

（2）钢柱将角钢的一端切成使脊背与柱面成 50°～60°的倾斜角，将此端焊在钢柱上，如图 13-7（a）所示；或将铆钉弯成钩形，将其一端焊在钢柱上，如图 13-7（b）所示。

图 13-7　钢柱观测点（单位：mm）

4）注意事项

（1）铆钉或钢筋埋在混凝土中露出的部分，不宜过高或过低。过高易被碰斜、撞弯；过低不易寻找，且水准尺放置在点上会与混凝土面接触，影响观测质量。

（2）观测点应垂直埋设，与基础边缘的间距不得小于 50 mm。埋设后将四周混凝土压实，待混凝土凝固后用红油漆编号。

（3）埋点应在基础混凝土将达到设计标高时进行。如混凝土已凝固须增设观测点时，可用钢凿在混凝土面上确定的位置凿一洞，将标志埋入，用 1：2 水泥砂浆灌实。

三、沉降观测的方法及规定

1. 沉降观测工作要求

（1）固定人员观测和整理成果。

（2）固定使用的水准仪及水准尺。

（3）固定使用的水准点。

（4）按规定的日期、方法及路线进行观测。

2. 沉降观测的时间和次数

（1）较大荷重增加前后（如基础浇筑、回填土、安装柱子、房架、砖墙每砌筑一层楼、设备安装、设备运转、工业炉砌筑期间、烟囱每增加 15 m 左右等），均应进行沉降观测。

（2）如施工期间停工时间较长，应在停工时和复工前进行观测。

（3）当基础附近地面荷重突然增加、周围大量积水及暴雨后，或周围大量挖方等，均应进行沉降观测。

工程投入生产后，应连续进行观测。观测时间的间隔，可按沉降量大小及速度而定。开始时间隔短一些，随着沉降速度的减慢，可逐渐延长，直到沉降稳定为止。

3. 沉降观测点首次高程测定和对使用仪器的要求

（1）首次高程测定。沉降观测点首次观测的高程值是以后各次观测用以进行比较的根据，如初测精度不够或存在错误，不仅无法补测，而且还会造成沉降观测工作中的矛盾现象，因此必须提高初测精度。如有条件，应采用 N_2 或 N_3 级的精密水准仪进行首次高程测定。同时每个沉降观测点首次高程，应在进行两次观测后确定。

（2）仪器的要求。对于一般精度要求的沉降观测，要求仪器的望远镜放大率不得小于 24 倍，气泡灵敏度不得大于 $15''/2$ mm，可采用适合四等水准测量的水准仪。但精度要求较高的沉降观测，应采用 N_2 或 N_3 级的精密水准仪进行观测。

四、建筑沉降观测

（1）在进行建筑沉降观测时，应测定建筑及地基的沉降量、沉降差及沉降速度，并计算基础倾斜、局部倾斜、相对弯曲及构件倾斜。

（2）沉降观测点的布置，应保证能全面反映建筑及地基变形特征并结合地质情况及建筑结构特点。点位选设位置：

① 建筑的四角、大转角处及沿外墙每 10～15 m 处或每隔 2～3 根柱基础上。

② 高低层建筑、既有建筑、纵横墙等交接处的两侧。

③ 建筑裂缝和沉降缝两侧、基础埋深相差悬殊处、人工地基与天然地基接壤处、不同结构的分界处及填挖方分界处。

④ 宽度≥15 m，或<15 m、地质复杂以及膨胀土地区的建筑，在承重内隔墙中部设内墙点，并在室内地面中心及四周设地面点。

⑤ 邻近堆置重物处、受振动影响明显的部位及基础下的暗浜（沟）处。

⑥ 框架结构建筑的每个或部分柱基础上或沿纵横轴线设点。

⑦ 筏形基础、箱形基础底板或接近基础的结构部分的四角处及其中部位置。

⑧ 重型设备基础和动力设备基础的四角、基础形式或埋深改变处以及地质条件变化处两侧。

⑨ 电视塔、烟囱、水塔、油罐、炼油塔、高炉等高耸建筑，沿周边与基础轴线相交的对称位置上布点，点数不少于 4 个。

（3）沉降观测的标志可根据不同的建筑结构类型和建筑材料，采用墙（柱）标志、基础标志和隐蔽式标志等形式。各类标志的立尺部位应加工成半球形或有明显的突出点，并涂上防腐剂。标志的埋设位置应避开有碍设标与观测的障碍物（如雨水管、窗台线、散热器、暖水管、电气开关等），并应视立尺需要离开墙（柱）面和地面一定距离。

（4）沉降观测点的施测精度，应符合相关规定。

（5）沉降观测的周期和观测时间应结合具体情况确定。

① 建筑施工阶段的观测，应随施工进度及时进行。一般建筑，可在基础完工后或地下室砌完后开始观测，大型、高层建筑，可在基础垫层或基础底部完成后开始观测。观测次数与间隔时间应视地基与加荷情况而定。民用建筑可每加高 1～5 层观测一次；工业建筑可按不同施工阶段（如回填基坑、安装柱子和屋架、砌筑墙体、设备安装等）分别进行观测。如建筑物均匀增高，应在增加荷载的 25％、50％、75％和 100％时各测一次。施工过程中如暂时停工，应在停工时及重新开工时各观测一次。停工期间，可每隔 2～3 个月观测一次。

② 建筑物使用阶段的观测次数，应视地基土类型和沉降速率大小确定。除有特殊要求者外，一般情况下，第一年观测 3～4 次，第二年观测 2～3 次，第三年后每年 1 次，直至稳定为止。

③ 在观测过程中，如有基础附近地面荷载突然增减、基础四周大量积水、长时间连续降雨等情况，应及时增加观测次数。当建筑物突然发生大量沉降、不均匀沉降或严重裂缝时，应立即进行逐日或 2～3 d 一次的连续观测。

④ 沉降是否进入稳定阶段，应由沉降量与时间关系曲线进行判定。当最后 100 d 的沉降速率小于 0.01～0.04 mm/d，可认定已进入稳定阶段，具体取值应根据各地区地基土的压缩性确定。

（6）沉降观测点的观测方法和技术要求应符合有关规定，同时还应符合下列要求。

① 对特级、一级沉降观测，应按《建筑变形观测规范》（JGJ 8—2007）中的相关规定执行。

② 对二级、三级观测点，除建筑物转角点、交接点、分界点等主要变形特征点外，可允许使用间视法进行观测，且视线长度不得大于相应等级规定的长度。

③ 观测时，仪器应避免安置在有空压机、搅拌机、卷扬机等振动影响的范围内，塔式起重机等施工机械附近也不宜设站。

④ 每次观测应记录施工进度、荷载量变动、建筑物倾斜裂缝等各种影响沉降变化和异常的情况。

（7）每周期观测后，应及时对观测资料进行整理，计算观测点的沉降量、沉降差以及本周期平均沉降量和沉降速度。如需要可按下列公式计算变形特征值。注意弯曲量以向上凸起为正，反之为负。

① 基础倾斜 α：

$$\alpha = (s_i - s_j)/L \tag{13-10}$$

式中　s_i——基础倾斜方向端点 i 的沉降量（mm）；

s_j——基础倾斜方向端点 j 的沉降量（mm）；

L——基础两端点 i、j 间的距离（mm）。

② 基础相对弯曲 f_c：

$$f_c = [2s_k - (s_i + s_j)]/L \qquad (13-11)$$

式中　s_k——基础中点 k 的沉降量（mm）；

其他符号意义同上所述。

（8）观测工作结束后，整理并提交以下成果：

① 工程平面位置图及基准点分布图。

② 沉降观测点位分布图。

③ 沉降观测成果表。

④ 时间-荷载-沉降量曲线图。

⑤ 等沉降曲线图。

五、基坑回弹观测

（1）基坑回弹观测，应测定深埋大型基础在基坑开挖后，因卸除地基土自重而引起的基坑内外影响范围内相对于开挖前的回弹量。

（2）回弹观测点位的布置，应按基坑形状及地质条件"最少的点数能测出所需各纵横断面回弹量"为原则进行。可利用回弹变形的近似对称特性，按下列要求布点：

① 矩形基坑，应在基坑中央及纵（长边）横（短边）轴线上布设，纵向每 8～10 m 布设一点，横向每 3～4 m 布设一点。其他不规则的基坑，可与设计人员商定。

② 基坑外的观测点，应在所选坑内方向线的延长线上距基坑深度 1.5～2 倍距离内布置。

③ 所选点位遇到地下管道或其他构筑物时，可将观测点移至与其对应方向线的空位上。

④ 在基坑外相对稳定且不受施工影响的地点，设工作基点及为寻找标志用的定位点。

⑤ 观测路线应组成起、止于工作基点的闭合或附合路线，使其具有检核条件。

（3）回弹标志应埋入基坑底面以下 20～30 cm。埋设方法可根据开挖深度和地层土质情况，采用钻孔法或探井法。根据埋设与观测方法的不同，标志形式可采用辅助杆压入式、钻杆送入式或直埋式标志。

（4）回弹观测精度，可按相关规定以给定或预估的最大回弹量为变形允许值进行估算后确定。最弱观测点相对邻近工作基点的高差中误差，不应大于 ±1.0 mm。

（5）回弹观测不应少于三次。第一次应在基坑开挖之前，第二次应在基坑挖好之后，第三次应在浇筑基础混凝土之前。当基坑挖完至基础施工的间隔时间较长时，应适当增加观测次数。

（6）基坑开挖前的回弹观测，可采用水准测量配以铅垂钢尺读数的钢尺法；较浅基坑的观测，亦可采用水准测量配辅助杆垫高水准尺读数的辅助杆法。观测结束后，应在观测孔底充填厚度约为 1 m 的白灰。回弹观测设备与作业，应符合下列要求：

① 钢尺在地面的一端，应用三脚架、滑轮、拉力计和重锤牵拉；在孔内的一端，应配以能在读数时准确接触回弹标志头的装置。一般观测时，可配挂磁锤；当基坑较深、地质条件复杂时，可用电磁探头装置观测；基坑较浅时，可用挂钩法，标志顶端应

加工成弯钩状。

② 辅助杆宜用空心、两头封口的金属管制成，顶部加工成半球状，并在顶部侧面安置圆水准器，杆长以放入孔内后露出地面 20～40 cm 为宜。

③ 测前与测后应对钢尺和辅助杆的长度进行检定。长度检定中误差，不应大于回弹观测测站高差中误差的 1/2。

④ 每一测站的观测可按先"后视水准点上标尺面"，再"前视孔内尺面"的顺序进行，每组读数三次，以反复进行两组作为一测回。每站不应少于两测回，并测记孔内温度。观测结果应加入尺长和温度的改正。

（7）基坑开挖后的回弹观测，应利用传递到坑底的临时工作点，按所需的观测精度，用水准测量的方法及时测出每一观测的标高。当全部点挖好后，再统一观测一次。

（8）观测工作结束后，整理并提交以下成果：

① 回弹观测点位平面布置图。

② 回弹量纵、横断面图。

③ 回弹观测成果表。

六、地基土分层沉降观测

（1）进行分层沉降观测时，应测定高层和大型建筑物地基内部各分层土的沉降量、沉降速度及有效压缩层的厚度。

（2）分层沉降观测点，应在建筑物地基中心附近约为 2 m×2 m，或各点间距不大于 50 cm 的较小范围内，沿铅垂线方向上的各层土内布置。点位数量与深度，应根据分层土的分布情况确定，每一土层设一点，最浅的点位应在基础底面下不小于 50 cm 处，最深的点位应在超过压缩层理论厚度处，或设在压缩性低的砾石或岩石层上。

（3）分层沉降观测标志的埋设，应采用钻孔法。

（4）分层沉降观测精度，可按分层沉降观测点相对于邻近工作基点或基准点的高差中误差不大于 ±1.0 mm 的要求设计确定。

（5）分层沉降观测精度，应按周期用精密水准仪或自动分层沉降仪测出各标顶的高程，并计算沉降量。

（6）分层沉降观测，应从基坑开挖后、基础施工前开始，直至建筑竣工后沉降稳定时为止，观测周期可参照建筑物沉降观测的规定确定。首次观测应在标志埋好 5 d 后进行。

（7）观测工作结束后，整理并提交以下成果：

① 地基土分层标点位置图。

② 地基土分层沉降观测成果表。

③ 各土层 p-s-z（荷载-沉降-深度）曲线图。

七、建筑场地沉降观测

（1）建筑场地沉降观测，应测定建筑相邻影响范围内的相邻地基沉降及建筑相邻影响范围外的场地地面沉降。

（2）相邻地基沉降观测点，可选在建筑物纵、横轴线或边线的延长线上，也可选在通过建筑物重心的轴线延长线上。其点位间距应视基础类型、荷载大小及地质条件以能测出沉降的零点线为原则进行确定。点位可在以建筑物基础深度1.5～2倍的距离为半径的范围内，由外墙附近向外由密到疏布设，距离基础最远的观测点应设置在沉降量为零的沉降临界点外。场地地面沉降观测点，应在相邻地基沉降观测点布设线路之外的地面上均匀布点。具体可根据地质地形条件选用平行轴线方格网法、沿建筑物四角辐射网法或散点法布设。

（3）相邻地基沉降观测点标志，可分为用于监测安全的浅埋标与用于结合科研的深埋标两种。浅埋标可采用普通水准标石或用直径25 cm左右的水泥管现场浇筑，埋深1～2 m；深埋标可采用内管外加保护管的标石形式，埋深应与建筑物基础深度相适应，标石顶部须埋入地面下20～30 cm，并砌筑带盖的窨井加以保护。场地地面沉降观测点的标志与埋设，应根据观测要求确定，可采用浅埋标。

（4）建筑场地沉降观测可采用水准测量方法进行。水准路线的布设、观测精度及其他技术要求，可参照建筑物沉降观测的有关规定执行。观测周期，应根据不同任务要求、产生沉降的不同情况及沉降速度等因素具体分析确定。对基础施工相邻地基沉降观测，应在基坑开挖中每天观测一次；混凝土底板浇筑完10 d后，可每2～3 d观测一次，直至地下室顶板完工；此后可每周观测一次至回填土完工。场地沉降观测的周期，可参考建筑物沉降观测的有关规定确定。

（5）观测工作结束后，整理并提交以下成果：

① 场地沉降观测点平面布置图。

② 场地沉降观测成果表。

③ 相邻地基沉降的 d-s（距离-沉降）曲线图。

④ 场地地面等沉降曲线图。

八、建筑竣工后的沉降变形观测

（1）在高层建筑的施工过程中，由于施工速度较快，土层不能立即承受到全部的荷载，随着时间的变化，沉降量也随之增加。因此，高层建筑竣工后也需进行变形观测。从以往的资料分析，竣工后第一年应每月一次，第二年每两个月一次，第三年每半年一次，第四年开始每年观测一次，直至稳定为止。在软土层地基建造高层建筑，虽采取打桩、深基础等措施，但沉降是不可避免的。因此，可进行长期观测，确保建筑物的安全；如发生不均匀沉降现象，应及时采取措施。

（2）高层建筑中的沉降观测以Ⅱ等水准精度要求。位移观测准确至毫米，读数至0.5 mm。角度观测时必须用2″及以上精度的经纬仪进行观测，以能算至0.5 mm为宜。

九、沉降观测问题的处理

1. 曲线在首次观测后即出现回升现象

在第二次观测时即发现曲线上升，至第三次后，曲线又逐渐下降。发生此种现象，一般都是由于初测精度不高，从而使观测成果存在较大误差所引起的。在处理这种情况时，如曲线回升超过5 mm，应将第一次观测成果作废，而采用第二次观测成果作为初测成果；如曲线回升在5 mm之内，则可调整初测标高与第二次观测标高一致。

2. 曲线自某点起渐渐回升

水准点下沉会导致曲线自某点起渐渐回升。如采用设置于建筑物上的水准点，会由于建筑物尚未稳定而下沉；或埋设的水准点由于埋设地点不当，时间不长，以致发生下沉现象。水准点是逐渐下沉的，且沉降量较小，但建筑物初期沉降量较大，即当建筑物沉降量大于水准点沉降量时，曲线不发生回升。到后期，建筑物下沉逐渐稳定，如水准点继续下沉，则曲线就会发生逐渐回升现象。因此在选择或埋设水准点时，特别是在建筑物上设置水准点时，应保证其点位的稳定性。如已查明确是水准点下沉而使曲线渐渐回升，则应测出水准点的下沉量，以便修正观测点的标高。

3. 曲线在中间某点突然回升

若水准点或观测点被碰动会导致曲线在中间某点突然回升。且只有当水准点碰动后低于被碰前的标高及观测点被碰后高于被碰前的标高时，才有出现回升现象的可能。由于水准点或观测点被碰撞，其外形必有损伤，比较容易发现。如水准点被碰动，可改用其他水准点继续观测。如观测点被碰后已活动，则应另行埋设新点；若碰动后点位牢固，则可继续使用。因为标高改变，因此应对标高进行相应的处理，其办法是：选择结构、荷重及地质等条件都相同的邻近另一沉降观测点，取该点在同一期间内的沉降量，作为被碰动观测点之沉降量。此法虽不能真正反映被碰动观测点的沉降量，如选择适当，可得到比较接近实际情况的结果。

4. 曲线中断现象

由于沉降观测点是埋设在柱基础面上进行观测，在柱基础二次灌浆时没有埋设新点并进行观测，或者由于原观测点被碰动，使后设置的观测点绝对标高不一致，使得曲线中断。为了将中断曲线连接，可按照处理曲线在中间某点突然回升现象的办法，估求出未做观测期间的沉降量，并将新设置的沉降点不计其绝对标高，而取其沉降量，一并加入原沉降点的累计沉降量中去。

5. 曲线的波浪起伏现象

曲线在后期呈现波浪起伏现象，此种现象在沉降观测中最常遇到。其原因不是由建筑物下沉所致，而是测量误差所造成的。曲线在前期波浪起伏不突出，是因为下沉量大于测量误差；但到后期，由于建筑物下沉极微或已接近稳定，因此在曲线上就出现测量误差比较突出的现象。处理这种现象时，应根据整个情况进行分析，决定自某点起，将波浪形曲线改为水平线。

第四节　位移观测

一、位移观测的一般规定

（1）建筑位移观测可根据实际情况，分别或组合测定建筑主体倾斜、水平位移、挠度、建筑物倾斜和基坑壁侧向位移，并对建筑场地滑坡进行监测。

（2）位移观测，应根据建筑的特点和施测要求做好观测方案的设计和技术准备工作，并取得委托方及有关人员的配合。

（3）位移观测的标志，应根据不同建筑的特点进行设计。标志应牢固、适用、美观。若条件不允许或对于高耸建筑，也可选定变形体上特征明显的塔尖、避雷针、圆柱（球）体边缘等作为观测点。对基坑等临时性结构或岩土体，标志应坚固、耐用、便于保护。

（4）位移观测，可根据现场作业条件和经济因素等选用视准线法、测角交会法或方向差交会法、极坐标法、激光准直法、投点法、测小角法、测斜法、正倒垂线法、激光位移计自动测记法、GPS法、激光扫描法或近景摄影测量法等。

（5）各类建筑位移观测，应根据相关规范的规定及时提交相应的阶段性成果和综合成果。

二、建筑主体倾斜观测

（1）对建筑主体进行倾斜观测时，应测定建筑顶部观测点相对于底部固定点或上层相对于下层观测点的倾斜度、倾斜方向及倾斜速率。刚性建筑的整体倾斜，可通过测量顶面或基础的差异沉降间接确定。

（2）主体倾斜观测点和测站点的布设需满足下列要求：

① 当从建筑外部观测时，测站点的点位应选在与倾斜方向成正交的方向线上距照准目标 1.5～2 倍目标高度的固定位置。当利用建筑内部竖向通道观测时，可将通道底部中心点作为测站点。

② 对于整体倾斜，观测点及底部固定点应沿着对应测站点的建筑主体竖直线，在顶部和底部上下对应布设；对于分层倾斜，应按分层部位上下对应布设。

③ 按前方交会法布设的测站点，基线端点的选设应考虑测距或长度丈量的要求。按方向线水平角法布设的测站点，应设置好定向点。

（3）主体倾斜观测点位的标志设置需满足下列要求：

① 建筑顶部和墙体上的观测点标志可采用埋入式照准标志。当有特殊要求时，应专门设计。

② 不便埋设标志的塔形、圆形建筑及竖直构件，可照准视线所切同高边缘确定的位置或用高度角控制的位置作为观测点位。

③ 位于地面的测站点和定向点，可根据不同的观测要求，使用带有强制对中装置的观测墩或混凝土标石。

④ 对于一次性倾斜观测的项目，观测点标志可采用标记形式或直接利用符合位置与照准要求的建筑特征部位，测站点可采用小标石或临时性标志。

（4）主体倾斜观测的精度可根据给定的倾斜量允许值，当由基础倾斜间接确定建筑整体倾斜时，基础差异沉降的观测精度应按沉降观测布点原则。

（5）主体倾斜观测的周期可视倾斜速度每 1～3 个月观测一次。当基础附近因大量堆载或缺载、场地降雨、长期积水等而导致倾斜速度加快时，应适当增加观测次数。倾斜观测应避开强日照和风荷载影响大的时间段。

（6）当从建筑或构件的外部观测主体倾斜时，宜选用经纬仪观测法：

① 投点法。观测时，应在底部观测点位置安置水平读数尺等量测设施。在每测站安置经纬仪投影时，应按正倒镜法测出每对上下观测点标志间的水平位移分量，按矢量相加法求得水平位移值（倾斜量）和位移方向（倾斜方向）。

② 测水平角法。对塔形、圆形建筑或构件，每测站的观测应以定向点作为零方向，测出各观测点的方向值和至底部中心的距离，计算顶部中心相对底部中心的水平位移分量。对矩形建筑，可在每测站直接观测顶部观测点与底部观测点之间的夹角或上层观测点与下层观测点之间的夹角，以所测角值与距离值计算整体的或分层的水平位移分量和位移方向。

③ 前方交会法。所选基线应与观测点组成最佳构形，交会角宜在 60°～120°之间。水平位移的计算，可采用直接由两周期观测方向值之差解算坐标变化量的方向差交会法；也可采用按每周期计算观测点坐标值，以坐标差计算水平位移的方法。

（7）当利用建筑或构件的顶部与底部之间的竖向通视条件进行主体倾斜观测时，应选用下列观测方法：

① 激光铅直仪观测法。应在顶部适当位置安置接收靶，在其垂线下的地面或地板上安置激光铅直仪或激光经纬仪，按一定周期进行观测，在接收靶上直接读取或量出顶部的水平位移量和位移方向。作业中仪器应严格置平、对中，旋转 180°观测两次取其中数。对超高层建筑，当仪器设在楼体内部时，应考虑大气湍流影响。

② 激光位移计自动记录法。将位移计安置在建筑底层或地下室地板上，接收装置可设在顶层或需要观测的楼层，激光通道可用未使用的电梯井或楼梯间隔，测试室宜选在靠近顶部的楼层内。当位移计发射激光时，从测试室的光线示波器上可直接获取位移图像及有关参数，并自动记录成果。

③ 正、倒垂线法。垂线宜选用直径 0.6～1.2 mm 的不锈钢丝或因瓦丝，并采用无缝钢管保护。采用正垂线法时，垂线上端可锚固在通道顶部或所需高度处设置的支点上。采用倒垂线法时，垂线下端可固定在锚块上，上端设浮筒。用以稳定重锤、浮筒的油箱中应装有阻尼液。观测时，由观测墩上安置的坐标仪、光学垂线仪、电感式垂线仪等量测设备，按一定周期测出各测点的水平位移量。

④ 吊垂球法。应在顶部或所需高度处的观测点位置上，直接或支出一点悬挂适当重量的垂球，在垂线下的底部固定毫米格网读数板等读数设备，直接读取或量出上部观测点相对底部观测点的水平位移量和位移方向。

（8）当利用相对沉降量间接确定建筑整体倾斜时，可选用下列方法：

① 倾斜仪测记法。可采用水管式倾斜仪、水平摆倾斜仪、气泡倾斜仪或电子倾斜仪进行观测。倾斜仪应具有连续读数、自动记录和数字传输的功能。监测建筑上部层面倾斜时，仪器可安置在建筑顶层或需要观测的楼层的楼板上。监测基础倾斜时，仪器可安置在基础面上，以所测楼层或基础面的水平倾角变化值反映和分析建筑倾斜的变化程度。

② 测定基础沉降差法。在基础上布设观测点，应采用水准测量方法，以所测各周期基础的沉降差换算，求出建筑整体倾斜度及倾斜方向。

（9）倾斜观测工作结束后，整理并提交以下成果：

① 倾斜观测点位布置图。

② 倾斜观测成果表。

③ 主体倾斜曲线图。

三、建筑水平位移观测

（1）建筑水平位移观测点的位置应选在墙角、柱基础及裂缝两边等处。标志可采用墙上标志，具体形式及埋设应根据点位条件和观测要求确定。

（2）水平位移观测的周期，对于不良地基土地区的观测，可与建筑沉降观测协调确定；对于受基础施工影响的观测，应按施工进度的需要确定，可每日或隔 2～3 d 观测一次，直至施工结束。

（3）当测量地面观测点在特定方向的位移时，可采用视准线法、激光准直法、测边角法等。

（4）当采用视准线法测定位移时，应符合下列规定：

① 在视准线两端各自向外的延长线上，应埋设检核点。在观测成果的处理中，应考虑视准线端点的偏差改正。

② 采用活动觇牌法进行视准线测量时，观测点偏离视准线的距离不应超过活动觇牌读数尺的读数范围。在视准线一端安置经纬仪或视准仪，瞄准安置在另一端的固定觇牌进行定向，待活动觇牌的照准标志正好移至方向线上时方可读数。每个观测点应按确定的测回数进行往返测。

③ 采用小角法进行视准线测量时，视准线应按平行于待测建筑边线布置，观测点偏离视准线的偏角不应超过 30″，如图 13-8 所示。偏离值 d，可按下式计算：

$$d = \alpha/\rho \cdot D \tag{13-12}$$

式中　α——偏角（″）；

$\quad\quad\ D$——从观测端点到观测点的距离（m）；

$\quad\quad\ \rho$——常数，其值为 206 265″。

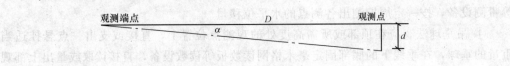

图 13-8　小角法

（5）当采用激光准直法测定位移时，有以下要求：

① 使用激光经纬仪准直法时，当要求具有 $10^{-5} \sim 10^{-4}$ 量级准直精度时，可采用 DJ2 型仪器配置氦-氖激光器或半导体激光器的激光经纬仪及光电探测器或目测有机玻璃方格网板；当要求达到 10^{-6} 级精度时，可采用 DJ1 型仪器配置高稳定性氦-氖激光器或半导体激光器的激光经纬仪及高精度光电探测系统。

② 对较长距离的高精度准直，可采用三点式激光衍射准直系统，或衍射频谱成像及投影成像激光准直系统；对短距离的高精度准直，可采用衍射式激光准直仪或连续成像衍射板准直仪。

③ 激光仪器在使用前必须进行检校，仪器发射出的激光束轴线、发射系统轴线和望远镜照准轴三线应重合，观测目标与最小激光斑重合。

（6）当采用测边角法测定位移时，对主要观测点，以该点为测站测出对应视准线端点的边长和角度，求得偏差值。对其他观测点，可选相应的主要观测点为测站，测出其对应观测点的距离与方向值，按坐标法求得偏差值。角度观测测回数与长度的丈量精度，应根据要求的偏差值观测中误差确定。测量观测点任意方向位移时，可视观测点的分布情况，采用前方交会或方向差交会及极坐标等方法。单个建筑可采用直接量测位移分量的方向线法，在建筑纵、横轴线的相邻延长线上设置固定方向线，定期测出基础的纵向和横向位移。对观测内容较多的大测区或观测点远离稳定地区的测区，应采用测角、测边、测边角及 GPS 与基准线法相结合的综合测量方法。

（7）水平位移观测工作结束后，整理并提交以下成果：

① 水平位移观测点位布置图。

② 水平位移观测成果表。

③ 水平位移曲线图。

四、基坑壁侧向位移观测

（1）基坑壁侧向位移观测，应测定基坑围护结构桩墙顶水平位移和桩墙深层挠曲。基坑壁侧向位移观测的精度，应根据基坑支护结构类型、基坑形状、大小和深度、周边建筑及设施的重要程度、工程与水文地质条件及设计变形报警预估值等因素综合确定。基坑壁侧向位移观测可根据现场条件，使用视准线法、测小角法、前方交会法或极坐标法，并应同时使用测斜仪或钢筋计、轴力计等进行观测。

（2）当使用规准线法、测小角法、前方交会法或极坐标法测定基坑壁侧向位移时，应符合下列规定：

① 基坑壁侧向位移观测点，应沿基坑周边桩墙顶每隔 10～15 m 布设一点。

② 侧向位移观测点宜布置在冠梁上，可采用铆钉枪射入铝钉，也可钻孔埋设膨胀螺栓或用环氧树脂胶粘标志。

③ 测站点宜布置在基坑围护结构的直角上。

（3）当采用测斜仪测定基坑壁侧向位移时，应符合下列规定：

① 测斜仪器应采用可连续进行多点测量的滑动式仪器。

② 测斜管应布设在基坑每边中部及关键部位，并埋设在围护结构桩墙内或其外侧的土体内，埋设深度应与围护结构入土深度一致。

③ 将测斜管吊入孔或槽内时，应使十字形槽口对准观测的水平位移方向。连接测斜管时应对准导槽，使其保持在一条直线上。管底端应装底盖，每个接头处及底盖处应密封好。

④ 埋设于基坑围护结构中的测斜管，应绑扎在钢筋笼上，放入孔或槽内，浇筑混凝土后固定在桩墙中或外侧。

⑤ 埋设在土体中的测斜管，应用地质钻机成孔，将分段测斜管连接放入孔内，测斜管连接部分应密封处理，测斜管与钻孔壁之间空隙宜回填细砂或水泥与膨润土拌和的灰浆，配合比应根据土层的物理力学性能和水文地质情况确定。测斜管的埋设深度应与围护结构入土深度一致。

⑥ 测斜管埋好后，应停留一段时间，使测斜管与土体或结构连为一整体。

⑦ 观测时，可由管底开始向上提升测头至待测位置，或沿导槽全长每隔 500 mm（轮距）测读一次，将测头旋转 180° 再测一次。两次观测位置（深度）应一致，以此作为一测回。每周期观测可测两测回，每个测斜导管的初测值，应测四测回，观测成果取

285

其中数。

（4）当采用钢筋计、轴力计等物理测量仪表测定基坑主要结构的轴力、钢筋内力及监测基坑四周土体内土体压力、孔隙水压力时，应能反映基坑围护结构的变形特征。对变形大的区域，应适当加密观测点位和增设相应测量仪表。

（5）基坑壁侧向位移观测的周期，应符合下列规定：

① 基坑开挖期间应 2～3 d 观测一次，位移速率或位移量大时应每天 1～2 次。

② 当基坑壁的位移速率或位移量迅速增大或出现其他异常时，应适当增加观测次数，并立即将观测结果报告委托方。

（6）基坑壁侧向位移观测工作结束后，整理并提交以下成果：

① 基坑壁位移观测点布置图。

② 基坑壁位移观测成果表。

③ 基坑壁位移曲线图。

五、建筑场地滑坡观测

（1）建筑场地滑坡观测应测定滑坡的周界、面积、滑动量、滑移方向、主滑线及滑动速度，并根据需要进行滑坡预报。滑坡观测点位的布设需满足以下要求：

① 滑坡面上的观测点应均匀布设。滑动量较大和滑动速度较快的部位，应适当增加布点。

② 滑坡周界内、外稳定的部位，均应布设观测点。

③ 主滑方向和滑动范围已明确时可根据滑坡规模选取十字形或格网形平面布点方式；主滑方向和滑动范围不明确时，可根据现场条件，采用放射形平面布点方式。

④ 需要测定滑坡体深部位移时，应将观测点钻孔位置布设在主滑线上，并可对滑坡体上局部滑动和可能具有的多层滑动面进行观测。

⑤ 对已加固的滑坡，应在其支挡锚固结构的主要受力构件上布设应力计和观测点。

（2）滑坡观测点位的标石、标志及其埋设的要求：

① 土体上的观测点可埋设预制混凝土标石。根据观测精度要求，顶部的标志可采用具有强制对中装置的活动标志或嵌入加工成半球状的钢筋标志。标石埋深不宜小于 1 m，在冻土地区应埋至当地冻土线以下 0.5 m。标石顶部应露出地面 20～30 cm。

② 岩体上的观测点可采用砂浆现场浇筑的钢筋标志。凿孔深度不宜小于 10 cm。标志埋好后，其顶部应露出岩体面 5 cm。

③ 必要的临时性或过渡性观测点及观测周期短、次数少的小型滑坡观测点，可埋设硬质大木桩，顶部应安置照准标志，底部应埋至当地冻土线下。

④ 滑坡体深部位移观测钻孔，应穿过潜在滑动面进入稳定的基岩面以下不小于 1 m。观测钻孔应铅直，孔径应不小于 110 mm。

（3）滑坡观测的周期视滑坡的活跃程度及季节变化等情况而定，应符合下列规定：

① 在雨季，应每半月或一月测一次；干旱季节，可每季度测一次。

② 当发现滑坡速度增快，或遇暴雨、地震、解冻等情况时，应增加观测次数。

③ 当发现有大的滑坡可能或其他异常时，应增加观测次数，并立即将观测结果报告委托方。

（4）滑坡观测点的位移观测方法，可根据现场条件，按下列要求选用：

① 当建筑数量多、地形复杂时，宜采用以三方向交会为主的测角前方交会法，交会角宜在 $50°\sim110°$ 之间，长短边不宜悬殊；也可采用测距交会法、测距导线法以及极坐标法。

② 对视野开阔的场地，当面积小时，可采用放射线观测网法，从两个测站点上按放射状布设交会角在 $30°\sim150°$ 之间的若干条观测线，两条观测线的交点即为观测点。每次观测时，应用解析法或图解法测出观测点偏离两测线交点的位移量。当场地面积大时，可采用任意方格网法，其布设和观测方法与放射线观测网相同，但应适当增加测站点与定向点。

③ 对带状滑坡，当通视较好时，可采用测线支距法。在与滑动轴线的垂直方向布设若干条测线，沿测线选定测站点、定向点与观测点。每次观测时，应用支距法测出观测点的位移量与位移方向。当滑坡体窄且长时，可采用十字交叉观测网法。

④ 对于抗滑墙（桩）和要求高的单独测线，可选用视准线法。

⑤ 对可能有大滑动的滑坡，除采用测角前方交会等方法外，还可采用数字近景摄影测量方法，测定观测点的水平和垂直位移。

⑥ 当符合 GPS 观测条件和满足观测精度要求时，可采用单机多天线 GPS 观测方法观测。

（5）滑坡观测工作结束后，整理并提交以下成果：

① 滑坡观测点位布置图。

② 观测成果表。

③ 观测点位移与沉降综合曲线图。

六、挠度观测

（1）建筑基础和建筑主体以及墙、柱等独立构筑物的挠度观测，应按一定的周期测定其挠度值。

（2）挠度观测的周期，应根据荷载情况并考虑设计、施工要求确定。

（3）建筑基础挠度观测可与建筑沉降观测同时进行。

（4）观测点应沿基础的轴线或边线布设，每一轴线或边线上不得少于 3 点。

（5）建筑主体挠度观测，除观测点应按建筑结构类型在各不同高度或各层处沿一定垂直方向布设外，其标志设置、观测方法应按规定执行。挠度值应由建筑上不同高度点相对于底部固定点的水平位移值确定。独立构筑物的挠度观测，除可采用建筑主体挠度观测要求外，当观测条件允许时，亦可用挠度计、位移传感器等设备直接测定挠度值。

（6）挠度值及跨中挠度值，应按下列公式计算。

① 挠度值 f_{d} 为：

$$f_{d} = s_{E} - s_{A} - \frac{L_{AE}}{L_{AE} + L_{EB}} \times (s_{B} - s_{A}) \tag{13-13}$$

式中　s_{A}、s_{B}——基础上 A、B 点的沉降量或位移量（mm）；

　　　　s_{E}——基础上 E 点的沉降量或位移量（mm），E 点位于 A、B 两点之间；

　　　　L_{AE}——A、E 之间的距离（m）；

　　　　L_{EB}——E、B 之间的距离（m）。

② 跨中挠度值 f_{dc} 为：

$$f_{dc} = s_{0} - s_{1} - 1/2 \times (s_{2} - s_{1}) \tag{13-14}$$

式中　s_{0}——基础中点的沉降量或位移量（mm）；

　　　s_{1}、s_{2}——基础两个端点的沉降量或位移量（mm）。

（7）挠度观测工作结束后，整理并提交以下成果：

① 挠度观测点布置图。

② 观测成果表。

③ 挠度曲线图。

七、建筑物倾斜观测

1．一般建筑物的倾斜观测

对于一般性建筑物的观测方法主要分为直接观测法和间接观测法。

1）直接观测法

在观测前，应用经纬仪在建筑物同一个竖直面的上下部位，各设置一个观测点，如图 13-9 所示。M 为上观测点，N 为下观测点。如果建筑物发生倾斜，则 MN 连线随之倾斜。观测时，在距离大于建筑物高度的地方安置经纬仪，照准上观测点 M，用盘左、盘右分中法将其向下投测得 N' 点。如 N' 与 N 点不重合，则说明建筑物产生倾斜，N' 与 N 点之间的水平距离 d 即为建筑物的倾斜值。若建筑物高度为 H，则建筑物的倾斜度 i 为：

$$i = d/H \tag{13-15}$$

2）间接观测法

建筑物发生倾斜，主要是由于地基的不均匀沉降造成的。如通过沉降观测测出建筑物的不均匀沉降量 Δh，如图 13-10 所示，则偏移值可由下式计算：

$$\delta = \frac{\Delta h}{L} H \tag{13-16}$$

式中　δ——建筑物上下部相对位移值；

　　　Δh——基础两端点的相对沉降量；

　　　L——建筑物的基础宽度（m）；

　　　H——建筑物的高度（m）。

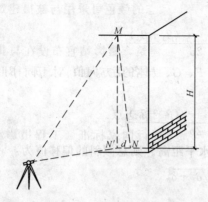
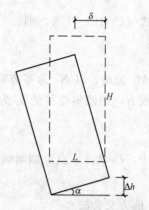

图 13-9 直接观测法测倾斜   **图 13-10 间接观测法测倾斜**

2. 塔式建筑物的倾斜观测

对于塔式建筑物的倾斜观测主要分为纵横轴线法和前方交会法。

1）纵横轴线法

如图 13-11 所示，以烟囱为例，在拟测建筑物的纵、横两轴线方向上，距建筑物 1.5～2 倍建筑物高处选定两个点作为测站，图中为 M_1 和 M_2。在烟囱横轴线上布设观测标志 A、B、C、D 点，在纵轴线上布设观测标志 E、F、G、H 点，并选定通视良好的固定点 N_1 和 N_2 作为零方向。

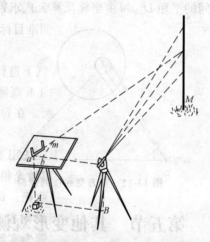

图 13-11 纵横轴线法测倾斜

观测时，在 M_1 点设站，以 N_1 为零方向，以 A、B、C、D 为观测方向，用 J2 经纬仪按方向观测法观测两个测回（若用 J6 经纬仪应测四个测回），得出方向值分别为 β_A、β_B、β_c 和 β_D，则上部中心 O 的方向值为（$\beta_B+\beta_C$）/2；下部中心 P 的方向值为（$\beta_A+\beta_D$）/2，则 O、P 在纵轴线方向水平夹角 θ_1 为：

$$\theta_1 = \frac{(\beta_A+\beta_D)-(\beta_B-\beta_c)}{2} \tag{13-17}$$

若已知 M_1 点至烟囱底座中心水平距离为 L_1，则在纵轴线方向的倾斜位移量 δ_1 为：

$$\delta_1 = \frac{\theta_1}{\rho''} L_1 \tag{13-18}$$

将式（13-16）代入，则：

$$\delta_1 = \frac{(\beta_A + \beta_D) - (\beta_B + \beta_C)}{2\rho''} L_1 \qquad (13\text{-}19)$$

在 M_2 设站，以 N_2 为零方向测出 E、F、G、H 各点方向值 β_E、β_F、β_G 和 β_H，可得横轴线方向的倾斜位移量 δ_2 为：

$$\delta_2 = \frac{(\beta_E + \beta_H) - (\beta_F + \beta_G)}{2\rho''} L_2 \qquad (13\text{-}20)$$

其中，L_2 为 M_2 点至烟囱底座中心的水平距离。则总倾斜的偏移值为：

$$\delta = \sqrt{\delta_1^2 + \delta_2^2} \qquad (13\text{-}21)$$

2）前方交会法

当塔式建筑物很高，且周围环境不便采用纵、横轴线法时，可采用前方交会法进行观测。

如图 13-12 所示（俯视图），O' 点为烟囱顶部中心位置，O 点为底部中心位置，烟囱附近布设基线 MN，M、N 点应选在稳定且能长期保存的地方。条件困难时也可选在附近稳定的建筑物顶面上。MN 的长度一般不大于 5 倍的建筑物高度，交会角应尽量接近 $60°$。将经纬仪安置于 M 点，测定顶部 O' 点两侧切线与基线的夹角，取其平均值，如图 13-12 所示中的 α_1。再将经纬仪安置于 N 点，测定顶部 O' 点两侧切线与基线的夹角，取其平均值，如图中之 β_1，利用前方交会公式计算出 O' 点的坐标，同法可得 O 点的坐标，则 O'、O 两点间的平距 $D_{OO'}$ 可由坐标反算公式求得，$D_{OO'}$ 即为倾斜偏移值 δ。

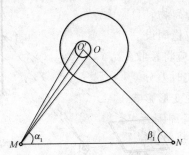

图 13-12　前方交会法测倾斜

第五节　其他变形观测

一、动态变形观测

（1）对于建筑在动荷载作用下产生的动态变形，应测定其一定时间段内的瞬时变形量，计算变形特征参数，分析变形规律。

（2）动态变形的观测点应选在变形体受动荷载作用最敏感，且能稳定牢固安置传感器、接收靶和反光镜等照准目标的位置上。

（3）动态变形测量的精度，应根据变形速率、变形幅度、测量要求和经济因素来确定。

（4）动态变形测量方法的选择，应根据变形体的类型、变形速率、变形周期特征和测定精度要求等确定，并符合下列规定：

①　对精度要求高、变形周期长、变形速率小的动态变形测量，可采用全站仪自动跟踪测量或激光测量等方法。

②　对精度要求低、变形周期短、变形速率大的建筑，可采用位移传感器、加速度传感器、GPS 动态实时差分测量等方法。

③　当变形频率小时，可采用数字近景摄影测量或经纬仪测角前方交会等方法。

（5）采用全站仪自动跟踪测量方法进行动态变形观测时，应符合下列规定：

①　测站应设立在基准点或工作基点上，并使用有强制对中装置的观测台或观测墩。

②　变形观测点上宜安置观测棱镜，距离短时也可采用反射片。

③　数据通信电缆宜采用光纤或专用数据电缆，并应安全敷设。连接处应采取绝缘和防水措施。

④　测站和数据终端设备，应有不间断电源。

⑤　数据处理软件，应具有观测数据自动检核、超限数据自动处理、不合格数据自动重测、观测目标被遮挡时可自动延时观测以及变形数据自动处理、分析、预报和预警等功能。

（6）采用激光测量方法进行动态变形观测时，应符合下列规定：

①　激光经纬仪、激光导向仪、激光准直仪等激光器，应安置在变形区影响范围外或受变形影响小的区域。激光器应采取防尘、防水措施。

②　安置激光器后，应在激光器附近的激光光路上，设立固定的光路检核标志。

③　整个光路上应无障碍物，且附近应设立安全警示标志。

④　目标板或感应器应稳固设立在变形较敏感的部位并与光路垂直；目标板的刻画应均匀、合理。观测时，应将接收到的激光光斑调至最小、最清晰。

（7）采用 GPS 动态实时差分测量方法进行动态变形观测时，应符合下列规定：

①　应在变形区外或受变形影响小的地势高处设立 GPS 参考站。参考站上部应无高度角超过 $10°$ 的障碍物，且周围无大面积水域、大型建筑等 GPS 信号反射物及高压线、电视台、无线电发射源、热源、微波通道等干扰源。

②　变形观测点，应设置在建筑顶部变形敏感的部位，变形观测点的数目应根据建筑结构和要求布设，接收天线的安置应稳固，并采取保护措施，周围无高度角超过 $10°$ 的障碍物。卫星接收数量不应少于 5 颗，并应采用固定解成果。

③　长期的变形观测，宜采用光缆或专用数据电缆进行数据通信。短期的也可采用无线电数据链。

（8）采用数字近景摄影测量方法进行动态变形观测时，应满足下列要求：

①　应根据观测体的变形特点、观测规模和精度要求，选用适合的作业方法，可采用时间基线视差法、立体摄影测量方法或多摄站摄影测量方法。

②　像控点可采用独立坐标系。像控点应布设在建筑的四周，并应在景深范围内均匀布设。像控点测定中误差不宜大于变形观测点中误差的 1/3。当采用直接线性变换法解算待定点时，一个像对应布设 6～9 个控制点；当采用时间基线视差法时，一个像对应至少布设 4 个控制点。

③　变形观测点的点位中误差宜为 $±1～10$ mm，相对中误差宜为 1/5 000～

1/20 000。观测标志，可用十字形或同心圆形，标志的颜色可采用与被摄建筑色调有明显反差的黑、白两色相间。

④ 摄影站应设置固定观测墩。对于长方形的建筑，摄影站宜布设在与其长轴线相平行的一条直线上，并使摄影主光轴垂直于被摄物体的主立面；对于同柱形外表的建筑，摄影站可均匀布设在与物体中轴线等距的四周。

⑤ 多像对摄影时，应布设起像对间连接作用的标志点。

⑥ 近景摄影测量的其他技术要求，应满足现行国家标准《工程摄影测量规范》（GB 50167—2014）的有关规定。

二、日照变形观测

（1）日照变形观测，应在高耸建筑物或单柱（独立高柱）受强阳光照射或辐射的过程中进行，应测定建筑物或单柱上部由于向阳面与背阳面温差引起的偏移及其变化规律。

（2）日照变形观测点的选设，应符合下列要求：

当利用建筑物内部竖向通道观测时，以通道底部中心位置作为测站点，以通道顶部垂直于测站点的位置作为观测点。

（3）当从建筑物或单柱外部观测时，观测点应选在受热面的顶部或受热面上部的不同高度与底部（视观测方法需要布置）的适当位置，并设置照准标志；单柱亦可直接照准顶部与底部中心线位置；测站点应选在与观测点连线呈正交或近于正交的两条方向线上，其中一条方向线宜与受热面垂直，距观测点的距离约为照准目标高度1.5倍的固定位置处，并埋设标石。

（4）日照变形的观测时间，应在夏季的高温天气下进行。一般观测项目，可在白天时间段观测，从日出前开始，日落后停止，每隔约1 h观测一次；对于有科研要求的重要建筑物，可在全天24 h内、每隔约1 h观测一次。在每次观测的同时，应测出建筑物向阳面与背阳面的温度，并测定风速与风向。

（5）日照变形观测可根据不同观测条件与要求，选用下列方法：

① 当建筑物内部具有竖向通视条件时，应采用激光铅直仪观测法。在测站点上可安置激光铅直仪或激光经纬仪，在观测点上安置接收靶。每次观测，可从接收靶读取或量出顶部观测点的水平位移值和位移方向。亦可借助附着于接收靶上的标示光点设施，直接获得各次观测的激光中心轨迹图，反转其方向即为实测日照变形曲线图。

② 从建筑物外部观测时，可采用测角前方交会法或方向差交会法。对于单柱的观测，按不同量测条件，可选用经纬仪投点法、测顶部观测点与底部观测点之间的夹角法或极坐标法。按上述方法观测时，应从两个测站对观测点的观测同步进行。所测顶部的水平位移量与位移方向，应以首次测算的观测点坐标值或顶部观测点相对底部观测点的水平位移值作为初始值，与其他各次观测的结果比较后计算求取。

（6）日照变形观测的精度，可根据观测对象的不同要求、观测方法，具体分析确定。用经纬仪观测时，观测点相对测站点的点位中误差，投点法不应大于±1.0 mm，测角法不应大于±2.0 mm。

（7）日照变形观测工作结束后，整理并提交以下成果：

① 日照变形观测点位布置图。

② 观测成果表。

③ 日照变形曲线图。

④ 观测成果分析说明资料。

三、风振变形观测

（1）风振观测应在高层、超高层建筑物受强风作用的时间段内，同步测定建筑物的顶部风速、风向和墙面风压以及顶部水平位移，获取风压分布、体型系数及风振系数。

（2）风振观测设备与方法的选用，应符合下列要求：

① 风速、风向观测，应在建筑物顶部的专设桅杆上安置两台风速仪（如电动风速仪，文氏管风速仪），分别记录脉动风速、平均风速及风向，并在距建筑物约 100～200 m 距离的一定高度处（10～20 m）安置风速仪记录平均风速，与建筑物顶部风速比较观测风力沿高度的变化。

② 风压观测应在建筑物不同高度的迎风面与背风面外墙上，对应设置一定数量的风压盒作传感器，或采用激光光纤压力计与自动记录系统，以测定风压分布及风压系数。

③ 顶部水平位移观测可根据要求和现场情况，选用下列方法：

A．激光位移计自动测记法。

B．长周期拾振器测记法。将拾振器设在建筑物顶部天面中间，由测试室内的光线示波器记录观测结果。

C．双轴自动电子测斜仪（电子水枪）测记法。测试位置应选在振动敏感的位置，仪器的 x 轴与 y 轴（水枪方向）应与建筑物的纵横轴线一致，并用罗盘定向，根据观测数据计算出建筑物的振动周期和顶部水平位移值。

D．加速度计法。将加速度传感器安装在建筑物顶部，测定建筑物在振动时的加速度，通过加速度积分求出位移值。

E．经纬仪测角前方交会法或方向差交会法。适用于在缺少自动测记设备和观测要求不高时建筑物顶部水平位移的测定。作业中应采取相应措施，防止仪器受到强风影响。

（3）风振位移的观测精度，如用自动测记法，应根据所用仪器设备的性能和精确要求确定。如采用经纬仪观测，观测点相对测站点的点位中误差不应大于 ±15 mm。

（4）由实测位移值计算风振系数 β 时，可采用下列公式：

$$\beta = (s + 0.5A)/s \tag{13-22}$$

或：

$$\beta = (s_a + s_d)/s \tag{13-23}$$

式中　s——平均位移值（mm）；

　　A——风力振幅（mm）；

　　s_a——静态位移（mm）；

　　s_d——动态位移（mm）。

（5）风振观测工作结束后，整理并提交以下成果：

① 风速、风压、位移的观测位置布置图。

② 各项观测成果表。

③ 风速、风压、位移及振幅等曲线图。

④ 观测成果分析说明资料。

四、裂缝变形观测

(1) 裂缝观测应测定建筑物上的裂缝分布位置，裂缝的走向、长度、宽度及其变化程度。观测的裂缝数量视需要而定，主要的或变化的裂缝应进行观测。

(2) 对需要观测的裂缝应进行统一编号。每条裂缝至少应布设两组观测标志，一组在裂缝最宽处，另一组在裂缝末端。每组标志由裂缝两侧各一个标志组成。

(3) 裂缝观测标志，应有可供量测的明晰端面或中心。观测期较长时，可采用镶嵌或埋入墙面的金属标志、金属杆标志或楔形板标志；观测期较短或要求不高时可采用油漆平行线标志或用建筑胶粘贴的金属片标志。要求较高、需要测出裂缝纵横向变化值时，可采用坐标方格网板标志。使用专用仪器设备观测的标志，可按具体要求另行设计。

(4) 对于数量不多，易于测量的裂缝，可视标志形式不同，用比例尺、小钢尺或游标卡尺等工具定期量出标志间距离求得裂缝变位值，或用方格网板定期读取"坐标差"计算裂缝变化值；对于较大面积，且不便于人工量测的裂缝，应采用近景摄影测量方法；当需连续监测裂缝变化时，还可采用测缝计或传感器自动测记方法观测。

(5) 裂缝观测的周期应根据其裂缝变化速度确定。通常开始时可半月测一次，以后一月左右测一次。当发现裂缝加大时，应增加观测次数、连续观测。

(6) 裂缝观测中，裂缝宽度应量取至 0.1 mm。每次观测应绘出裂缝的位置、形态和尺寸，注明日期，附必要的照片资料。

(7) 裂缝观测结束后，整理并提交以下成果：

① 裂缝分布位置图。

② 裂缝观测成果表。

③ 观测成果分析说明资料。

④ 当建筑物裂缝和基础沉降同时观测时，可选择典型剖面绘制两者的关系曲线。

习题与思考

13-1　建筑产生变形的主要原因有哪几方面及变形测量的任务是什么？

13-2　观测点选取的要求有哪些？

13-3　沉降观测工作的要求有哪些？

13-4　日照变形观测工作结束后，应提交哪些成果？

第十四章　建筑测量管理

内容提要

掌握：施工测量放线、验线的基本准则；测量外业质量控制管理；测量质量控制管理；测量安全管理。

第一节　施工测量技术质量管理

一、施工测量放线的基本准则

（1）学习与执行国家法令、规范，为施工服务，对施工质量与进度负责。

（2）应遵守"先整体后局部"的工作程序，即先测设精度较高的场地整体控制网，再以控制网为依据进行各局部建（构）筑物的定位、放线。

（3）应检核测量起始依据（设计图纸、文件，测量起始点位、数据等）的正确性，坚持测量作业与计算工作步步有校核。

（4）测量方法应科学、简便；仪器精度选择应适当，使用时应精心，在满足工程需求的前提下，力争做到节省费用。

（5）定位、放线工作应执行的工作制度为：经自检、互检合格后，由上级主管部门验线；应执行安全、保密等相关规定，保管好设计图纸与技术资料，观测时应做好现场记录，测量后应及时保护好桩位。

二、施工测量验线的基本准则

（1）验线工作宜从审核施工测量方案开始，在施工的各阶段，应对施工测量工作提出预见性的要求，防患于未然。

（2）验线的依据应原始、正确、有效，设计图纸、变更洽商与起始点位（如红线桩、水准点等）及其数据（如坐标、高程等）应是原始、有效且正确的资料。

（3）测量仪器设备，应按检定规程的有关规定进行定期检校。

（4）验线的精度应符合下列要求：

① 仪器的精度应适合验线要求，并校正完好。

② 应按操作规程作业，观测误差应小于限差，观测中的系统误差应采取措施进行改正。

③ 验线应先行附合（或闭合）校核。

（5）应独立验线，观测人员、仪器设备测法及观测路线等应尽量与放线工作分开。

（6）验线的部位应为放线中的关键环节与最弱部位，包括：

① 定位依据与条件。

② 场区平面控制网、主轴线及其控制桩（引桩）。

③ 场区高程控制网及±0.000高程线。

④ 控制网及定位放线中的最弱部位。

（7）验线方法及误差处理，主要包括：

① 场区平面控制网与建（构）筑物定位应在平差计算中评定其最弱部位的精度，并实地验线，精度不符合要求时应重测。

② 细部测量，应用不低于原测量放线的精度进行验线，验线成果与原放线成果之间的误差处理，如下：

A. 两者之差若小于$\sqrt{2}/2$限差时，对放线工作评为优良。

B. 两者之差略小于或等于$\sqrt{2}$限差时，对放线工作评为合格（可不必改正放线成果，或取两者的平均值）。

C. 两者之差若大于$\sqrt{2}$限差时，对放线工作评为不合格，并令其返工。

三、测量外业工作质量控制管理

（1）测量外业工作的原则：先整体后局部，高精度控制低精度。

（2）测量外业工作的操作，应按照有关规范的技术要求进行。

（3）测量外业工作的依据，必须正确、可靠，并坚持测量作业步步有校核的工作方法。

（4）平面测量放线、高程传递测量工作必须闭合交圈。

（5）钢尺量距应使用拉力器，并进行尺长、拉力、温差改正。

四、测量计算质量控制管理

（1）测量计算的基本要求：依据正确、方法科学、计算有序、步步校核、结果可靠。

（2）测量计算应在规定的表格上进行。在表格中抄录原始起算数据后，应换人校对，以免抄录错误。

（3）计算过程中必须做到步步有校核。计算完成后，应换人进行检算，检核计算结果的正确性。

五、测量记录质量控制管理

（1）测量记录的基本要求：原始真实、数字正确、内容完整、字体工整。

（2）测量记录应用铅笔填写在规定的表格上。

（3）测量记录应在现场及时填写清楚，不允许转抄，保持记录的原始真实性；采用电子仪器自动记录时，应打印出观测数据。

六、施工测量放线检查和验线质量控制管理

建筑工程测量放线工作，必须严格遵守"三检制"和验线制度。

（1）自检：测量外业工作完成后，必须进行自检，并填写自检记录。

（2）复检：由项目测量负责人或质量检查人员组织进行测量放线质量检查，发现不合格项立即改正至合格。

（3）交接检：测量作业完成后，在移交给下道工序时，必须进行交接检，并填写交接记录。

（4）测量外业完成并经自检合格后，应及时填写《施工测量放线报验表》，并报监理验线。

七、施工测量技术资料管理原则

（1）测量技术资料，应进行科学规范化的管理。

（2）测量原始记录必须做到：表格规范，格式正确，记录准确，书写完整，字迹清晰。

（3）原始资料数据严禁涂改或凭记忆补记，且不得用其他纸张进行转抄。

（4）各种原始记录不得随意丢失，必须专人负责，妥善保管。

（5）外业工作必须起算数据正确、可靠，计算过程科学有序，严格遵守自检、互检、交接检的"三检制"。

（6）各种测量资料必须数据正确，符合测量规程、表格规范、格式正确，方可报验。

（7）测量竣工资料应汇编齐全、有序，整理成册，并有完整的签字交接手续。

（8）测量资料应注意保密，妥善保管。

第二节　施工测量安全管理

一、工程测量的一般安全要求

（1）进入施工现场的作业人员，必须参加安全教育培训，经考试合格后方可上岗作业。未经培训或考试不合格者，不得上岗作业。

（2）不满 18 周岁的未成年人员，不得从事工程测量工作。

（3）作业人员服从领导和安全检查人员的指挥，工作时思想集中，坚守作业岗位。未经许可，不得从事非本工种作业，严禁酒后作业。

（4）施工测量负责人每日上班前，必须集中本项目部全体人员，针对当天任务，结合安全技术措施内容和作业环境、设施、设备安全状况及本项目部人员技术素质、安全知识、自我保护意识及思想状态，有针对性地进行班前活动，提出具体的注意事项，跟踪落实，并做好活动记录。

（5）遇到六级以上强风和雨、雪天气时，应停止露天测量作业。

（6）作业中出现不安全因素时，必须立即停止作业，组织撤离危险区域，报告上级领导，不准危险作业。

（7）在道路上进行导线测量、水准测量等作业时，应注意来往车辆，防止发生交通事故。

二、施工测量安全管理

（1）进入施工现场的人员必须戴好安全帽；按照作业要求正确穿戴个人防护用品，着装要整齐；在没有可靠的安全防护设施的高处（2 m以上）悬崖和陡坡施工时，必须系好安全带；高处作业不得穿硬底和带钉易滑的鞋，不得向下投掷物体；严禁穿拖鞋、高跟鞋进入施工现场。

（2）施工现场行走要注意安全，避让现场施工车辆，避免发生安全事故。

（3）施工现场不得攀登脚手架、井字架、龙门架、外用电梯；禁止乘坐非乘人的垂直运输设备上下。

（4）施工现场的各种安全设施、设备和警告、安全标志等，未经领导同意不得随意拆除和挪动。如确实因测量通视要求等需要拆除安全网等安全设施时，应与有关部门协商，并及时予以恢复。

（5）在沟（槽）、坑内作业时，必须经常检查沟（槽）、坑壁的稳定情况。上下沟（槽）、坑必须走坡道或梯子，严禁攀登固壁支撑上下，严禁直接从沟（槽）、坑壁上挖洞攀登上下或跳下，间歇时，不得在槽、坑坡脚下休息。

（6）在基坑边沿进行架设仪器等作业时，必须系好安全带并挂在牢固可靠处。

（7）配合机械挖土作业时，严禁进入铲斗回转半径范围。

（8）进入现场作业面必须走人行梯道等安全通道，严禁利用模板支撑攀登上下，严禁在墙顶、独立梁及其他高处狭窄而无防护的模板面上行走。

（9）地上部分轴线投测采用内控法作业，在内控点架设仪器时要注意上方洞口安全，以防坠物伤人。

（10）施工现场发生伤亡事故，应立即报告领导，抢救伤员，保护现场。

三、建筑变形测量安全管理

（1）进入施工现场必须佩戴好安全用具，安全帽戴好并系好帽带，不得穿拖鞋、短裤及宽松衣物进入施工现场。

（2）在场内、场外道路进行作业时，应注意来往车辆，防止发生交通事故。

（3）作业人员在建筑物边沿等可能坠落的区域应佩戴好安全带，并挂在牢固位置，未到达安全位置不得松开安全带。

（4）在建筑物外侧区域立尺等作业时，应注意作业区域上方是否交叉作业，防止上方坠物掉落伤人。

习题与思考

14-1 测量外业工作质量控制管理中测量外业工作的原则是什么？

14-2 施工测量放线检查和验线质量控制管理中的"三检制"指的是哪三检？

14-3 测量计算的基本要求及测量记录的基本要求是什么？

14-4 施工测量技术资料管理原则中测量原始记录必须做到哪些内容？

习题答案

【答案 1-1】测量学是研究地球的形状和大小以及确定地面点之间的相对位置的科学。测量工作主要有两个方面：

（1）将各种现有地面物体的位置和形状，以及地面的起伏形态等，用图形或数据表示出来，为测量工作提供依据，称为测定或测绘。

（2）将规划设计和管理等工作形成的图纸上的建（构）筑物或其他图形的位置在现场标定出来，作为施工的依据，称为测设或放样。

【答案 1-2】测图、用图、放样、变形观测。

【答案 1-3】"先控制后碎部""从整体到局部""由高级到低级"。

"步步有检核"的原则，即"此步工作未做检核不进行下一步工作"。

【答案 1-4】大地坐标、平面直角坐标、建筑坐标。

【答案 2-1】高差法原理、仪高法原理。

（1）每站高差等于水平视线的后视读数减去前视读数。

（2）起点至闭点的高差等于各站高差的总和，等于各站后视读数的总和减去前视读数的总和。

【答案 2-2】DS3 型水准仪由望远镜、水准器和基座三部分组成。

望远镜是用来瞄准不同距离的水准尺并进行读数的。

水准器分为圆水准器（水准管）和管水准器（水准管）两种，是供整平仪器用的。

水准仪的基座是用于固定、支撑望远镜等仪器部件的。

【答案 2-3】水准仪应满足两个主要条件：

（1）水准管轴应与望远镜的视准轴平行。

（2）望远镜的视准轴不因调焦而变动位置。

水准仪应满足两个次要条件：

（1）圆水准器轴应与水准仪的竖轴平行。

（2）十字丝的横丝应垂直于仪器的竖轴。

【答案 2-4】附合水准路线、闭合水准路线、支水准路线。

简单水准测量的观测程序、复合水准测量的施测方法。

【答案 2-5】仪器和工具的误差、整平误差、仪器和标尺升沉误差。

读数误差的影响、大气折光的影响。

【答案 3-1】水平角是指地面上一点到两个目标的方向线在同一水平面的垂直投影间的夹角，或是经过两条方向线的竖直面所夹的两面角。

竖直角就是测站点到目标点的视线与水平线间的夹角。

【答案 3-2】（1）竖轴应垂直于水平度盘且过其中心。

（2）照准部管水准器轴应垂直于仪器竖轴（$LL \perp VV$）。

（3）视准轴应垂直于横轴（$CC \perp HH$）。

（4）横轴应垂直于竖轴（$HH \perp VV$）。

（5）横轴应垂直于竖盘且过其中心。

【答案 3-3】测回法、方向观测法、左右角观测法。

【答案 3-4】仪器误差有仪器制造加工不完善而引起的误差、仪器检验校正后的残余误差。

观测误差有仪器对中误差、整平误差、目标偏心误差、瞄准误差、读数误差。

【答案 4-1】由主机、反射棱镜、附加键盘组成。

（1）仪器在运输时必须注意防潮、防振和防高温；测距完毕后立即关机；迁站时应切断电源，切勿带电移动；电池要经常进行保养。

（2）测距仪物镜不可正对太阳或其他强光源（如探照灯等），以免损坏光敏二极管；在阳光下作业时应打伞保护。

（3）防止仪器淋雨。

（4）设置测站时，应远离变压器、高压线等，以防强电磁场的干扰。

（5）避免测站两侧及镜站后方有反光物体（如房屋玻璃、汽车挡风玻璃等），以免背景干扰产生较大测量误差。

（6）测站应高出地面、离开障碍物 1.3 m 以上。

（7）选择有利的观测时间。

【答案 4-2】定点、直线定线、量距、成果计算

【答案 4-3】读数误差、垂直折光影响、视距尺倾斜所引起的误差

【答案 4-4】真子午线方向、磁子午线方向、坐标纵轴方向。

通过地球表面一点并指向地球南北极的方向线，称为该点真子午线方向。真子午线方向用天文测量方法或用陀螺经纬仪进行测定。

磁子午线方向是在地球磁场的作用下，磁针自由静止时其轴线所指的方向。磁子午线方向可用罗盘仪测定

测量中常以通过测区坐标原点的坐标纵轴为准，测区内通过任意一点与纵轴平行的方向线，称为该点的坐标纵轴方向。

【答案 5-1】误差的来源有仪器误差、观测者的误差、不断变化的外界条件。

误差可分为粗差、系统误差、偶然误差。

【答案 5-2】粗差、系统误差、偶然误差。

粗差是一种大量级的观测误差，属于测量上的失误。

在相同的观测条件下，对某点进行一系列的观测，如果误差的大小及符号表现出一致性倾向，即按一定的规律变化或保持为常数，这种误差称为系统误差。

偶然误差是指在相同的观测条件下，做一系列的观测。如果观测误差在大小和符号上均表现出随机性，即大小不等，符号不同，但统计分析的结果都具有一定的统计规

律性。

【答案 5-3】 有限性、聚中性、对称性、抵消性。

【答案 5-4】 中误差、容许误差、平均误差、相对误差。

【答案 6-1】 平面控制测量有三角测量、导线测量。

导线的布设形式有闭合导线、附合导线、支导线、无定向附合导线。

【答案 6-2】 测边、测角、定向。

【答案 6-3】 三角高程测量，是根据两点间的水平距离和竖直角计算两点的高差，计算得出所求点的高程。

【答案 6-4】 (1) 后视标尺黑面，精平，读取上、下、中丝读数，记为 (A)、(B)、(C)。

(2) 前视标尺黑面，精平，读取上、下、中丝读数，记为 (D)、(E)、(F)。

(3) 前视标尺红面，精平，读取中丝读数，记为 (G)。

(4) 后视标尺红面，精平，读取中丝读数，记为 (H)。

三等水准测量测站观测顺序：后→前→前→后（或"黑→黑→红→红"）。

【答案 7-1】 全站仪的应用可归纳为四个方面：一是在地形测量中，可将控制测量和碎步测量同时进行；二是可用于施工放样测量，将设计好的管线、道路、工程建设中的建（构）筑物等的位置按图纸设计数据测设到地面上；三是可用全站仪进行导线测量、前方交会、后方交会等，不但操作简便且速度快、精度高；四是通过数据输入/输出接口设备，将全站仪与计算机、绘图仪连接在一起，形成一套完整的测绘系统，从而可提高测绘工作的质量和效率。

【答案 7-2】 (1) 每次作业后，应用毛刷扫去灰尘，用软布轻擦。镜头不能用手擦，可先用毛刷扫去浮土，再用镜头纸擦净。

(2) 无论仪器出现任何现象，切不可拆卸仪器，添加润滑剂，应与厂家或维修部门联系。仪器应存放在清洁、干燥、通风、安全的房间内，并有专人保管。

(3) 电池充电时间不能超过规定的充电时间。仪器长时间不用，一个月之内应充电一次。仪器存放温度应保持在 $-30 \sim +60℃$ 以内。

【答案 7-3】 观测站之间无需通视、定位精度高、操作简便、全天候作业、观测时间短

【答案 7-4】 GPS 卫星的主体呈圆柱形，直径约为 1.5 m，质量约为 1500 kg，两侧设有两块双叶太阳能板，可自动对日定向，保证卫星正常工作用电。每颗卫星装有 4 台高精度原子钟，发射标准频率，为 GPS 测量提供精度高、稳定的时间基准。GPS 卫星的功能有：

(1) 接收和储存由地面监控站发来的导航信息，执行监控站的控制指令。

(2) 完成必要的数据处理工作。

(3) 通过星载的高精度铷钟和铯钟提供精密的时间标准。

(4) 向用户发送导航和定位数据。

(5) 在地面监控站的控制下，通过推进器以调整卫星的姿态和启用备用卫星。

【答案 8-1】数学要素、地形要素、注记和整饰要素。

【答案 8-2】地面上高程相等的各相邻点连成的闭合曲线，一高地被等间距的水平面所截，各水平面与高地相应的截线称为等高线。

山头、洼地、山脊、山谷、鞍部、峭壁

【答案 8-3】图纸准备、绘制坐标格网、控制点展绘。

【答案 8-4】地形图的识读、在图上确定某点的坐标、在图上确定某点的高程、在图上确定两点之间的距离、在图上确定某直线的坐标方位角、在图上确定直线的坡度。

【答案 9-1】根据已有控制点测设建筑基线、根据边界桩测设建筑基线、根据建筑物测设建筑基线。

【答案 9-2】方格网的密度等级、点位布置、方格点的标桩应能长期保存、点的埋设要方便，造价合理。

【答案 9-3】（1）主轴线应位于场地中央、狭长场地，亦可在场地的一边。主轴线的定位点（主轴点）不应少于 3 个（包括轴线交点）。

（2）纵、横轴线要互相垂直。若纵轴线较长时，横轴线应适当加密，纵、横轴线的长度应能控制整个建筑场地的范围。

（3）主轴线中，纵、横轴各个端点应布置在场区的边界上。为便于恢复施工过程中损坏的轴线点，必要时可将主轴线的各个端点布置在场区外的延长线上。

（4）为便于定线，量距和标石保护，轴线点不应落在建筑物上、各种管线上和道路中。

【答案 9-4】（1）收集绘有设计的和已有的全部建（构）筑物、交通线路的平面图和管线位置的综合平面图，应是技术或施工图设计的总平面图，在图上还应附有坐标和高程。

（2）收集建筑场地的测量控制网资料。

（3）收集施工坐标和测量坐标系统的换算数据。

（4）了解定线的精度要求。

【答案 10-1】施工测量是施工的先导，贯穿在整个施工过程中。内容包括从施工前的场地平整、施工控制网的建立，到建（构）筑物的定位和基础放线，施工中各道工序的细部测设，构件与设备安装的测设工作；在工程竣工后，为了便于管理、维修和扩建，还需进行竣工测量，绘制竣工平面图；有些高大和特殊的建（构）筑物在施工期间和建成后还需定期进行变形观测，以便积累资料，掌握变形规律，为工程设计、维护和使用提供资料。

特点：测量精度要求高、测量与施工进度关系密切。

原则：由整体到局部、先控制后细部、步步有校核。

【答案 10-2】根据控制点定位、根据建筑方格网和建筑基线定位、根据与原有建筑物和道路关系定位。

【答案 10-3】特点：（1）由于建筑物层数多、高度高，结构竖向偏差直接影响工程受力情况，因此施工测量中要求竖向投点精度高，所选用的仪器和测量方法要适应结构类型、施工方法和现场情况。

（2）由于建筑物结构复杂，设备和装修标准较高，特别是电梯的安装等，对施工测量精度要求更高。一般情况在设计图纸中有说明的总允许偏差值，由于施工时有误差产生，因此测量误差只能控制在总允许偏差值范围内。

（3）由于建筑平面、立面造型新颖，且复杂多变，因此要求开工前应制定施工测量方案，进行仪器配备、测量人员的分工，并经工程指挥部组织有关专家论证后方可实施。

原则：遵守国家法令、政策和规范，明确为工程施工服务；遵守先整体后局部和高精度控制低精度的工作程序；有严格审核制度；建立一切定位、放线工作要经自检、互检合格后，方可申请主管部门验收的工作制度。

【答案 10-4】竣工测量是指各种建设工程竣工、验收时所进行的测绘工作。竣工测量的最终成果是竣工总平面图，包括反映工程竣工时的地形现状、地上与地下各种建（构）筑物、各类管线平面位置与高程的总现状地形图和各类专业图等。

【答案 11-1】线路测量是指公路、铁路在勘测、设计和施工等阶段所进行的各种测量工作，包括新线初测、定测、施工测量、竣工测量及既有线路测量。

线路勘测的目的是为线路设计收集所需地形、地质、水文、气象、地震等方面的资料。经过研究、分析和对比，按照经济合理、技术可行、满足国民经济发展和国防建设要求等原则确定线路位置。

【答案 11-2】曲率逐渐缓和、过渡；离心加速度逐渐变化，减少振荡；有利于超高和加宽的过渡；视觉条件好。

偏角法、切线支距法。

【答案 11-3】相关资料收集、现场勘察、熟悉设计图表、施工测量的仪器设备及材料准备及其他准备。

【答案 11-4】原则：道路工程施工测量，应遵循由高级到低级的原则；施工导线点的坐标系统必须与设计单位提供的导线点的坐标系统一致；施工导线起终点必须是设计单位提供的导线点；施工导线的测量精度必须满足施工放样精度的要求；施工导线点的密度应满足施工放样的要求。

选点要求：通视良好；点位桩要埋设牢固，便于保护；施工导线点位的密度应满足施工现场放样的要求；点位桩编号要醒目，易于识别；应便于仪器架设，方便观测人员操作。

【答案 12-1】土地是人类赖以生存和发展的物质基础，是一切生产和存在的本源。土地一般指地球表层的陆地部分，包括海洋、滩涂和内陆水域以及地表以上及以下一定的空间范围。土地既是一种自然资源，也是一种社会资产。

地籍是由国家建立和管理的土地基本信息的集合。简单地说，地籍就是土地的户籍，是登记土地信息的账册和簿籍，这些簿册用数据、图形、图表等形式记录了土地及其附着物的权属、位置、数量、质量和利用状况。

【答案 12-2】地籍测量是主要针对土地地块（宗地）的调查与测绘工作，房产测量是主要针对附着于土地之上房屋的调查与测绘工作。两项工作内容既有相似性、相关性，又各自具有独特性。

【答案12-3】变更地籍测量，是指当土地登记的内容（权属、用途等）发生变更时，根据申请变更登记内容进行实地调查、测量，并对地块档案及地籍图、表进行变更与更新，目的是为了保证地籍资料的实时性与可靠性。

变更地籍测量的程序：资料器材准备→发送变更地籍测量通知书→实地进行变更地籍调查、测量→地籍档案整理和更新。

【答案12-4】房屋的位置、房屋的质量、房屋的用途、房屋的数量。

【答案12-5】建筑占地面积（基底面积）；建筑面积；使用面积；共有面积；房屋的产权面积；总建筑面积；成套房屋的建筑面积；房屋使用面积；套内套内墙体面积；阳台建筑面积。

【答案13-1】一是自然条件及其变化，即建筑物地基的工程地质、水文地质、土的物理性质、大气温度和风力等因素引起；二是建筑物自身的原因，即建筑物本身的荷载、结构、形式及动荷载（如风力、振动等）的作用。

变形测量的任务就是周期性地对所设置的观测点（或建筑物某部位）进行重复观测，以求得在每个观测周期内的变化量。若需测量瞬时变形，可采用各种自动记录仪器测定其瞬时位置。

【答案13-2】观测点应牢固稳定，确保点位安全，能长期保存；观测点的上部必须为突出的半球形状或有明显的突出之处，与柱身或墙身保持一定的距离；要保证在点上能垂直置尺和良好的通视条件。

【答案13-3】固定人员观测和整理成果；固定使用的水准仪及水准尺；固定使用的水准点；按规定的日期、方法及路线进行观测。

【答案13-4】日照变形观测点位布置图、观测成果表、日照变形曲线图、观测成果分析说明资料。

【答案14-1】先整体后局部，高精度控制低精度。

【答案14-2】自检、复检、交接检。

【答案14-3】测量计算基本要求：依据正确、方法科学、计算有序、步步校核、结果可靠。

测量记录基本要求：原始真实、数字正确、内容完整、字体工整。

【答案14-4】表格规范，格式正确，记录准确，书写完整，字迹清晰。

参考文献

[1] 合肥工业大学，重庆建筑大学，天津大学，等. 测量学 [M]（第四版）. 北京：中国建筑工业出版社，2009.

[2] 覃辉，马德富，熊友谊. 测量学 [M]. 北京：中国建筑工业出版社，2007.

[3] 杨松林，杨滕峰，师红云. 测量学 [M]. 北京：中国铁道出版社，2002.

[4] 王侬，过静珺. 现代普通测量学 [M]. 北京：清华大学出版社，2009.

[5] 宁津生，陈俊勇，李德仁，等. 测绘学概论 [M]. 武汉：武汉大学出版社，2004.

[6] 施一民. 现代大地控制测量 [M]. 北京：测绘出版社，2003.

[7] 张坤宜. 交通土木工程测量 [M]. 武汉：武汉大学出版社，2008.

[8] 陈久强，刘文生. 土木工程测量 [M]. 北京：北京大学出版社，2006.

[9] 刘书玲. 高层建筑施工细节详解 [M]. 北京：机械工业出版社，2009.

[10] 詹长根，唐祥云，刘丽. 地籍测量学 [M]（第二版）. 武汉：武汉大学出版社，2005.

[11] 郭玉社. 房地产测量 [M]. 北京：机械工业出版社，2004.

[12] 中华人民共和国行业标准. CJJ 8—2011 城市测量规范 [S]. 北京：中国建筑工业出版社，2011.

[13] 中华人民共和国国家标准. GB/T 18314—2009 全球定位系统（GPS）测量规范 [S]. 北京：中国标准出版社，2009.